ウェビナー&
オンラインイベントも
ミーティングも
オンライン授業も!

Zoom
1歩先のツボ77

Kimura Hirofumi 木村博史

ソシム

はじめに

Zoomのことを知ろう

本書はZoomを正しく徹底的に活用できるように、基本的な操作からワンランク上の使い方まで、できるだけ幅広く情報を網羅しました。

Zoomは使いやすいツールです。しかし大規模ミーティングやウェビナーをやりたいとか、効果的なプレゼンテーションがしたいといった、一歩先の使い方のためには少し突っ込んだ知識が必要になります。本書ではそんな知識を77のヒントとしてお伝えしていきます。**本書を読んでいただければ、ほかの人より質の高いミーティングやウェビナーが開催できるでしょう。**

それでは、まずはZoomの紹介からはじめていきます。

ビデオコミュニケーションツールZoomとは

本書のテーマであるZoomは、ビデオコミュニケーションツールと呼ばれる双方向でやり取りをするツールです。YouTubeは、基本的には1人が多数に対して発信するもので、双方向というより単方向のツールになります。それに対して、**Zoomは参加者がタイムラグなく、お互いにやり取りができるツールである**ということです。

Zoomはネット上に会議室をつくるようなものだとイメージしてみてください。いろいろな場所から、参加者がネットを介して会議室に集まります。そこでリアルタイムの音声やビデオ映像、資料などを使ってコミュニケーションができるわけです。

さらに会議室なので、誰に対してもオープンなわけではありません。**参加者を指定し、それ以外の人には通信内容を秘密にするセキュリティ機能も充実**しています。

さまざまなビデオコミュニケーションツール

Zoomのようなビデオコミュニケーションツールは、Zoom Video Communications社（Zoomを開発・運営している会社）のZoomだけではありません。

本書はZoomについて説明する本ですが、必ずしもZoomにこだわる必要はないと考えています。たとえば、会社でCisco社のIPフォンを使っているのであればCisco Webexがいいでしょうし、G-Suite（グーグルスイート）を使っているのであれば、Google Meetと相性がいいでしょう。ツールの特徴はめまぐるしく変わることもあり、最新情報を入手して、あなたに1番あったツールを選ぶようにしましょう。

〔Google Meet〕
Googleが提供。GoogleIDとの連携でGoogleカレンダーから簡単にミーティングを起動できるなど、Googleのサービスとの連携性のよさが魅力。
G-Suiteを採用している法人などでも連携性のよさが魅力です。

〔Microsoft Teams〕
Microsoftが提供。Office 365 ツールとの連携機能で、資料へのアクセスのよさが魅力です。また多くの仕事の現場でMicrosoftOfficeが利用されているので、多くの人とのプラットフォームの共通性も魅力です。

〔Cisco WebEx〕
以前から多くの企業で採用されているビデオコミュニケーションツールの代表格。Cisco提供のため、IPフォンやインターネット環境にCiscoを採用している企業での採用が目立ちます。

〔Skype〕
以前より一般ユースでのビデオコミュニケーションツールとしての定番サービス。Skype for Businessなどビジネス分野に特化したサービスも提供してきたが、Microsoftの提供サービスであるため、Teamsへと移管傾向にあります。

〔Facebook〕
SNSの代表格ですが、Messengerの機能拡張としてMessengerルームをリリース。テキストコミュニケーションだけでなくビデオコミュニケーションでのユーザビリティも訴求しています。

〔LINE〕
日本最大ユーザー数のSNSとしてビジネスユースにかぎらず、個人ユースでのビデオコミュニケーションツールとしての認知度が高い。今後ビジネスユースに活用できる機能が追加されるかが注目です。

Zoomの強みとは？

他社のツールと比較して、Zoomには特長が2つあります。

第一にとても使いやすいツールであるということです。Zoomアカウントを持たなくても会議に参加することができます（この機能は他社も追従してきていますが）。また、ユーザーインタフェースもとてもわかりやすく安心して使えるツールです。**ウェビナーを運営するときは特にですが、ツールのサポートの手間が減るので、スムーズな運営をするためにとても選びやすいツールといえる**でしょう。

第二に**ネット環境がよくない（スピードが遅い）環境でも、使える設計になっている**ということです。Zoomは送信側、受信側のPCの負荷やネット帯域を確認しながら映像伝送しています。あまりデータが必要でないなら、コンパクトにデータを送る処理をして、なるべく小さい負荷で使えるように配慮されています。また、ネットが遅くなっても、映像の送信は荒くしても音声だけは送信するなど、利用者が使いやすい設計になっています。

Zoomは簡単にはじめられる

Zoomは Windows PC、Mac、スマホ（iOS、Android）など、主要な環境に無料アプリが用意されていて簡単にインストールすることができます。またZoomは、ミーティングに参加するだけならアカウントを作成する必要もありませんし、主催者としてアカウントが必要な場合もメールアドレスさえあれば簡単に作成できます（第1章参照）。

Zoomの料金、オプションの種類

Zoomはミーティングの基本機能だけであれば、無料プランで利用することができます。ただし利用時間が40分に制限されるため、それ以上の時間使いたい場合は、月2,000円程度の有料プラン（Pro）に加入する必要があります。

また、ウェビナー機能、ZoomRoomsなどの機能を使いたい場合は、別途オプションの購入が必要になります。これらのオプションは1カ月単位で購入可能になっています。なおオプションをつけるためには、Proへの加入が必要条件になります。

Zoomのセキュリティとは

利用を検討されている人の中には、Zoomのセキュリティについて心配されている人もいるかもしれません。でも現在**Zoomがほかのツールと比較して、セキュリティが弱いということは決してありません。**

たしかにZoomは利用者が急激に増えたので「Zoom Bombing」といった荒らし行為が蔓延し、Zoomのセキュリティは脆弱であると指摘を受けました。また、通信に中国のサーバーを中継することがあり、不安を持つ利用者がいたことも事実です。

しかし、その後Zoom社は2020年4月、徹底的にセキュリティを見直す対応を行いました。入室パスワードのデフォルト化、待機室、中国サーバーの除外設定など、迅速に対応が進んでいますし、日本でもZoom日本法人のみなさんが各企業に説明を行っていますし、私もZoom検討企業でセキュリティについての説明プレゼンテーションを行うことで理解をいただき、上場企業の発表会など、しっかりとしたセキュリティ対策が必要な配信でもZoomを採用いただいています。

結局、セキュリティの問題はシステム起因よりも、ヒューマンエラーが起因で発生することがはるかに多いことが現実です。われわれ一人ひとりが設定をしっかり理解して使いこなすことが、1番のセキュリティ対策であるということは、どのツールを使っても変わらないのです。

それだけに本書がこの一助になればと考えています。

それでは、Zoomを正しく活用するためにページをめくっていきましょう。

Chapter 1

1番シンプルなZoomの使い方

Chapter 2

有料プランと豊富なオプションで機能を拡張する

Chapter 3

Zoomミーティング活用のための実践的使用法

Chapter 4

Zoomを徹底活用するために知っておきたい機能と設定

Chapter 5
ウェビナーでバーチャルイベントを実現させる

Chapter 6

事例別配信セッティング

Chapter 1

1番シンプルなZoomの使い方

まずはスタート！　Zoomアプリのダウンロードとアカウント取得からミーティングへの参加、ホストとしての開催まで、基本をしっかりと確認しながらZoomを使えるように、シンプルかつわかりやすくまとめました。すでにZoomを活用している！　という人は読み飛ばしてもいいですが、意外な気づきがあるかもしれないのでサッとでも読んでみてください。Zoomユーザーの基本マニュアルともいえる章です。

01〔PC〕

デスクトップアプリをインストールしよう

まずはZoomのインストールとアカウントの作成です。必ずZoomの公式ダウンロードセンターから、最新版を入手してインストールします。

POINT

① 必ずZoomの正式サイト（ダウンロードセンター：https://zoom.us/download）からダウンロードする。

② システム要件（PCに必要なCPUのスペックやメモリの量など）はZoomのヘルプセンター（https://support.zoom.us/hc/ja）より確認できる。

- Zoomヘルプセンタートップページ→始めに→【デスクトップ】のWindows、macOS、Linuxのシステム要件

③ スマホの場合でも、Zoomは**会議に参加するだけであればアカウントは不要**。しかし**会議を主催するためには必要**になる。**アカウントの作成にはメールアドレスが必要**。

手順① Zoom公式ダウンロードサイト（https://zoom.us/download）にアクセスする

公式サイト以外からダウンロードすると、ウィルスやマルウェアが入る場合があるので、必ずここからダウンロードします。

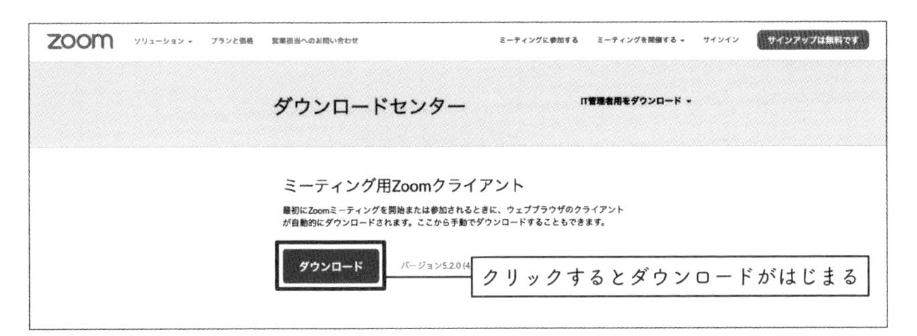

手順② Zoomのアカウントを持っていなければ、アカウントを作成する

サインインをクリックして、「無料でサインアップ」からアカウントを作成します。その先は画面の指示にしたがってメールアドレスなどを入力します。

GoogleやFacebookのアカウントでサインインするソーシャルログインにも対応しています。

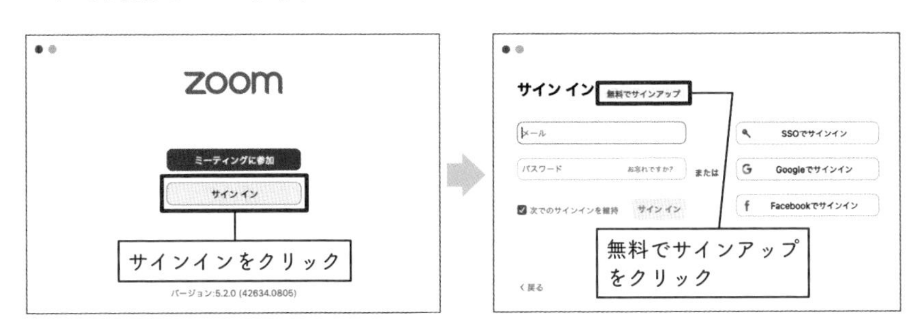

手順③ 「サインイン」にメールアドレスとパスワードを入力する

アカウント作成後は、再度「サインイン」の画面が表示されるので、サインインして完了です。

02〔スマホ〕

スマホアプリをインストールしよう

スマホへのZoomのインストールは、AppleStoreやGooglePlayからダウンロードしてインストールするだけなので簡単です。

POINT

① ZoomアプリはAppleStoreやGooglePlayから無料で入手可能。

② システム要件（インストールに必要なスマホのOSのバージョン、スペックやメモリなど）は各ストアのダウンロードページやZoomのヘルプセンター（https://support.zoom.us/hc/ja）より確認できる。

- Zoomヘルプセンタートップページ→始めに→【モバイル】iOSとAndroidのシステム要件

③ Zoomは**会議に参加するだけであればアカウントは不要**。しかし**会議を主催するためには必要**になる。**アカウントの作成にはメールアドレスが必要**。

AppleStore、GooglePlayもしくは公式ダウンロードサイト（https://zoom.us/download）にアクセスする

▼ AppleStoreの画面

▼ GooglePlayの画面

インストールが完了すると、スマホのホーム画面に右記のアイコンが表示されます。

手順 ②

Zoomのアカウントを持っていなければ、アカウントを作成する

サインアップをクリックして、アカウントを作成します。その先は画面の指示にしたがってメールアドレスなどを入力します。

GoogleやFacebookのアカウントでサインインするソーシャルログインにも対応しています。

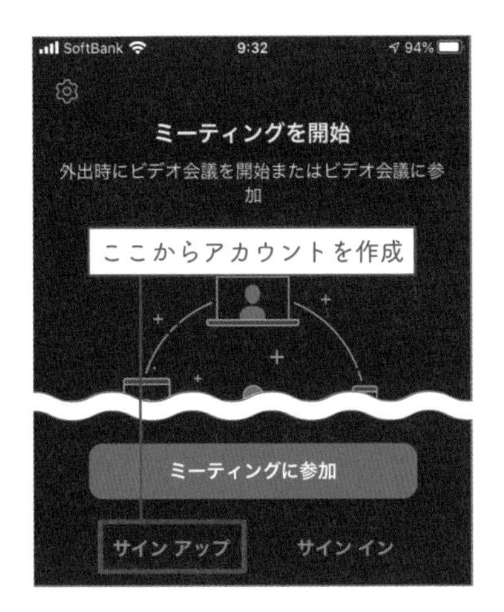

手順 ③

「サインイン」にメールアドレスとパスワードを入力する

アカウント作成後は、再度「サインイン」の画面が表示されるので、サインインして完了です。

03〔PC・スマホ〕

「プロフィール」を確認して、アイコンを設定しよう

アイコンを設定していない人　　アイコンを設定している人

ビデオを停止しているときも、自分が誰であるか、どんな人なのかがわかるように、プロフィールからアイコンの画像を設定しましょう。

POINT

① アイコンは、ビデオを使用していないときまたは停止しているときのギャラリービューのアイコンとして使われる。アイコンを設定していない場合は名前が表示される（表示名の変更は可能）。

② PCはログイン後、ウェブブラウザから設定ページでアイコンが設定できる。この設定ページでは、自分の部署名などのプロフィールも入力できる。

③ スマホはアプリにログイン後、「設定」から自分のアイコンを設定できる。

④ ログインせずにミーティングIDだけで会議に参加した場合、Zoomでは未ログイン状態での参加になるので、アイコンは表示されない。

Zoomのプロフィール設定ページ（https://zoom.us/profile）にアクセスする

サインイン後、下記のプロフィール設定画面に移ります。そのページからアイコン画像、各種プロフィールの設定が可能です。

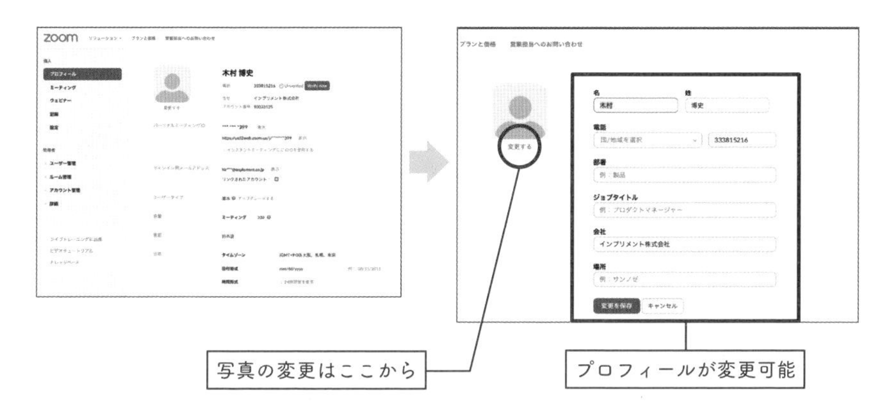

スマホ ホーム画面からアイコン画像を選択する

ホーム画面から①、②、③の順番で赤丸個所をクリックしていくと、アイコン画像を選択できます。画像は保存ずみの写真か新たに撮影するかを選べます。

部門やジョブタイトルなどを変更したい場合、ウェブブラウザからZoomの設定にログインし、PCの設定と同様に設定します。

「新規ミーティング」でミーティングを開催しよう

Zoomは、アカウントがあれば簡単にミーティングをはじめることができます。

まずはミーティングを開始してみて、どんな感じか画面で確認してみましょう。

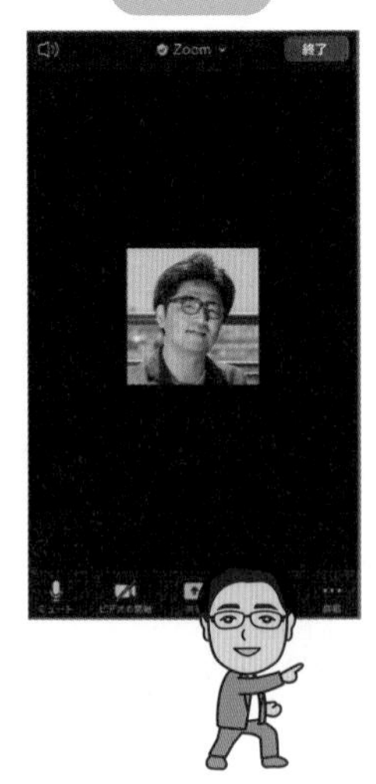

POINT

① 「新規ミーティング」を押せば、ミーティングを開始できる。
② 【PC】開始後、「コンピュータでオーディオに参加」を選択する。
③ 【スマホ】開始後、「ミーティングの参加」を選択する。
④ この手順でミーティングを開始すると、自分はそのミーティングの「ホスト」になる。

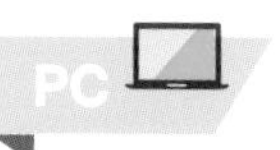

Zoomのホーム画面①から、「新規ミーティング」をクリックする

次の画面②で「コンピューターオーディオに参加する」をクリックします。「コンピューターオーディオのテスト」を選択すると、PCのスピーカーやマイクにどのデバイスが選択されているか（変更も可能）、正しく動作しているかをテストできます。

①

②

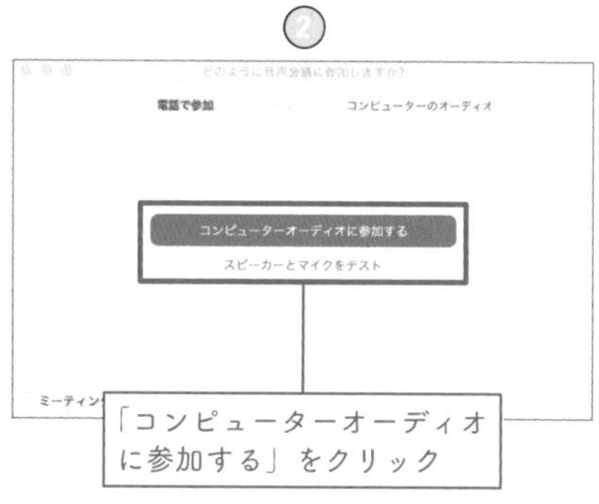

スマホ Zoomのホーム画面①から、「新規ミーティング」をタップする

次の画面②で「ミーティングの開始」をタップし、画面③で「インターネットを使用した通話」をタップするとミーティングに参加できます。

①

②

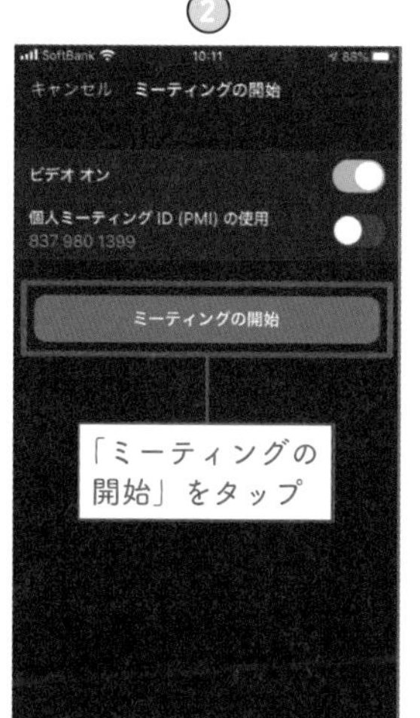

③

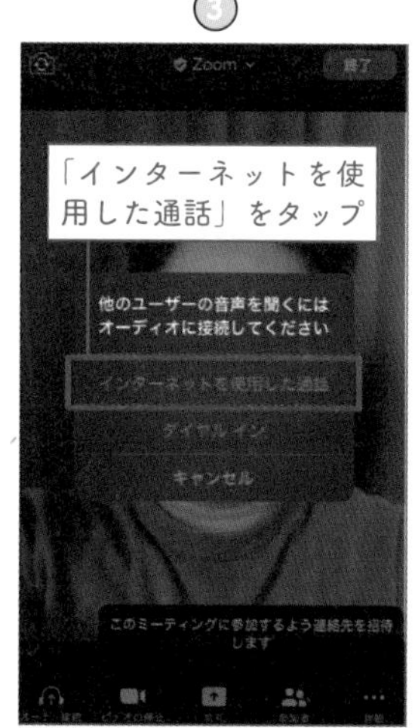

05〔PC〕

ミーティングで使用する音声を設定しよう

PCの場合、マイクやスピーカーのオーディオデバイスが複数存在する場合があります。どのデバイスを使うか、きちんと設定しましょう。

POINT

① PCでまったく音声が聞こえない、相手に音声が届かないという場合、音声デバイスの設定を間違えている可能性が高いので、オーディオ設定を確認する。

② マイクのレベルは基本的に自動調整でいいが、音が小さすぎたり大きすぎたり（割れる）する場合は手動で調整する。

③ スマホでは標準の音声入出力デバイスが自動設定されるため、オーディオ設定はない。

手順① マイクの音を出したり、消したり（ミュートのオンオフ）する

ミーティング画面のマイクのマークの右の^マークをクリックすると、使用するマイクやスピーカーを選択できます。もし、接続しているはずのスピーカーやマイクが表示されない場合は、PCで認識されていない可能性が高いので、PCの設定を確認しましょう。

手順② 「オーディオ設定」をクリックして、マイクの音量を調整する

マイクの入力レベルは、「マイク音量を自動調整します」にチェックを入れておきます。自動調節で音が小さすぎたり大きすぎたり（音が割れる）する場合は、自動調節を解除して手動で音量を調整します。そのときは、最大入力時にマイクの入力レベルを、最大レベルから2～3目盛り左にしておくのが最適です。

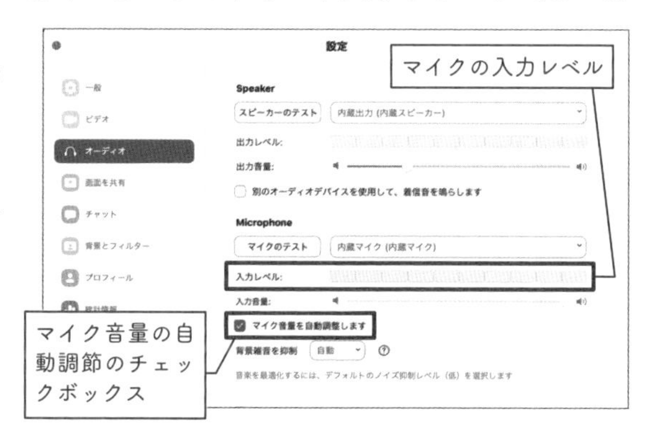

06〔PC〕 

ビデオ設定で使用するカメラを設定しよう

PCでは、複数のウェブカメラをビデオデバイスとして認識するので、どのカメラを使うかきちんと設定しましょう。

POINT

① PCに複数のカメラが搭載（ビデオデバイスとして認識）されているときは、ミーティングで使用するカメラを選択する。

② ビデオのオンオフはミーティング中に自由に変えられる。

③ 入出時にビデオをオンにするか、オフにするかは設定で変えられる（スマホはミーティング参加時に決められる）。

手順① 映像を出したり、消したり（ビデオのオンオフ）する

ビデオのアイコンをクリックすると、ビデオのオンオフを切り替えられます。その右にある^をクリックすると、使用するカメラが選択できます。もし接続しているはずのカメラが表示されない場合は、そもそもPCで認識されていない可能性が高いので、PCの設定を確認しましょう。

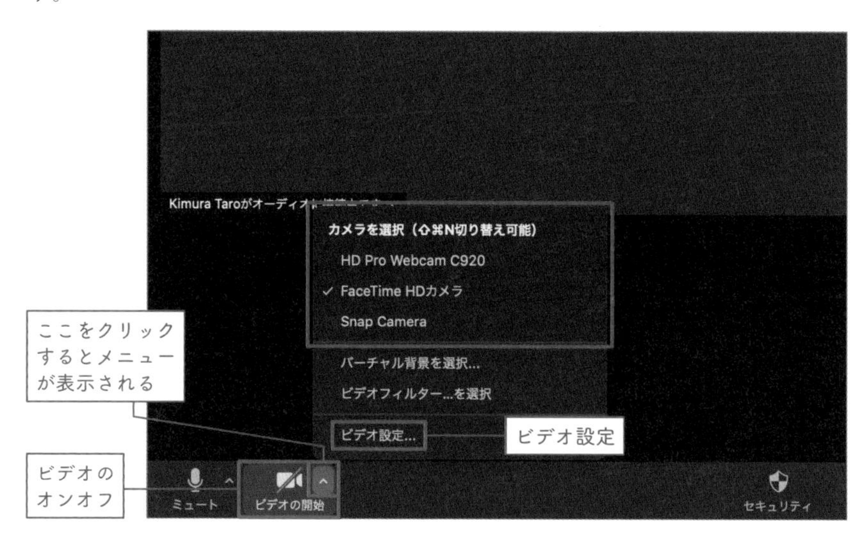

手順② ミーティング参加時のビデオのオンオフを設定する

上の写真で「ビデオ設定」をクリックすると、設定画面が表示されます。ここでミーティング参加時のビデオのオンオフを設定します。チェックボックスをチェックするとオフになります。いきなりビデオがオンになると映ってはいけないものが映ってしまうかもしれないので、「設定」画面でオフにしておきます。

Chapter 1

バーチャル背景を設定しよう

背景を見せたくないときは、背景を画像に置き換えるバーチャル背景という機能を使います。プライバシーを守るためにも方法を覚えておきましょう。

POINT

① バーチャル背景を使用することでプライバシーに配慮できる。
② バーチャル背景は画像も映像も設定できる。
③ バーチャル背景が設定できないスペックもあるので、まずは条件をチェックする。

注意　バーチャル背景には使用できる条件がある

Zoomには、背景を仮想の画像などに入れ替えるバーチャル背景機能があります。Zoomで配信する映像を楽しくしたり、プライバシーの観点から実際の背景を映さないためにも使えます。ただしバーチャル背景を使用できる条件があるので、まずはZoomのヘルプセンターのバーチャル背景設定で確認しましょう。

PC　バーチャル背景を設定する

「設定」画面の「背景とフィルター」をクリックします。バーチャル背景はデフォルトで3つの画像が準備されています。そのどれかを選ぶとバーチャル背景が設定されます。バーチャル背景を外すときは「なし」を選択します。

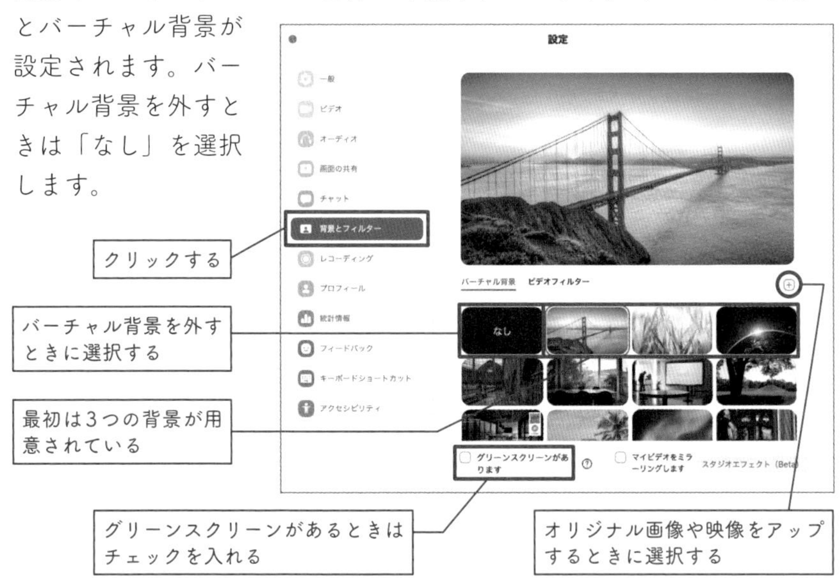

バーチャル背景は、自分でオリジナルの画像や映像をアップロードできます。アップロードしたいときは画面右横の⊕をクリックして追加します。アップロードの条件やオリジナル画像のつくり方については第3章12を参照ください。

バーチャル背景はクロマキーという人物だけを抜き出して別の背景に重ねる技術と同じしくみなので、**もしグリーンバッグという緑のカーテンのような背景を持っていたら、「グリーンスクリーンがあります」にチェックを入れるとくっきりと人物が抽出される**ようになります。

なおバーチャル背景は、設定すると同じ端末、同じアカウントで参加する次回のZoomにも同じ設定が有効になります。

iPhone バーチャル背景を設定する

画面右下の をタップし、「バーチャル背景」をタップします。PCと同じように、使用したい画像をタップするとバーチャル背景に設定されます。バーチャル背景をやめたいときは「None」をタップします。スマホでもバーチャル背景に自分でオリジナルの画像をアップロードできます（映像はできません）。アップロードしたいときは画像右横の をタップして追加します。また、スマホでもバーチャル背景を設定すると、同じ端末、同じアカウントで参加する次回のZoomにも同じ設定が有効になります。

ミーティングに参加者を招待しよう

Zoomミーティングを開始したら、相手に招待のURLやミーティングIDを連絡してミーティングに招待しましょう。ここでは参加者を招待してみます。

メールアプリと連携させてメールで招待することも、URLなどをコピペしてチャットで招待することもできます。

POINT

① 招待のURLをコピーする機能があるので、これを使ってテキストメッセンジャーなどに貼りつける。
② デフォルトで参加者を招待できるのはホストだけ。
③ ミーティングIDを連絡する方法もあるが、パスワード設定されているときは入室にパスワードが必要なので、同時に連絡する。

PC・スマホ

参加者を招待する

ミーティングの画面❶から「参加者」を選択、参加者の一覧画面❷から「招待」を選択すると、招待の画面❸（スマホ）が現れます。ここから参加者に招待URLを送ることができます。PCの場合は❹のような招待画面が現れます。ここでメールのほか、あらかじめ登録した連絡先に参加URLを知らせます。

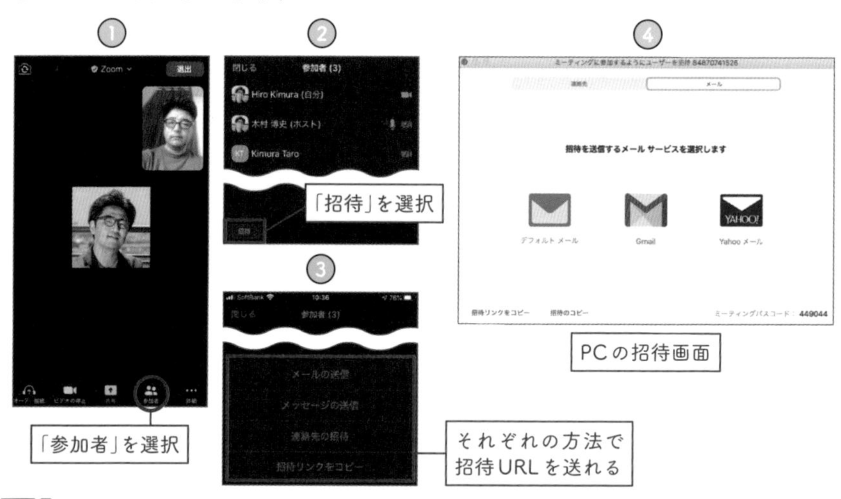

PC・スマホ

招待URLをコピーして参加者に知らせる

「招待」を使わずに、ミーティングの画面からPC、スマホそれぞれの方法でミーティング情報を表示させます。ここから招待のURLなどをコピーして、メールやテキストメッセンジャーにペーストして相手に送付します。ミーティングIDを知らせても会議に参加できますが、パスワード設定されているときはパスワードが必要になるので、必要な情報を案内してあげましょう。

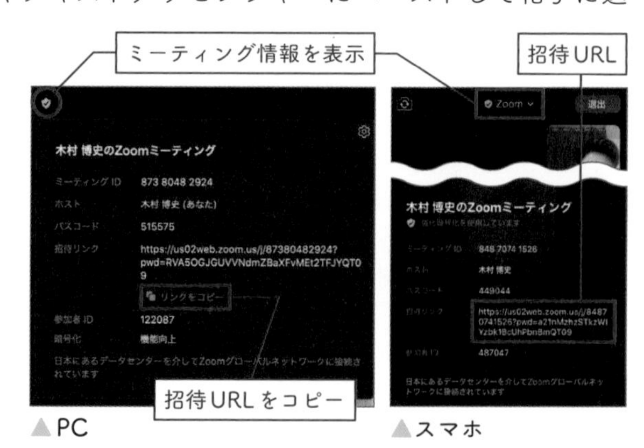

▲PC　▲スマホ

09〔PC・スマホ〕

参加者として
ミーティングに参加する

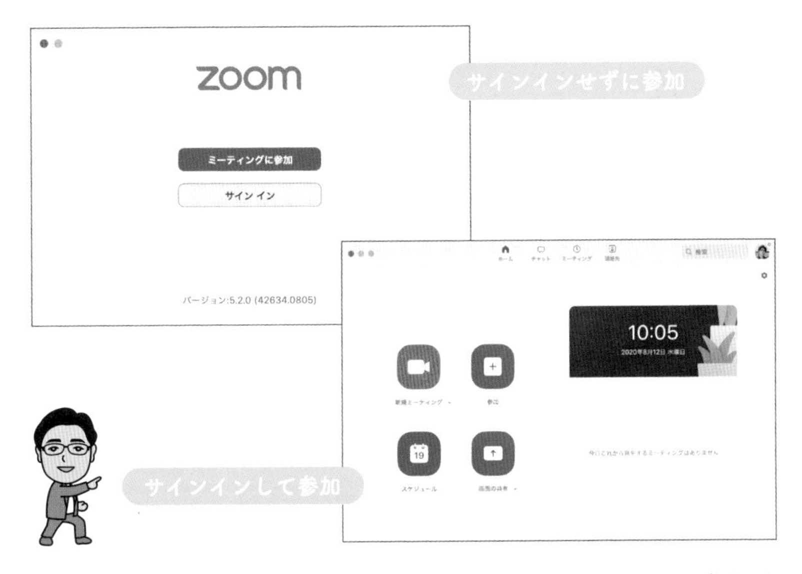

参加者としてミーティングに参加する際、サインインし参加することとサインインしないで参加することができます。

POINT

① Zoomアプリでサインインして参加する場合と、サインインしないで参加する場合がある（これが原因で後述のブレイクアウトルームの割り当てに不具合が生じることがある）。

② 招待のURLをクリックすれば簡単に会議に参加できる（第1章07も参照）。

③ ミーティングIDでも会議に参加できるが、パスワード設定されているときは参加にパスワードが必要なので、ホストに確認しておく（ミーティングの設定でパスワード不要にもできる）。

PC・スマホ　サインインして参加する方法

URLでミーティングに参加する場合、そのリンクをクリックすればミーティングに参加することができます。サインインした状態でクリックすれば、そのIDでミーティングに参加します。

サインインしている場合は、ホーム画面②から「参加」をクリックします。次に画面③（ミーティングIDを入力）、そして画面④（パスワードを入力）に進みます。

PC・スマホ　サインインしないで参加する方法

URLでミーティングに参加する場合、そのリンクをクリックすればミーティングに参加することができます。サインインしていない状態でクリックすれば、自分のIDとは紐づけられずに会議に参加します（自分のIDで設定したアイコンの写真は表示されません）。

サインインしていない場合、画面①の次に画面③（ミーティングIDを入力）、そして画面④（パスワードを入力）に進みます。

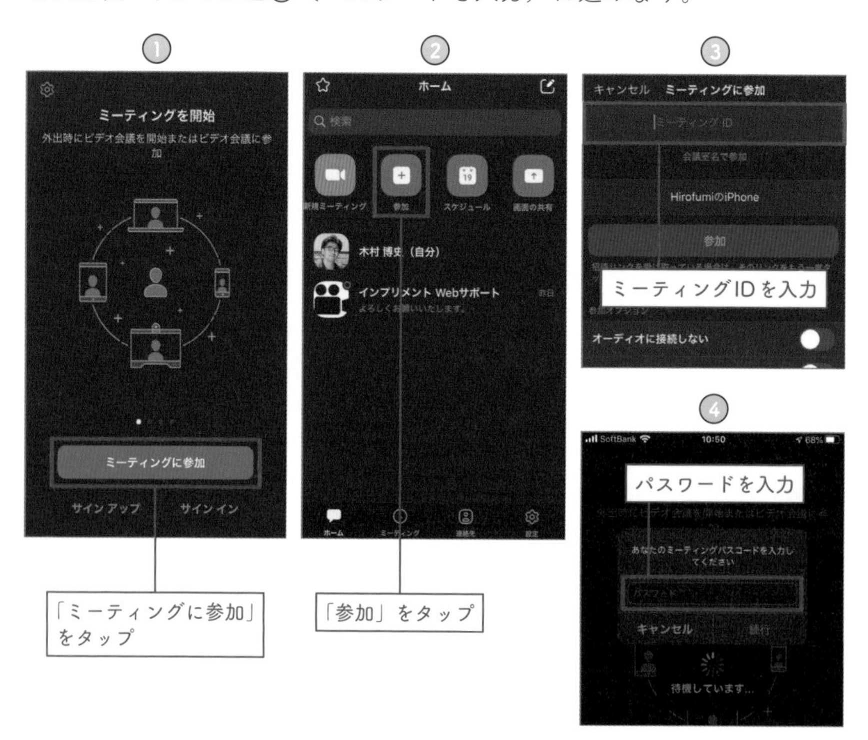

ミーティングのビュー画面を切り替えよう

Zoomは、画面での参加者の見え方を切り替えることができます。多人数を見ることができるギャラリービューと発言者がフォーカスされるスピーカービューを使い分けましょう。

POINT

① ギャラリービューでは参加者複数人（最大49人）のビデオを見ることができる。
② ギャラリービューの最大表示人数は画面（ウィンドウ）の大きさで変わる。
③ スピーカービューでは話をしている人の画面に自動的に切り替わる（ただし、うなずきの音に反応したり、完全に自然な切り替わりにはならないので注意が必要）。

PC スピーカービューとギャラリービューを切り替える

右上のビュー切り替えボタンをクリックすることで切り替えられます。切り替えスイッチの右には全画面表示にするボタンもついています。

ギャラリービューの1画面あたりの最大表示人数はウィンドウの大きさ、PCの解像度の大きさによって変わります。またギャラリービューは、映像サムネイルをドラック＆ドロップすることで並び順を変えることができます。

▲ギャラリービュー

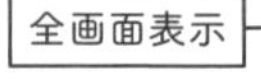

▲スピーカービュー

スマホ スピーカービューとギャラリービューを切り替える

画面をスワイプすることで切り替えられます。1番左は、安全運転モード（第1章12参照）です。

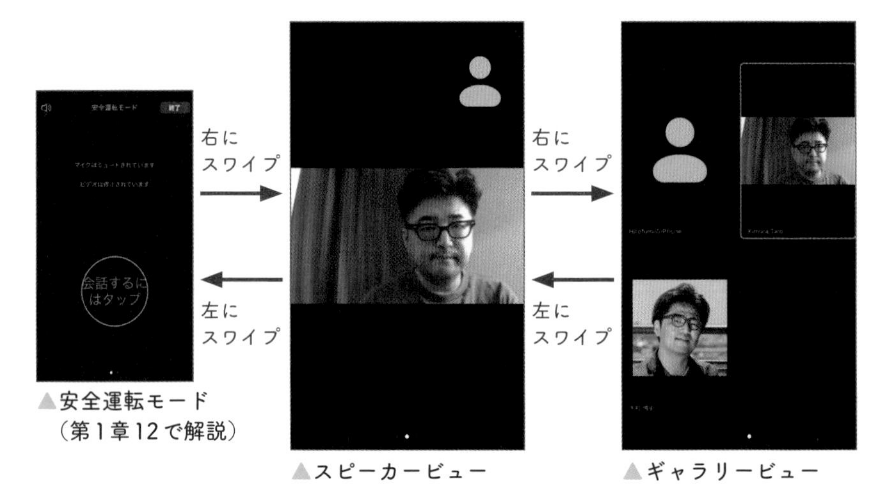

▲安全運転モード（第1章12で解説）

▲スピーカービュー

▲ギャラリービュー

ミーティングを退出・終了しよう

一般参加者の場合

ミーティングから退出

フィードバックを送信　キャンセル

管理者の場合

全員に対してミーティングを終了

ミーティングから退出

フィードバックを送信　キャンセル

Zoomでミーティングを終了するときは、「会議を終了させる処理」が必要です。一般参加者は退出するだけですが、ホスト（主催者）の場合は自分だけ退出する方法と、ミーティング全体を終了させる方法の2通りがあります。

POINT

① 一般参加者は「ミーティングを退出」するだけ。
② ホスト（主催者）は「全員に対してミーティングを終了」と「ミーティングを退出」が選べる。
③「全員に対してミーティングを終了」は、即時に参加者全員のミーティングが終了になる。
④ 主催者が「ミーティングを退出」すると、次のホスト（主催者）を選んで、残った参加者でミーティングを継続できる。
⑤ ミーティングを退出する際は、唐突に感じることがあるので、丁寧に対応したいときは、ビデオを切る→音声を切る→退出、と3段階に分けるといい。

手順① 一般参加者の場合

「ミーティングを退出」（スマホでは「退出」）で退出できます。その後は残りの参加者で会議は継続されます。

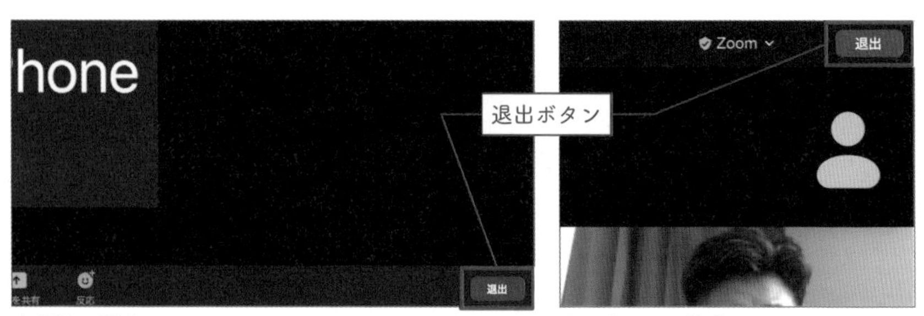

▲PCの場合　▲スマホの場合

手順② ホスト（主催者）の場合

「全員に対してミーティングを終了」（スマホの場合は「終了」）を選択すると、即時に参加者全員のミーティングが終了します。

一方「ミーティングから退出」を選択すると、下記のように新しいホストを選んで退出できます。この場合は残りの参加者で会議は継続されます。このとき退出するホストが有料アカウントであれば、割りあてられた新しいホストのアカウントは無料有料に関係なく、ミーティング制限時間は有料アカウントと同じになります。反対に退出するホストが無料アカウントだと、割りあてられた新しいホストのアカウントが有料でもミーティング制限時間は無料アカウントと同じになります。

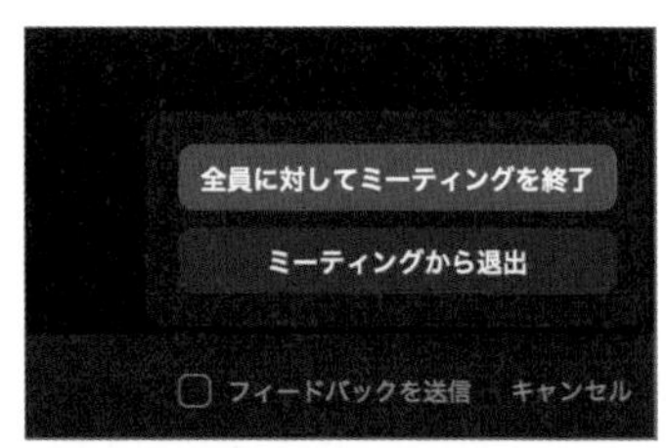

▲PCの場合

▲スマホの場合

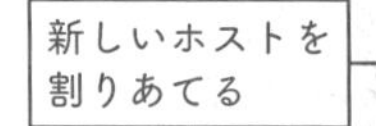

安全運転モードでミーティングに参加しよう

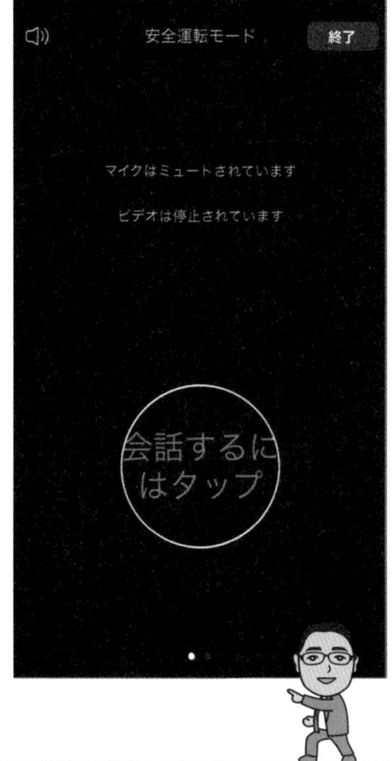

車を運転しているときなど、会議に参加しなくてはならないけれど画面を見ることができないときは、会議の音声だけが聞こえる「安全運転モード」が使えます。スワイプ操作で簡単にこのモードに入るので、意図せず入ってしまう場合も多いので気をつけましょう。

POINT

① スマホアプリなら会議中にスワイプすることで安全運転モードになる。
② 安全運転モードはビデオもマイクもオフになり、音声だけが聞こえる。
③ **安全運転モードでも、マイクを有効にして音声通話をすることができる。**
④ 安全運転モードはビデオと音声が止まるため、不具合でミーティングが続けられなくなったと勘違いすることがあるので注意する。
⑤ ミーティング中にスマホをスリープモードにするとビデオは止まるが、音声通話は可能な状態（安全運転モードと同じ状態）になる。

手順① 「安全運転モード」にする

会議中、左にスワイプすると「安全運転モード」になります。このモードに入ると、ビデオはオフ、マイクもオフになり、音声だけが聞こえます。

安全運転モードでも「会話するにはタップ」をタップすることで、マイクをオンにして音声通話ができるようになります。

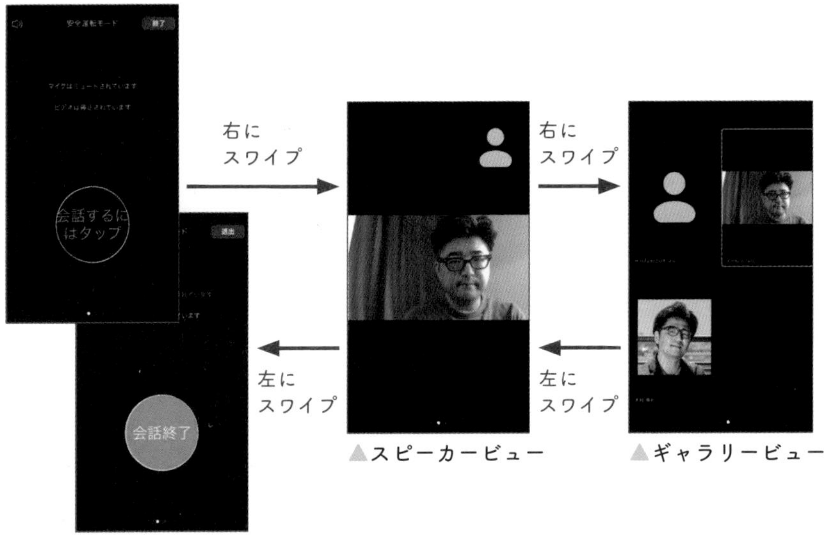

▲スピーカービュー

▲ギャラリービュー

▲安全運転モード

手順② ミーティング中にスマホをスリープにする

ビデオオフになりますが、音声通話はそのまま使えます。安全運転モードと同じ状態なので、マイクをオンにしておけばこちらのも声も聞こえます。

スリープモードを解除すると、電話の画面になり、スピーカーのオンオフ、マイクのオンオフが可能になります（「Zoom」や「ビデオ」を押すと、Zoomアプリが起動します）。

Chapter 2

有料プランと豊富なオプションで機能を拡張する

Zoomは無料アカウントでも活用できるツールですが、有料アカウントにするとさらに活用の幅が目に見えて広がります。さらに有料アカウントに付帯できるさまざまなオプションは、Zoomをコミュニケーションツールから最強のビジネスツールへと変化させます。この章では有料アカウントやオプションの内容だけでなく、そこから広がる可能性についても説明していきます。

01〔Plan〕

無料プランと有料プランの違い

無料

3人以上のミーティングは時間制限

クラウド録画できない

ウェビナー、Zoom Roomsなどのオプション不可

有料

ミーティングの時間制限なし

クラウド録画できる

オプション追加でウェビナー、Zoom Roomsができる

有料プランの1番のメリットは、参加者が3人以上でも40分以上のミーティングができることです。40分以上使わないのであれば無料プランで十分です。２人で使うことが多いなら、無料プランでも有料プランと同様に40分以上のミーティングができます。

POINT

① 有料プランのメリットは、3人以上のミーティング時間が無制限になること。
② チャットや画面共有、バーチャル背景、リモート制御やブレイクアウトルームなどミーティングの基本的な機能は無料プランでも同じ。
③ ウェビナー機能やZoom Rooms機能などのオプション付帯は有料プラン。
④ 企業向けの有料契約プラン(Businessや Enterprise)や教育機関向けプラン（Education）もある（第2章02参照）

無料・有料　無料プランと有料プランの比較

無料プランと有料プランの詳細をまとめたものが下記になります。**1番の違いは3人以上の会議の長さが40分に制限されるか否かということ**です。また、有料プランでは会議のクラウド録画が可能になります。なお1対1と思っていても、接続不良などで1度退出して再度会議に参加したりすると、3人以上の参加と認識されて40分までしか使えなくなることがあるので注意が必要です。

一方、**会議の基本的なツールについては、無料版と有料版でまったく違いはありません。**ウェビナー機能やZoom Roomsなどのオプションに関しては、有料プランを購入後、オプション購入します※1。

	無料プラン（Basic）	有料プラン（Pro）
料金	無料	月額2,000円程度 （為替レートに影響される）
最大会議可能時間 （参加者2人）	無制限	無制限
最大会議可能時間※2 （参加者3人以上）	40分	無制限※3
ローカル録画 （自分のPCに録画）	可能	可能
クラウド録画 （クラウドに録画）	不可能	可能 （容量1GB／ライセンス）
チャット機能	可能	可能
ホワイトボード機能	可能	可能
リモート制御	可能	可能
バーチャル背景	可能	可能
ブレイクアウトルーム	可能	可能
End to End暗号化	可能	可能
ウェビナー機能	不可能	可能※1
Zoom Rooms	不可能	可能※1

※1 ウェビナー（5,400円／月～）、Zoom Rooms（6,600円／月～）は別途オプションの購入が必要。
※2 無料プラン、有料プランとも24時間経過するとタイムアウトとなり、ミーティングは終了する。
※3 有料プランでも参加者がすべて退出し、参加者がホストのみになってから40分するとタイムアウトで終了する。

02〔Account〕

Zoomミーティングプラン の種類

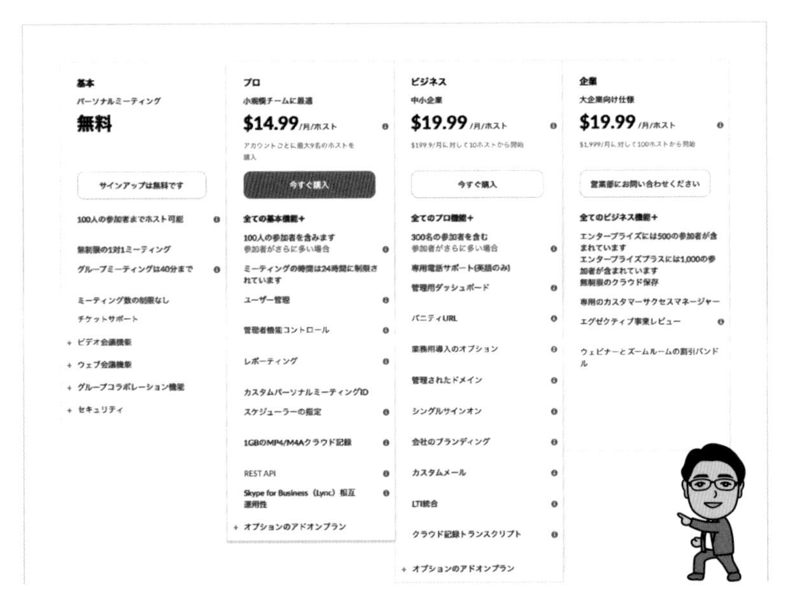

有料プランには、プロ以外にもビジネス（Business）や企業（Enterprise）、教育機関向け（Education）があります。企業など多ユーザーで利用する場合は、内容を確認しておきましょう。

POINT

① ビジネスプランでは300人（プロは100人）までのミーティングが標準でサポートされる。それ以外のミーティングの機能はほぼ同じ。

② プロでもオプションを追加して最大1,000人までの大規模なミーティングが可能。

③ 企業（Enterprise）は企業間契約となるため、一般ユーザーは対象にならない。

その他のプラン　ビジネス・企業・教育機関向け

有料プランには、プロのほかに企業ユースを想定した「ビジネス」(business)や大企業向けの「企業」(Enterprise)、さらに「教育機関向け」(Education) も存在します。それぞれの特徴は下記のようになります。

基本的な会議機能は、最大参加人数以外ほとんど変わりませんが、専用電話サポート（英語のみ）やブランディング機能（Zoomから発信するメールをカスタマイズできる）など、サポートやブランディングについてのサービスが追加されています。詳細は必要に応じてZoomのサイト（https://zoom.us/pricing）で確認しましょう。

	Pro	Business	Enterprise
料金	月額2,000円	月額2,700円 ×ライセンス数	月額2,700円 ×ライセンス数
最低契約 ユーザー数	1から	10から	50から
最大ホスト数	100人まで	300人まで （オプションで1,000人）	300人まで （オプションで1,000人）
クラウド容量	1GB×ライセンス （オプション拡張可能）	1GB×ライセンス （オプション拡張可能）	無制限
文字おこし機能	不可能	可能	可能

※ 料金は為替レートにより変動します。
※ 文字起こし（トランスクリプト）は英語のみ対応しています。
※ EducationはBusinessと同じ内容になります。

まずはProライセンスを購入して、クラウド容量など足りないものはオプションで追加しよう。

03〔Option〕

Zoomのさまざまなオプション（アドオン）で機能を拡張しよう

プランをアップグレードする　クレジットカードを更新する　料金を支払う/請求内容を見る

利用可能なアドオン

ウェビナー ...	追加する	月額$40.00から
会議室システム向けZoom Rooms - Mac、PC、タッチスクリーンの各ディスプレイに対応したビデオ会議室ソリューションです。	追加する	月額$49.00から
H.323/SIPルームコネクタ - 従来のH.323/SIPルームシステムを拡張してクラウド化できます。	追加する	月額$49.00から
大規模ミーティング - インタラクティブなミーティング参加者の数を1,000まで増加します。	追加する	月額$50.00から
Zoom　Phone - Zoom Phoneは、完全に統合された最新のクラウドビジネス電話システムです。	追加する	月額$10.00から
オーディオ会議オプション - グローバルフリーダイヤルおよびコールアウト音声会議機能を追加。	追加する	月額$100.00から

有料プランには、ウェビナー機能やZoom Roomsなどのオプションをつけることができます。それぞれの内容を理解して、必要なものを選べるようにしましょう。

Zoomのオプションは、チケットを購入するイメージ。購入したオプションはIDに紐づけないと有効になりません。

POINT

① オプションを購入しても、「ユーザー管理」でライセンスを割りあてないと使えない。
② オプションの購入は、自動更新なしの１カ月単位で可能。
③ オプションの購入は管理者のみができる。

購入方法　オプションを購入する

「管理者」のユーザーだけが、オプションの購入が可能です。設定画面の「アカウント設定」の「支払い」から購入できます。オプションは1カ月単位で購入可能です。1年で購入すると2カ月分程度の値引きがありますが、自動更新はありません。

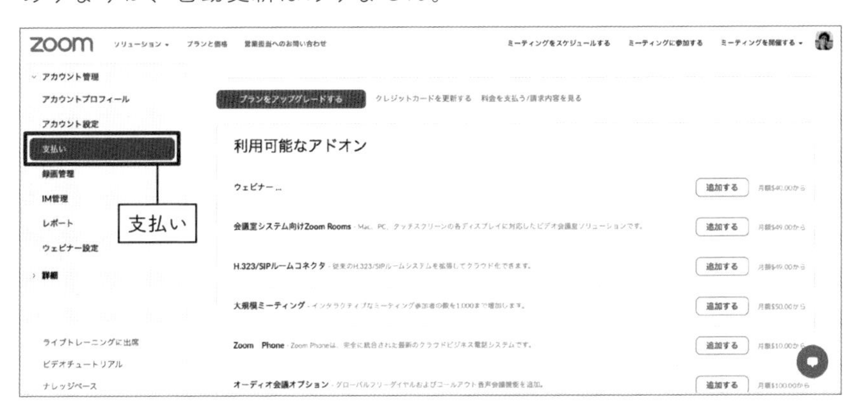

サービス内容①　ウェビナー

ウェビナーは通常のミーティングと異なり、運営者、パネリスト、参加者の役割を明確に分けることができます。いわゆる「**Zoomを使ったセミナー**」です。たとえば、参加者はカメラ機能なしで、音声はホストが認めたときだけに使えるようにするなど、ミーティングより強力に参加者のアクションを管理できます（詳しい利用方法は第5章参照）。

オプション料金は、100名まで、500名まで、1,000名まで、3,000名まで、5,000名まで、10,000名までと、参加人数によって変わります。

サービス内容②　Zoom Rooms

従来からのテレビ会議システムのように、会議室同士をつなぐしくみです。従来のテレビ会議システムより安価で、ユーザーインターフェースがすぐれていて使いやすくなっています。ボタンひとつで接続できるので、パソコンやインターネットが苦手だという人でも安心して使えます。

主に企業用途で、「ポリコム」などの従来の会議システムから機材はそのままでZoom Roomsに入れ替えるしくみもあることから、プラットフォームのみの変更も検討しやすくなります。

サービス内容③ Zoom Phone

これはZoomでIP電話が使えるシステムです。さまざまな会社から提供されているIP電話と同じです。電話を使ってZoomミーティングを行う際は、連携がいいので便利です。まだ日本では利用者が少ないですが、今後ビジネス分野から順に採用されていくかもしれません。

サービス内容④ H.323／SIPルームコネクタ

企業で「ポリコム」などの既存のテレビ会議システムの使用機材を、そのままZoomに置き換えようとする際に必要なオプションです。（詳しくは次々頁コラム参照）。

サービス内容⑤ 大規模ミーティング

有料オプションの場合、ミーティングの参加人数の上限が100名までです（ビジネス、エンタープライズは300名）。これを拡張するサービスです。オプションを購入すると、最大1,000名までのミーティングが可能になります。

ウェビナーにも大人数のオプションがありますが、こちらは通常のミーティングの拡張なので、ウェビナーのような主催者と参加者の役割を分けるような権限はつきません。

サービス内容⑥ オーディオ会議オプション

これはZoomに電話で参加する際、通話料を割引するオプションです。大規模な電話音声を使ったイベントを行う企業、シンクライアント端末導入企業などで、Zoomの電話音声を多用する場合はこの契約をすると通信料を安くできることがあります。

サービス内容⑦ クラウド記録

有料版の場合、ローカル（自分のPC）だけでなく、Zoomのクラウドに会議録画データなどを保存することができます。クラウドの容量の上限は1GBになります。その容量上限を増やすことができるのが、このオプションになります。

使い方 オプションを使えるようにする

オプションを購入しても、ユーザー管理でオプションをアカウントに割りあてないとそのオプションを使うことができません。Zoomの設定画面の「ユーザー」より、各ユーザーの「編集」からライセンスを割りあてます。

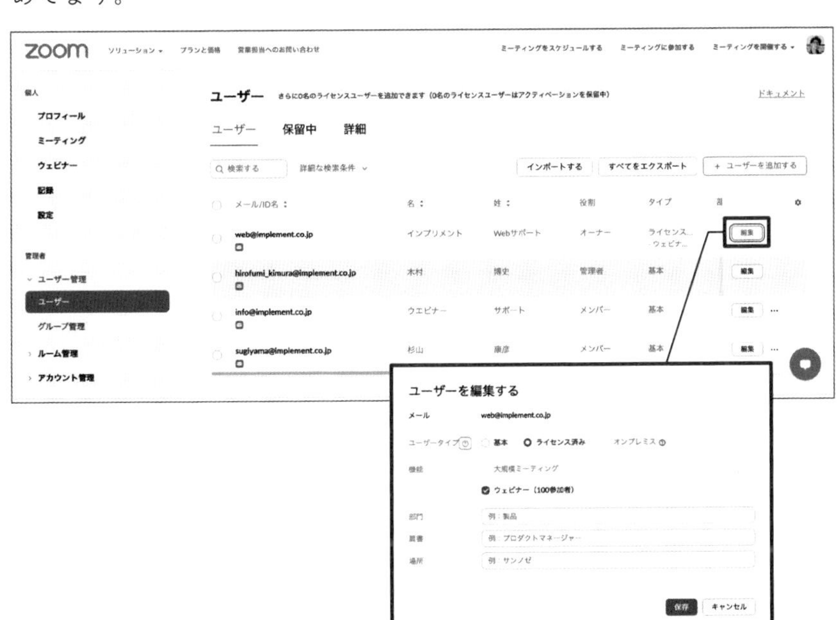

Zoom Roomsなど法人向けオプションも豊富

本章で紹介したオプションの中には「Zoom Rooms」や「H.323／SIPルームコネクタ」など、個人ユーザーにとっては何に使うのか用途がよくわからないものがあります。これらのオプションについて、少し深く解説しておきます。

これらの意図するところは、既存のテレビ会議システムとの置き換えです。下記のようにセットトップボックス（STB：機能を制限特化させた専用パソコン）とカメラ、テレビを組みあわせたテレビ会議システムがさまざまな会社から販売されています。これをZoomで置き換えようというわけです。

Zoom Roomsを使うと、これらテレビ会議システムとほぼ同じ

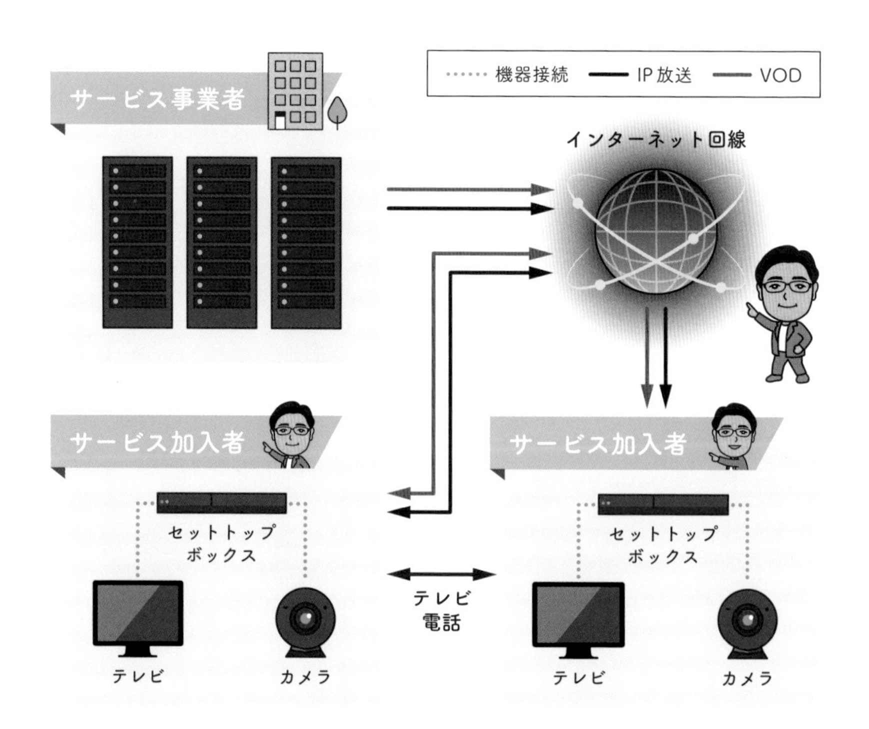

機能が利用可能です。そのうえ安価で使いやすいシステムになります。さらに、既存のテレビ会議システムのハードウェア（テレビやカメラなど）を流用しながらZoomを使うためには、プロトコルの変更などのデータ処理が必要になります。それを提供してくれるのが「H.323／SIPルームコネクタ」オプションです。

Zoom社は開発に小回りの利く会社です。さらに既存の遠隔会議システムをすべてZoomに置き換えていこうという高いモチベーションを持っています。その想いに沿って、既存のシステムを置き換えるためのしくみをきめ細かく開発して提供しています。

Zoomが電話でミーティングに参加することができるようになっているのも、これが理由です。個人ユーザーには必要な理由がわかりづらいところですが、既存の電話会議システムを置き換えようと思っている企業にとっては大切な機能なのです。

もし、あなたが企業のIT担当者で、既存のセットアップボックスを使うテレビ会議システムを使っているのであれば、これらのオプションを利用してZoomへの切り替えを検討してみるといいでしょう。費用の削減や使い勝手の向上が実現できるかもしれません。

04〔上級〕

シンクライアント環境での Zoomの使い方

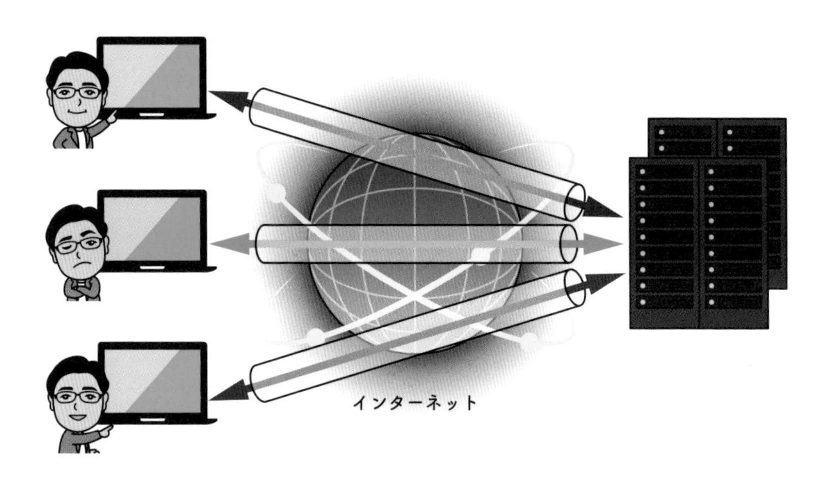

セキュリティ確保の観点から、企業でのシンクライアント端末の利用が増えています。ここではシンクライアント環境でのZoomの利用方法を説明します。サーバー側に特別な対応をすれば利用可能になりますが、Zoom専用にファットクライアント端末のパソコンを用意することも検討するといいでしょう。

POINT

① シンクライアント端末でZoomを使うには、アプリなど特別な対応が必要となる。

② Zoom用にファットクライアント端末のパソコンを用意しても、ポートが閉じられていてZoomにアクセスできないなど、セキュリティ対策で満足に使えない場合があるので、しっかり確認する。

概要　シンクライアントとは

シンクライアントを従来の端末（パソコン）と比較してみましょう。

従来型のパソコンは、1つのパソコンの中でプログラムやデータを持って、それを処理しています（下記左参照）。この場合、データがパソコンの中にあるので、リモートワークなどで社員がパソコンを持ち出した際、盗難にあう恐れがあります。

それに対して、シンクライアントは下記右側のようなしくみになっていて、手元の端末はデータもプログラムも持っていません。データの保持やプログラムの処理は外部のサーバーで行われています。手元の端末には画面を転送するだけなので、万一のときもデータのセキュリティを確保できるわけです。

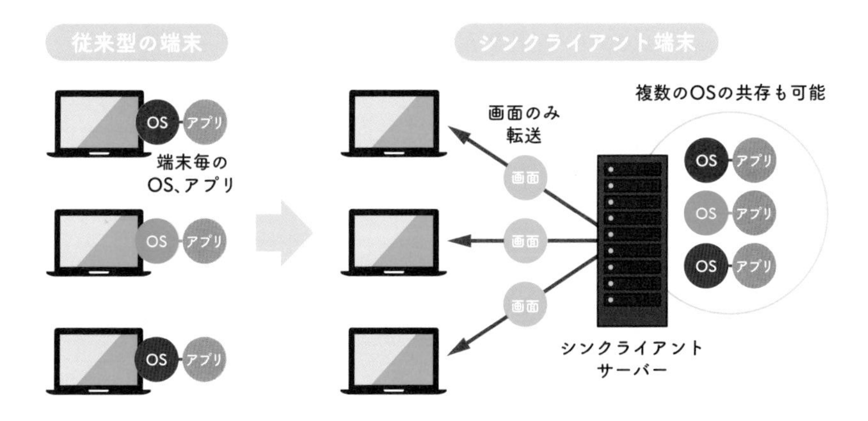

Zoom　シンクライアント環境下でZoomを利用する

シンクライアントはセキュリティが確保できるメリットがありますが、プログラムの実行形態がパソコンと違うので、**標準ではZoomを利用することができません**。上記のシンクライアントのサーバー側にベンダーが提供する特別なソフトウェアを導入することで、Zoomが利用可能になります。

マイクロソフトのOfficeが使えたり、YouTubeなどが利用できたりと、パソコンと同じ感覚でシンクライアントを使っている人も多くいますが、シンクライアント環境では、特別な対応をしないとZoomは利用できないことを認識しておきましょう。

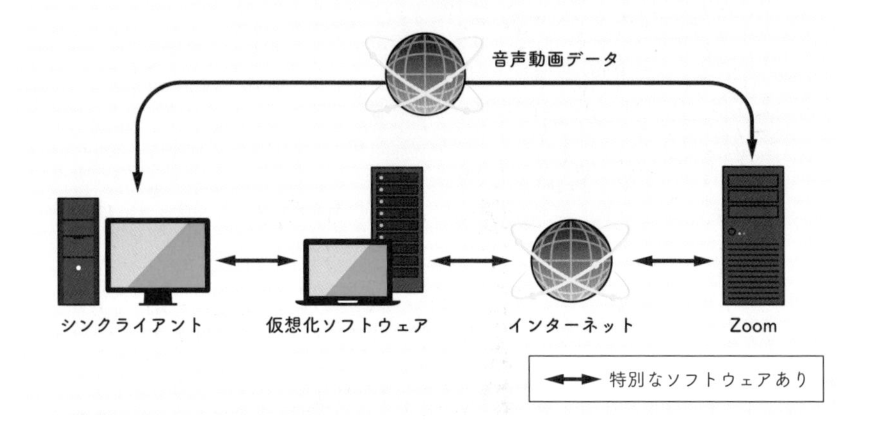

専用パソコン　Zoomを使うためだけのパソコン（ファットクライアント端末）を用意する方法

一方、新しいソフトウェアの導入は時間もお金もかかるし、社内のセキュリティ上の審査も必要になることもあって、対応できないこともあるかもしれません。

そんなときにZoomを使うためだけのパソコンを用意する方法があります。こちらは通常のパソコンでいいので、問題なくZoomを使うことができます。

しかし、注意が必要なことがあります。セキュリティ上の理由でZoomが使うTCPポート（80,443）などを閉じられていると、そもそもZoomを使うことができません。またセキュリティ上の理由でUSBが使用不可になっていて、Zoomの利用に必要なウェブカメラなどの機材を接続できない場合もあります。

ファットクライアント端末（パソコン）を用意できても、制限によってはZoomが利用できないことも想定されるので、イベントなどで使用するときは特にですが、本番の前にしっかり接続検証をしておくようにしましょう。

Zoomミーティング活用のための実践的使用法

Zoomは誰でも簡単かつ快適に使用できるようにつくられているサービスです。そのためシンプルなインターフェイスが基本になっていますが、設定変更による拡張性が高く、種々の設定を活用することによって使い勝手がさらによくなったり、いろいろな表現ができるツールになります。何ができるか、どうよくできるか、少しの知識で大きく変わります。そんなZoomのたくさんの機能について説明していきます。

ミーティングを スケジュールしよう

ミーティングをスケジューリング
トピック
木村 博史 の Zoom ミーティング
日付
2020/ 8/13 10:00 ~ 10:30 2020/ 8/13
定期的なミーティング　タイムゾーン: 大阪、札幌、東京
ミーティング ID
自動的に生成　個人ミーティング ID
セキュリティ
パスコード　待合室
ビデオ
ホスト オン オフ　参加者 オン オフ
オーディオ
電話　コンピューターオーディオ　電話とコンピューターのオーディオ
カレンダー
iCal　Google カレンダー　他のカレンダー
詳細オプション

PC

キャンセル ミーティングのスケジュール 保存
ミーティング開始日時 今日 10:00
ミーティング時間 30 分
タイムゾーン 大阪、札幌、東京
繰り返し なし
カレンダー iCalendar
個人ミーティングIDを使用
ミーティングパスコードが必要
パスコード
待合室を有効化
ホストビデオオン
参加者の動画オン
オーディオ オプション デバイスのオーディオのみ
詳細オプション

スマホ

Zoomでは簡単にミーティングをスケジューリングすることができます。スケジューリングの方法と設定の意味を理解しましょう。

POINT

❶ 開始日時や時間の長さ（経過時間）はリマインド通知などの表示用なので、時間が変更になっても、必ずしも変更する必要はない。
❷ PMI（パーソナルミーティングID）は、Zoom上で個人を特定できる情報なので、セキュリティの観点から不必要に使用しない。

PC・スマホ ホーム画面の「スケジュール」をクリックする

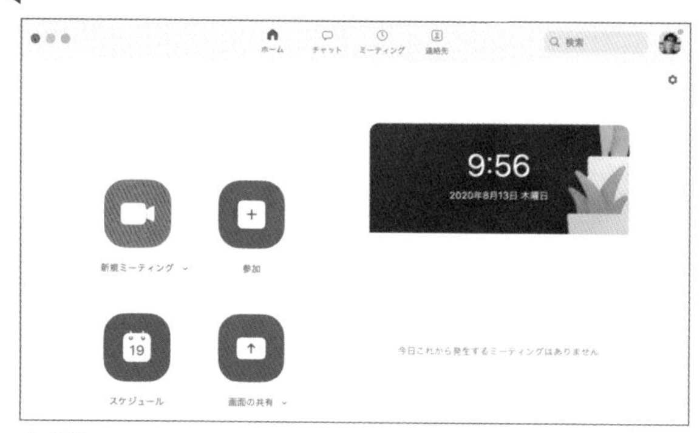

▲PC

▲スマホ

PC・スマホ ミーティングの詳細を設定する

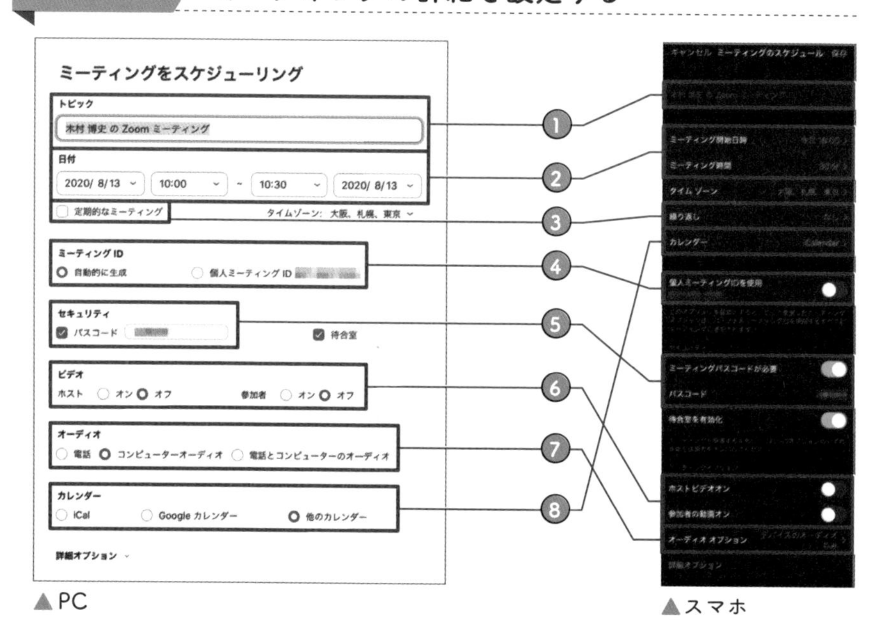

▲PC

▲スマホ

① トピック

ミーティングの名称を入力します。社外向けなら「**○○会社様△月×日ミーティング**」、社内向けなら「**○○検討会議△月×日**」、スクールだったら「**○○動画活用スクール第2回△月×日勉強会**」などと設定するとわかりやすいです。トピック名はカレンダーや招待のときに、1番目立つところに入るので、最も重要な情報が目立つようにします。

② 日付（スケジュール）

会議の日時を設定します。**この日時は連絡用なので、Zoomのリマインド機能を使用しないのであれば、会議の時間が変更になっても、必ずしも変更する必要はありません**。たとえば、AM10時からの会議をAM8時から開始することも可能ですし、経過時間が設定をすぎたからといってそこでミーティングが終了することもありません。

③ 定期的なミーティング（繰り返し）

チェックを入れると、「毎週水曜10時から」といった定期的なミーティングを設定できます。なお定期的に設定されたミーティングも、ミーティングごとに日付や時間などの情報を変更できます。

④ ミーティングID

ミーティングIDを、個人ミーティングID（PMI）にするかランダムに自動生成されたIDを使うか設定します。

ZoomにはPMIという電話番号のような個人番号の概念があります。PMIを使うといつも同じミーティングIDで参加者が会議に入ることができるので、参加者はいちいち会議ごとにミーティングIDを確認する必要がなくなります。ただし1度自分のPMIを知った人はどの会議にも参加できてしまうので、セキュリティ上好ましくありません。著名人がPMIをSNSで公開してしまい問題になった事例もあるので、**特別な理由がないかぎりは「自動生成」にしておきます**。

⑤ パスワード

ミーティングにパスワードを設定するかどうかですが、**セキュリティの観点からできるかぎり設定しましょう**。パスワードは自分で決めることもできます。

⑥ ビデオ

入室時にビデオをオンにするかオフにするかの設定ができます。ホストと一般の参加者を分けての設定もできます。ここも**いきなりビデオに**

何かが写ってしまうことを避けるプライバシーの観点から、オフにしておきましょう。

⑦ オーディオ

音声をコンピューターオーディオ（インターネットを介した音声）にするか、電話を使うか、もしくはその2つを混在させるかを選ぶことができます。**電話で参加する人がいなければ、コンピュータオーディオのみに設定**します。

⑧ カレンダー

Zoomにはスケジューラーのカレンダーに、自動的に予定を入れてくれる機能がついていて、連動するカレンダーを選ぶことができます。スケジューラーを使わない場合は「その他のカレンダー」や「なし」を選択します。

PC・スマホ　必要に応じて詳細オプションを設定する

詳細オプション ^

- ☐ 任意の時刻に参加することを参加者に許可します
- ☐ エントリー時に参加者をミュート
- ☐ 認証されているユーザーのみが参加できます: Zoomにサインイン
- ☐ ミーティングを自動的にレコーディングする
- ☐ 追加のデータセンターの地域をこのミーティングに対して有効化

代替ホスト：

john@company.com

キャンセル　保存

☐ 任意の時刻に参加することを参加者に許可する

セキュリティの関係上、入室した参加者をいったん「待機室」に待機させて、ホストが承認したらミーティングに参加できるようにしたり、ミーティング中にホストが参加者を一時的に隔離できる「待機室」のしくみを有効にするかどうかの設定であり、ホストが参加していないミーティングに参加者が参加すると、通常、参加者はホストが参加するまで待たされることになります。

☐ **エントリー時に参加者をミュート**

ミーティングに入室した際、**参加者のマイクがデフォルトでミュートに**なります。

☐ **認証されているユーザーしか参加できません**

ZoomのIDを持っている参加者、もしくは指定したメールアドレスや特定のドメインでしかミーティングに参加できなくなります。つまり**ミーティングIDだけでは、参加することができなくなります。**

ZoomのIDを持っていれば参加できるのか、さらに特定のドメインや個別メールアドレスまでを認証に使うのか、TPOにあわせて対応するようにしましょう。

☐ **ミーティングをローカルコンピューターに自動的にレコーディングする**

ミーティングを開始した際、自動的に録音(録画)が開始されます。**ミーティングの保存が必須で、忘れそうなときにはオンにしておきましょう**。

☐ **追加データセンター地域**

Zoomは、Zoomのデータセンターサーバーに接続することで通信ができます。セキュリティ問題で注目された中国のサーバーに接続するのが不安な人は、中国を経由させないようにできます(**デフォルトで中国や香港特別行政区のサーバーを経由しない設定になっています**)。

zoom ミーティングの内容を参加者に通知する

ZoomからメールやSMS(ショートメッセージ)、スケジューラー(OutlookやGoogle カレンダー)を通じて、参加者に通知することができます。

自分で個別のメールを作成したり、好きなメッセンジャーを使って通知することもできます。その場合は「招待のコピー」「ミーティングの招待状をコピー」をクリックして招待メッセージすべてをコピーするか、文中の招待リンクなど必要な情報だけを選択してコピーして使います。

ミーティングがスケジューリングされています

ミーティング招待

木村 博史さんがあなたを予約されたZoomミーティングに招待しています。

トピック: Zoom勉強会ミーティング
時間: 2020年8月13日 10:00 AM 大阪、札幌、東京

Zoomミーティングに参加する
https://us02web.zoom.us/j/

ミーティングID:
パスコード:

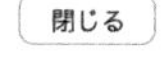

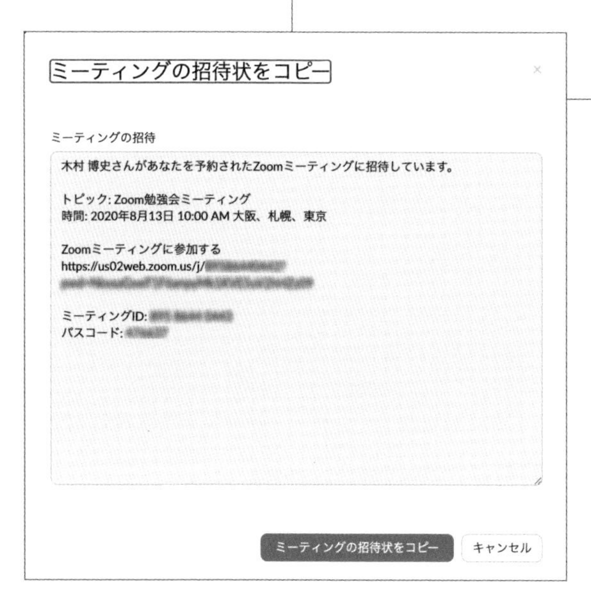

02〔PC〕

ブラウザや カレンダーアプリから ミーティングを開始しよう

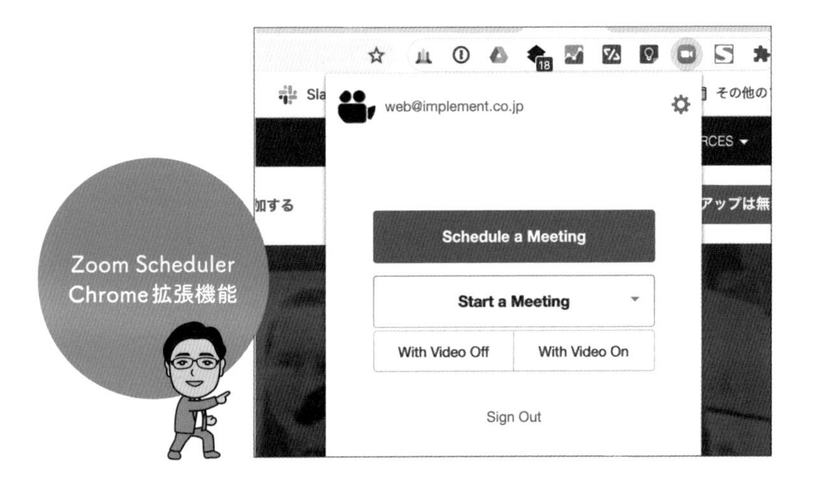

Zoomは、Google ChromeやOutlookのプラグインから利用するのが便利です。これを使うとGoogleカレンダーやOutlookのカレンダーを通して参加者を招待したり、カレンダーのリンクからZoomミーティングに参加したりすることができます。

POINT

① 拡張機能は英語版のみ（2020年8月現在）。

② カレンダーからミーティングに参加する際、ZoomのIDではなくメールアドレスで招待されていた場合、Zoomにサインインせずにミーティングに参加してしまうことがある。そのため、プロフィールのアイコンが使えないことやブレイクアウトルームの事前振り分け設定で不具合が出る可能性がある。

PC　Zoomのブラウザ拡張機能について

詳細はZoomのヘルプセンターから確認できます（Zoomヘルプセンター>インテグレーション>拡張機能とプラグイン）。

Google Chrome、Firefox、Outlookのプラグインが利用可能で、プラグインはZoomのダウンロードサイト（https://zoom.us/download）から入手可能です。

PC・スマホ　カレンダーからミーティングに参加する

拡張機能を使うと、カレンダーからZoomのミーティングのスケジューリングや、下記のようにGoogleカレンダーからミーティングへの参加ができるようになります（Outlookでも、ほぼ同じインターフェイスで利用できます）。

便利な機能ですが、相手がZoom IDとして使用していないメールアドレスを指定して招待してしまうと、Zoomにサインインしない状態でミーティングに参加してしまうので注意が必要です。

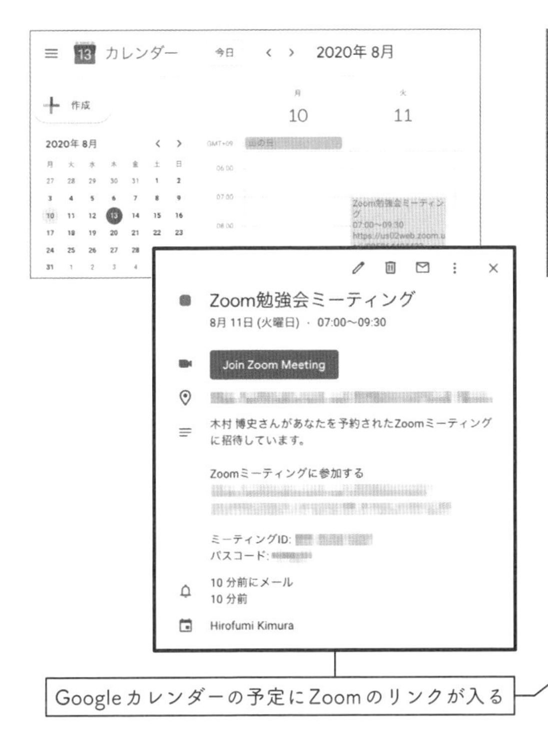

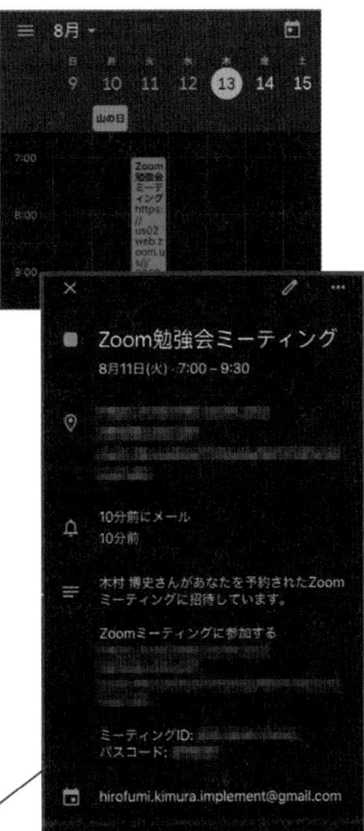

Googleカレンダーの予定にZoomのリンクが入る

03〔PC・スマホ〕

PC画面や資料・音声などを参加者に共有しよう

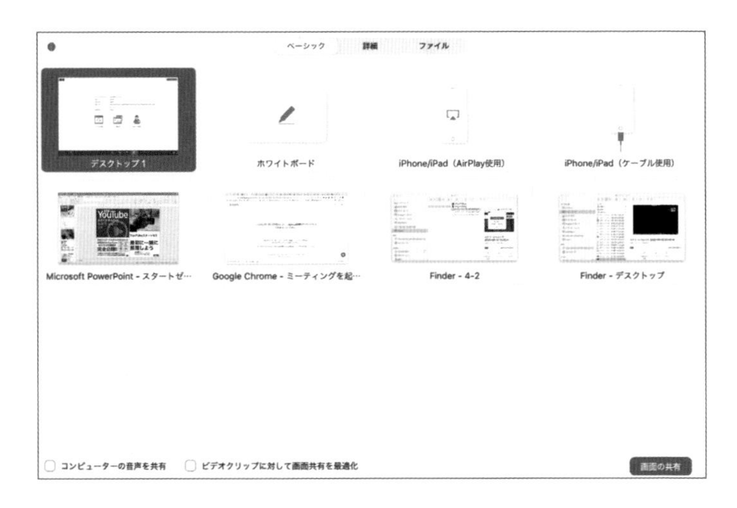

Zoomでは、**自分の資料や画面をほかの参加者と共有することができます**。PC上の資料やスマホの画面、音声を共有したり、第2カメラで映像を簡単に切り替えて配信したりと、さまざまな便利機能があります。

POINT

❶ 共有機能は一部スマホでも使えるが機能がかぎられる。ホワイトボードを使ったり資料を共有したりする際はPCを使う（閲覧だけであればスマホでも問題ない）。
❷ PowerPointやKeynoteといったプレゼンテーションソフトは共有する画面に注意。意図せず違うモードの画面を共有するトラブルが多い。
❸ 音声が出力されるアプリケーションを使う場合は「コンピュータの音声を共有」をチェックしないと、アプリケーションの音声を共有できない。
❹ 第2カメラを使うと、高解像度の動画を配信することができる。

PC・スマホ　資料や画面を共有する

Zoomのメイン画面の「画面を共有」(PC)、「共有」(スマホ)からスタートします。

スマホでも共有は可能ですが、機能が制限されるので、資料などを共有する際はPCを使いましょう。

▲PC

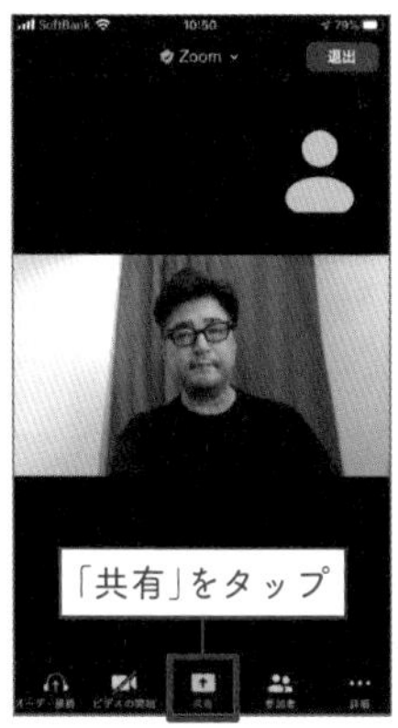

▲スマホ

デフォルトでは共有はホストだけになります（設定で変更可能）。参加者にも画面共有をさせたい場合は次のようにします。

手順① 参加者に画面共有をさせる

PC　「画面共有」の横の^をクリックして「高度な共有オプション」から「全参加者」を選びます。

スマホ　「共有」ボタンをタップします。

手順② 「共有」をクリックする

PC は「共有するウィンドウまたはアプリケーションの選択」、スマホ は共有できる一覧が表示されます。

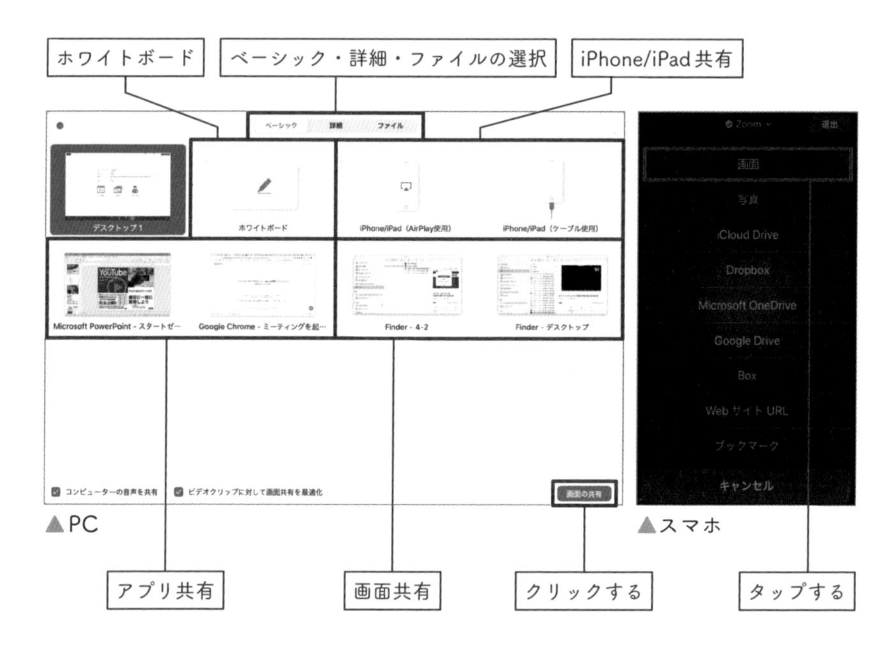

▲PC ▲スマホ

① デスクトップ共有とアプリ共有の違い PC スマホ

PCの共有のメニュー画面に「デスクトップ1」といった画面が表示されています。**画面を選ぶと、そのディスプレイに表示されているすべてのものが共有されます**。これを**デスクトップ共有**といいます。

一方、「PowerPoint」「Google Chrome」といった**起動しているアプリケーションを選ぶと、アプリケーションだけを共有することができます**。これを**アプリ共有**といいます。

デスクトップ共有にすると、意図しないものを共有してしまう可能性があるので、セキュリティの観点からはアプリ共有をお勧めします。

なおPowerPointやKeynoteといったプレゼンテーションソフトをスライドショーで共有する場合、**ひとつのアプリケーションで共有するウィンドウを複数選択できます**。どの画面を共有するのか、しっかり確認しておきましょう。

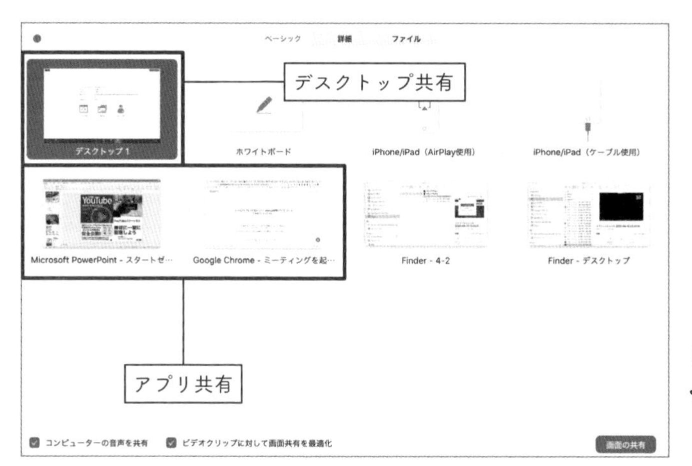

Chapter 3

② ホワイトボードを活用する　PC　スマホ

ホワイトボードの画面を共有しながら、参加者と議論することができます。

下記のように、直接線や文字を書くだけでなく、テキスト入力やスタンプを入力することも可能です。

③ iPhone/iPadを連携させる　PC

AirPlayを使ってiPhone（iPad）の画面をZoomで共有することができます。 手順② の「共有するウィンドウまたはアプリケーションの選択」から、「iPhone/iPad」を選択します。そうすると、iPhoneでAirPlayが設定できるようになります。これを選ぶと次頁のように、ZoomでiPhoneの画面を参加者に見せながらミーティングをすることができます。

AirPlayを使うためには、パソコンとiPhoneが同じネットワーク上にある必要があります。また、iPhoneをPCにケーブルでつないでも、同様にiPhoneの画面を参加者に共有することができます。

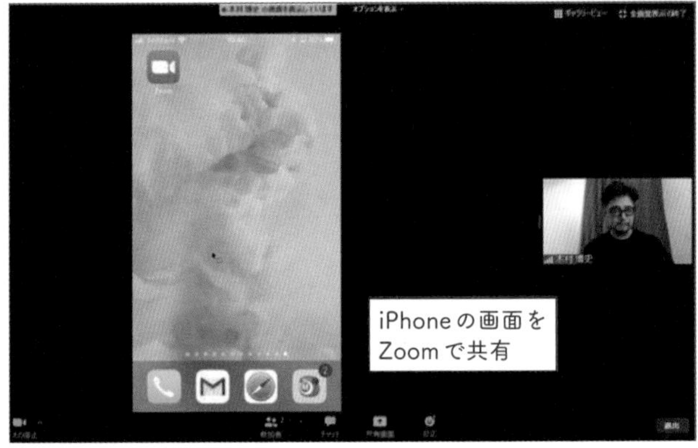

※「ブラウザ設定のミーティング設定にある「**ユーザーのデスクトップ/画面共有を無効にします**」をONにしていると、iPhone / iPad共有が表示されないので注意すること。

④ 音声や動画を共有する PC

資料に動画があるときは「コンピューターの音声を共有」と「ビデオクリップに対して画面共有を最適化」を選択します。

たとえばプレゼンテーションのスライドに音声が埋め込まれていた場合、**デフォルトではその音声を共有することはできません**。音声を共有するためには、下記の「コンピューターの音声を共有」にチェックを入れます。

さらに動画を共有する場合にも注意が必要です。**動画を共有するだけだと、Zoomの転送スピードの関係で動画のフレームレートが落ちて、カクカクした滑らかではない動画になります**。きれいでスムーズな動画を共有するには、下記の「ビデオクリップに対して画面共有を最適化」にチェックを入れてください。

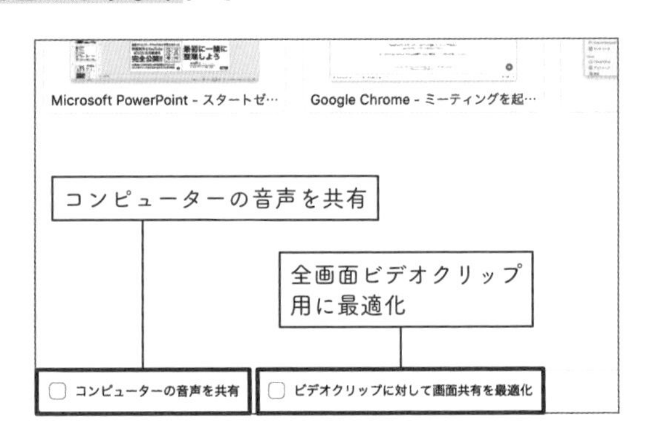

ただし通信量が増えるので、通信速度が遅い環境では音声や画像の遅延などの不具合が生じる可能性があります。

⑤ 画面の一部分だけを共有する PC

手順② の「共有するウィンドウまたはアプリケーションの選択」から、「詳細タブ」で「画面の部分」を選択すると、下記のように**デスクトップ上に枠が現れ、枠内にあるものだけを参加者に共有することができます。**

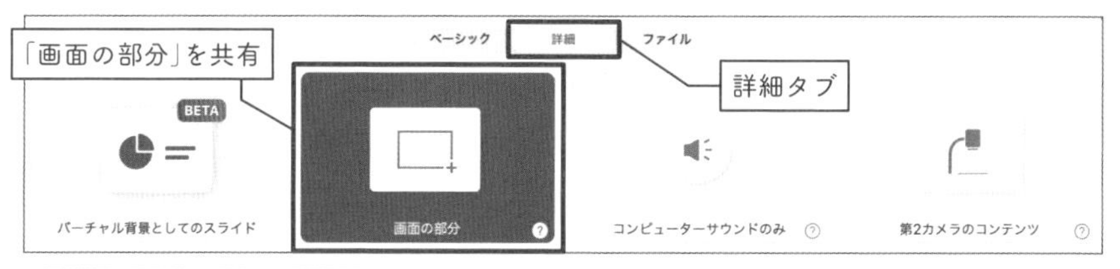

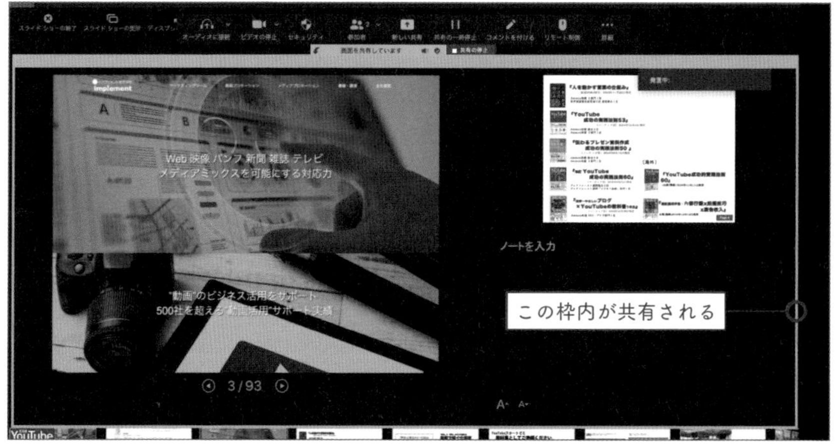

⑥ コンピューターの音だけ共有する PC

手順② の「共有するウィンドウまたはアプリケーションの選択」から、「詳細タブ」で「コンピューターサウンドのみ」を選択すると、コンピューターのサウンドだけを共有することができます。

たとえば**YouTubeのような動画から、音声だけを参加者と共有したりすることができます。**

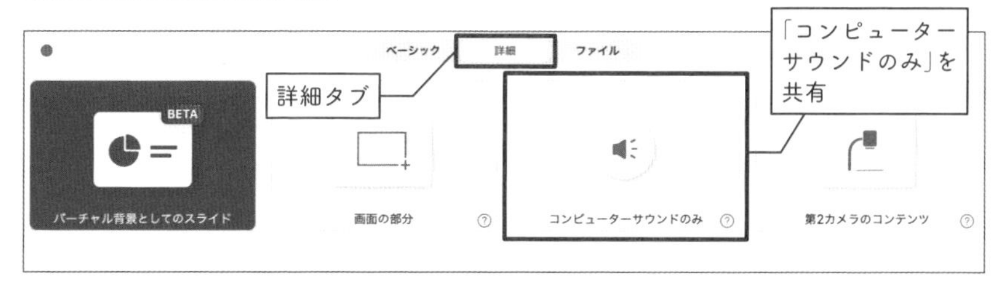

Chapter 3

⑦ バーチャル背景としてのスライド　PC

「バーチャル背景としてのスライド」を使用することで、**資料をバーチャル背景と同様に背景として使用し、そこに自分だけが切り抜かれた映像を重ねることができます**。自分の画像の切り抜きは、サイズ、位置とも自由に変更できるので、**全画面で資料を表示しながら、資料の空いたスペースに自分の映像を表示することができます**。

ただし、PowerPointやKeynoteをPDFに変換してアップロードすることで背景としているため、スライドのアニメーションや組み込まれた動画や音声を再生することができません。使用にあたってはスライドの内容を確認し、**細かい動作を抜きにしたスライドの送りだけで対応できる資料にしておきましょう**。

⑧ クラウドストレージサービスと連携共有する PC スマホ

PC は 手順② の「共有するウィンドウまたはアプリケーションの選択」から「ファイルタブ」、スマホ は「共有」からDropboxやGoogleドライブなどのクラウドストレージサービスにあるファイルを共有することができます。

最初に共有するときには、Zoomとクラウドストレージの連携のために、ログイン（IDとパスワードの入力）が求められます。

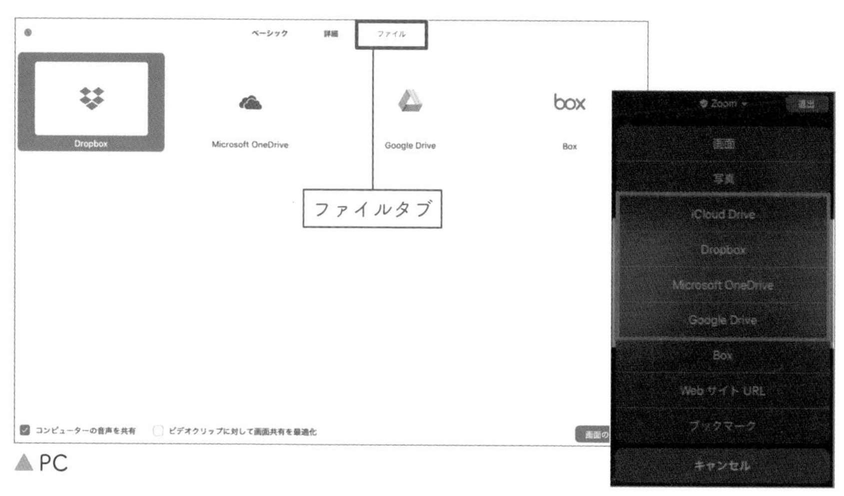

▲PC

▲スマホ

⑨ 別のカメラの映像を共有する PC

PCに複数のカメラが接続されているときは「第2カメラのコンテンツ」を共有することができます。

複数のカメラがあると「共有するウィンドウまたはアプリケーションの選択」ウインドウの「詳細」に「第2カメラのコンテンツ」が表示されます。これを共有すると、次頁のように第2カメラの映像を参加者と共有することができます。

この画面では、共有画面の左上に「カメラの切り替え」が表示され、これを押すと第1カメラ（デフォルトのカメラ）と第2カメラを切り替えることができます。また複数あるカメラのうち、どのカメラを第2カメラにするのかは「ビデオの切り替え」の右にある ^ をクリックすると指定できます。

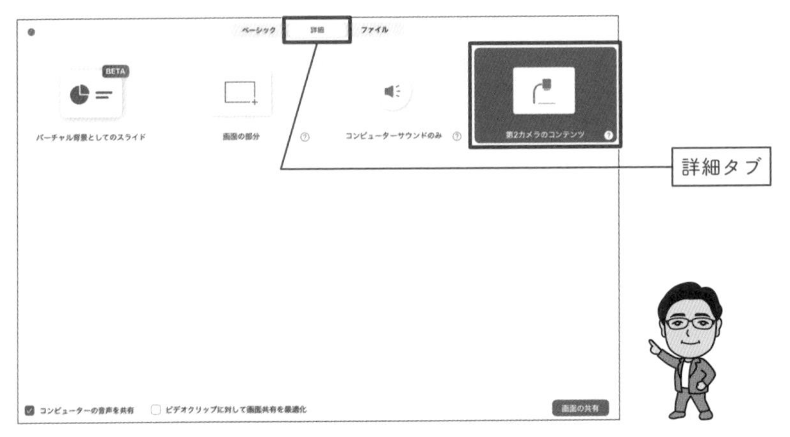

⑩ 高解像度で配信する PC

「第2カメラのコンテンツ」の共有で重要なことは、**第2カメラではオリジナルの解像度（たとえば720pなど）で配信することができる**ことです。

Zoomでは動画の解像度を落として配信しているので、第1カメラだと十分な解像度で配信できません。特に3人以上の接続ではクラウド接続（CDN）方式になり、映像の解像度は最高でも640×360に制限されてしまい、設定で「HDを有効にする」としても無視されてしまいます。

第2カメラだとこの制限がなくなり、オリジナルの解像度で配信してくれるので、**高解像度の動画を配信するときは第2カメラを使いましょう**。もちろん通信量が大きくなるので、参加者の通信環境に気をつける必要があります。

04〔PC・スマホ〕

チャットを使ってURLを共有したりファイルを送ろう

PC

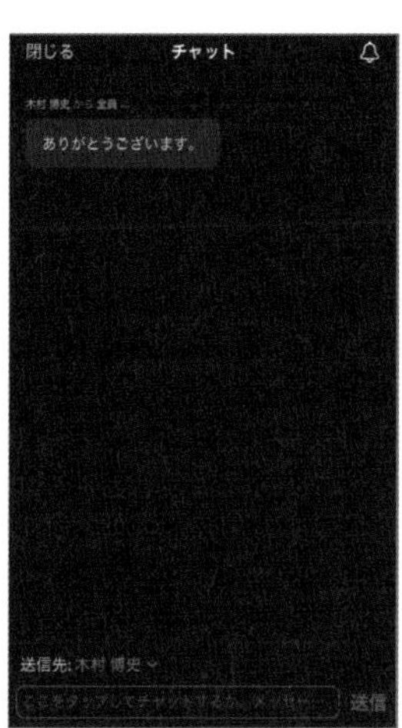

スマホ

Zoomではチャットを使ったテキストメッセージのやりとりができます。**リンク付きテキストで表示される**ので、URLを共有したり音声に不具合があったりしたときに、そのことを伝えるコミュニケーションツールとしても使えます。**PCのみですが、ファイルを送ることもできます**。

POINT

① チャットは、全員に対してと個別のホストや参加者に向けたプライベートな送信の2種類がある。
② ホストは参加者のチャットを制限することができる。
③ チャットでファイルを送る機能があるが、これはPCのみ有効で、スマホでは送信も受信もできないことに注意。

PC・スマホ　チャットのはじめ方

PC　ミーティング画面の「チャット」から、チャットの画面に入ります。

スマホ　ミーティング画面の詳細の「チャット」から、チャットの画面に入ります。

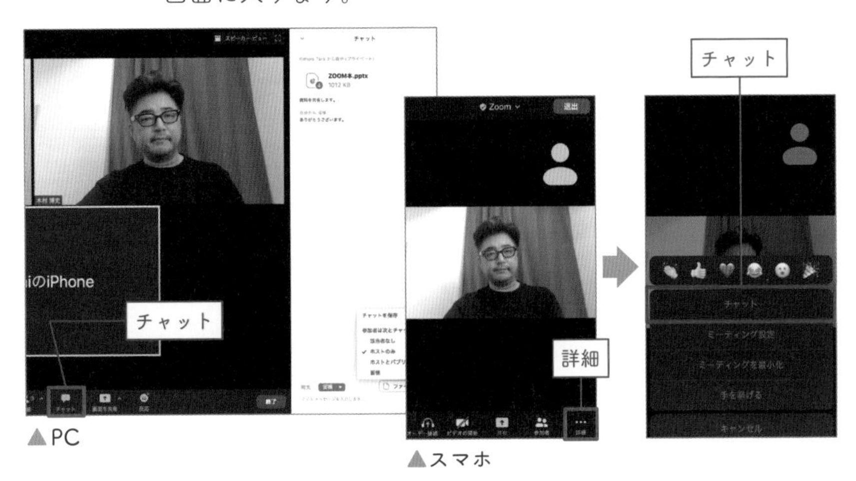

▲PC

▲スマホ

PC・スマホ　宛先を選択する

チャット画面の連絡先の右にある▼から宛先を選択し、メッセージ欄からメッセージを送ります。

参加者全員に送信するチャットのほかに、ホストや特定の参加者宛にチャットを送ること（プライベートチャット）も可能です。

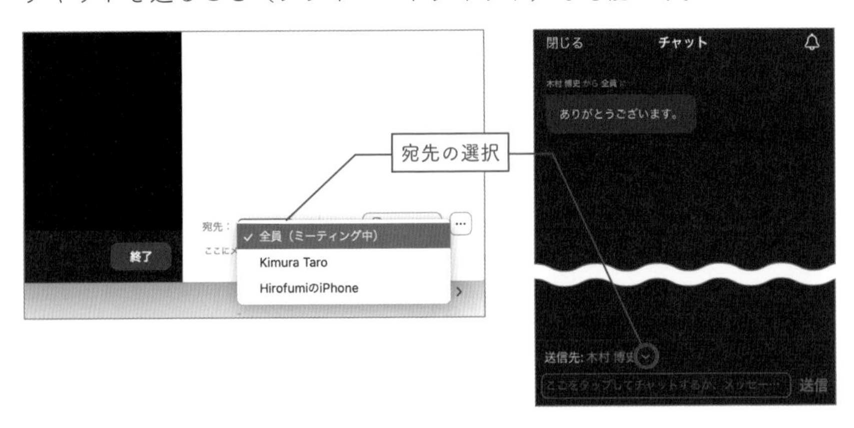

PC ファイルを送信する

PCのチャットには、「ファイル」という欄があります。ここをクリックして送信するファイルを選択します。

コンピュータ内のファイルのほか、クラウドドライブからファイルを送信することも可能です。またファイルをチャットにドラッグアンドドロップすることでファイルを送信することも可能です。

チャットでファイル送信ができるのはPCだけです。スマホではファイルを送ることも受け取ることもできないので注意しましょう。

※チャットでのファイル送信を不可にする設定もできます。

PC 参加者のチャットを制限する（ホストのみ）

チャット画面の右下の⋯をクリックすると、チャットを目的にあわせて制限することができます。

該当者なし	ミーティングでチャットが禁止される
ホストのみ	参加者はホストにだけチャットが送れる
全員をパブリックに	参加者は全員宛のチャットが送れる
全員をパブリックおよびプライベートに	参加者同士のプライベートチャットも可能になる

マナーの悪い人の中には、プライベートチャットを使って、ホストの知らないところで参加者に不適切なメッセージを送る場合があります。そういう人がいるときは、チャットを制限しましょう。

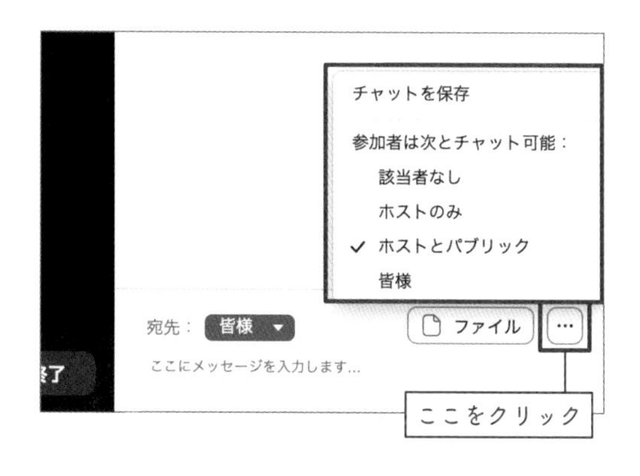

05〔PC・スマホ〕

ミーティング参加者の情報を確認して、いろいろと操作してみよう

Zoomは参加者の状態を一覧で確認することができます。特にホストのときは、参加者の状態を気に留めておくようにしましょう。**ミーティングのセキュリティを守るうえでも重要な項目**です。

POINT

❶「参加者」から、参加者のマイクやビデオの状況が確認できる。
❷ ホストは参加者の権限を変更したり、マイクをミュートにしたりできる。
❸ ホストは不適切な参加者を、待機室に送ったりミーティングから削除したりできる。

PC・スマホ　参加者の情報を確認する

ミーティングのホーム画面の下部にある「参加者」をクリックすると、参加者の一覧画面が現れます。ここから参加者の状態を確認することができます。

さらにホストであれば、参加者の状態を変更することができます。たとえば**参加者の権限や名前を変更したり、スパム的な行動をする参加者を待合室に送ったり削除することもできます。**

▲PC

▲スマホ

Chapter 3

参加者の名前の上にカーソルを乗せると、「ミュート（ミュートの解除を求める）」「詳細」が表示されます。「ミュート」をクリックすると参加者の音声をミュートしたり、ミュートの解除をしたりできます。「詳細」をクリックすると細かい設定ができます。

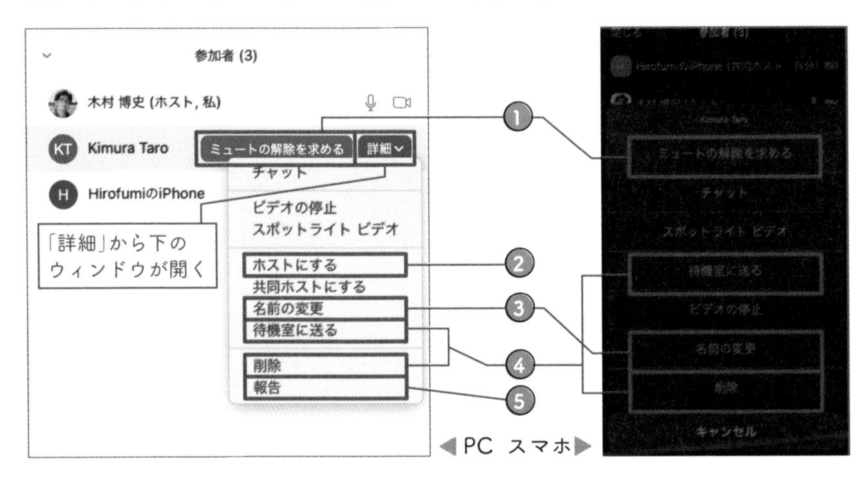

◀PC　スマホ▶

① ミュート PC スマホ

参加者のカメラとマイクの状態を確認します。「ミュート」から、下記のようにマイクとビデオの状態（ONかOFF）を確認することができます。

マイクがONになっていると、下記右側のように、**音声入力があるかどうかも確認することができます**。たとえば、相手の音声が出ているのに、自分の側で音が聞こえていない場合は、自分のスピーカーに不具合があるということがわかります。

ホストであれば、参加者のマイクやビデオをOFFにすることができます。参加者のマイクから不必要な音声が入っている場合に使えます。しかし**OFFにすることはできても、プライバシーの問題から強制的にONにすることはできません**。参加者に依頼してONにしてもらいます。

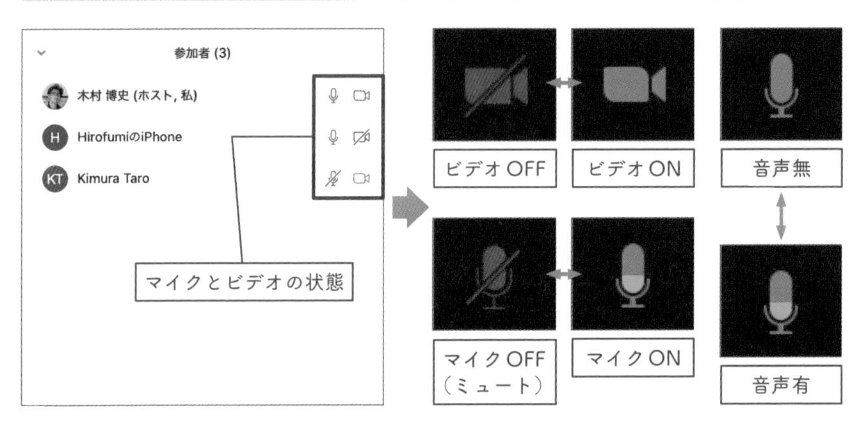

② ホストにする PC スマホ

ホストであれば、参加者の権限を変更することができます。権限には「**ホスト**」と「**共同ホスト**」と「参加者」があります。

「共同ホスト」は参加者に対して「ホスト」と同じ権限を持ちます。しかし、「共同ホスト」は「ホスト」に対して名前を変えるなどの操作はできません。また、ミーティング全体を終了することもできません（自分が退室することは可能）。

ホストがミーティングを退室する場合は、次のホストを自分で選ぶことができます。また、ホストが何らかのトラブルでミーティングから落ちた場合は、共同ホストの誰か（共同ホストがいなければ参加者の誰か）が自動的にホストに割りあてられます。その場合、自分のIDで主催していたミーティングであれば、再びミーティングに参加した際には自動的にホストとなります。**重要なミーティングを主催するときは、トラブル発生も想定して、誰をホストにするか、共同ホストにするかなどを考えておきましょう**。

③ 名前の変更 PC スマホ

ホストは参加者の名前を変更することができます。**問題のある参加者は自分の名前を変えながら迷惑行為をすることもある**ので、名前の変更を禁止することもできます。

④ 待機室に送る・削除 PC スマホ

ホストは問題のある参加者を待機室に送ることができます。削除はそれより厳しい措置で、1回削除されると、そのIDではミーティングに2度と入れなくなります（入れるように設定で変更も可能）。

⑤ 報告 PC スマホ

ホストは不適切参加者をZoomに報告することができます。これは削除よりさらに厳しい措置です。Zoomに「報告」すると、そのZoomのIDがブラックリストに入って使えなくなります。不適切参加者の嫌がらせがひどければしかたがありませんが、結果が重大なため慎重に判断しましょう。

⑥ アイコンでステータスを伝える PC スマホ

参加者の映像サムネイルにアイコンを出して、自分の状態を伝えることができます。次頁のように参加者情報の欄にアイコンがあります。それをクリックすると自分の映像サムネイルの左上に選んだアイコンが現れ、ほかの参加者も見られるようになります。

たとえば話が速すぎるなど、**相手に伝えたいけれども声を出して発言することがためらわれるようなことを、うまく相手に伝えることができるので有効に活用しましょう**。

この機能が使えない場合は、設定で無効になっている可能性があります。その場合はウェブサイトでアカウント設定（https://zoom.us/account/setting）を開き、その中の「非言語的なフィードバック」を有効にしてください。

Chapter 3

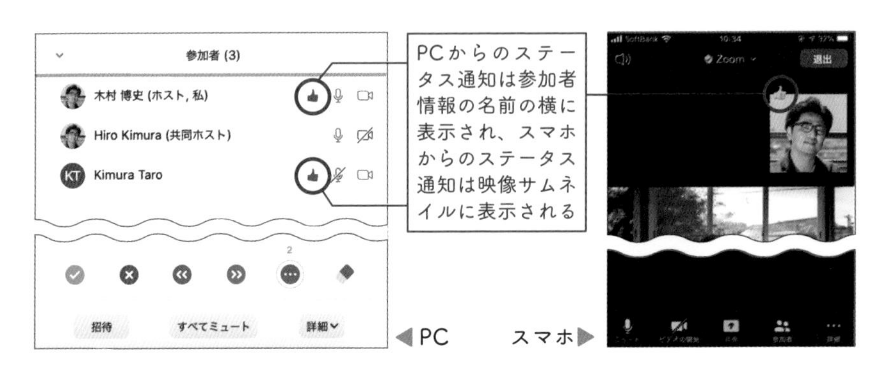

⑦「詳細」設定で進行をディレクションする PC

自分がホストなら、参加者情報の下部の「詳細」をクリックすると、ほかの参加者の権限をコントロールすることができます。参加者の権限を変更して、ミーティングの進行がスムーズになるように工夫しましょう。

参加者に自分のミュート解除を許可します	参加者は自分の意思でミュートを解除して発言ができなくなる。参加者に勝手に発言してほしくないときに使う
参加者が自分の名前を変更するのを許可する	参加者が自分の名前を変更できなくなる。迷惑な参加者の中には自分の名前を変更して混乱させる場合があるので、そういうときにこのチェックを外す
誰かが参加するときまたは退出する時に音声を再生	参加者の参加や退出音声（ジングル）でわかるようにする
待機室を有効化	待機室を使うか使わないかを変更することができる
ミーティングをロックする	それ以降、参加者がそのミーティングに入ることができなくなる。この場合、待機室にも入れない。必要な参加者がそろって、それ以上参加者を増やしたくないときに使う

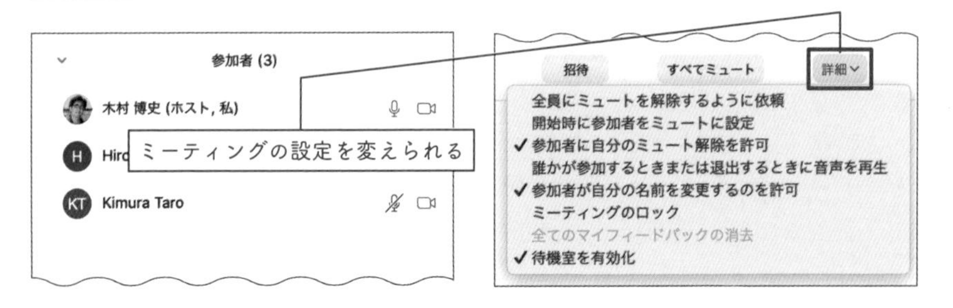

Tips

参加者のネット回線接続状況を確認する

参加者のネット回線の接続状況は、音が途切れたり映像がフリーズしたりするのでホストとしては気になるところです。

この**参加者のネット接続状況は、調べたい参加者の映像にスポットライトビデオをオンにすることで、名前の横に電波マークが表示されて簡単にですが状況がわかります**。電波マークは白色：良好、黄色：少々難あり、赤色：悪いの３段階で表示されます。

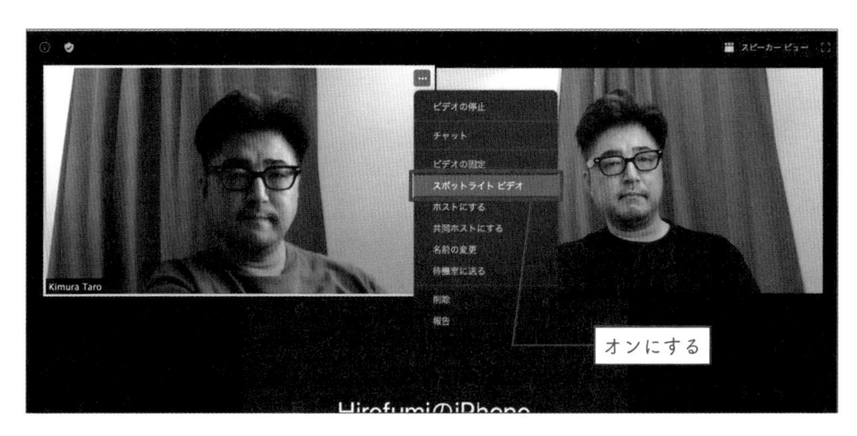

「セキュリティ」を管理して、スムーズな進行ができるようにしよう

ホストは「セキュリティ」関連の項目が利用できます。これらの機能をうまく使って、参加者が安心してミーティングに集中できるように進行管理しましょう。

POINT

❶ セキュリティの設定はホストのみが可能。
❷ 待機室が有効だと、参加者はいきなりミーティングに入ることはできない。
❸ 参加者に「画面の共有」「チャット」「名前の変更」「ミュート解除」を認めるメリットとリスクに関して理解しておく。

PC ミーティングのセキュリティ関連の設定をする

自分がミーティングのホストの場合、ミーティング画面下部に「セキュリティ」が表示されれます。ここからミーティングのセキュリティ関連の設定ができます。

① ミーティングをロックする

ミーティングをロックすると、そのミーティングにはそれ以上の参加者が参加できなくなります（待合室にも入れません）。**参加者が全員集まったらロックするなど、ミーティングを守ることができます**。

ただし、通信トラブルなどでメンバーが一時的に抜けた場合、ミーティングをロックしたままだとミーティングに戻れなくなるので注意しましょう。

② 待機室の有効化

待機室を有効にしていると、参加者がミーティングに参加してきたとき、まず待機室に入ることになります。待機室とはチャットすることができるので、参加してきた人が誰か不明な場合はチャットで確認することができます。

待機室を有効化していない場合は、参加リンクやミーティングID（パスワード）を入力すると、いきなりミーティングに入ることができます。セキュリティの観点から、待合室を有効にしておきましょう。

③ 画面を共有

参加者の中には、変な画面を共有して嫌がらせをする不適切な人がいることもあります。そういう人の嫌がらせを、**参加者の共有を禁止することで止めることができます**。

Zoomの仕様で「待合室」と表示される

④ チャット

参加者の中には、チャットで問題のある発言をする不適切な人がいます。その場合、ホストは参加者のチャットを禁止することができます。

プライベートチャットを使って参加者同士でチャットがはじまっても、ホストはその内容を確認することができません。それが不適切な参加者による特定の参加者への嫌がらせに使われることがあります。こんなときは、**プライベートチャットのみを禁止することもできます**（第3章04参照）。

⑤ 自分自身の名前を変更

参加者の中には、名前を頻繁に変えて、ほかの参加者から把握されにくくしながら、嫌がらせをする不適切な人がいます。その動きを止めるために、**参加者に自分の名前の変更を禁止することができます**。

⑥ 自分自身のミュートを解除

参加者のミュート解除を認めないことで、不適切な参加者の発言を制限することができます。この機能はマイクのハウリングを防止したり、参加者の発言するタイミングをコントロールしたいときにも使えます。

07〔PC・スマホ〕

「ミーティング情報」で必要な情報を確認しよう

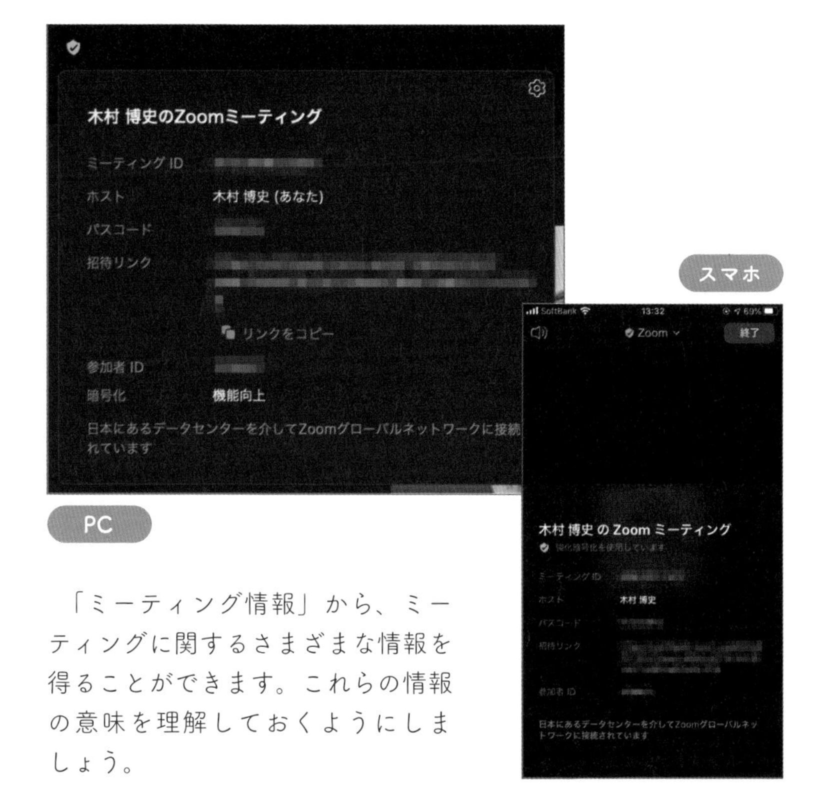

PC

「ミーティング情報」から、ミーティングに関するさまざまな情報を得ることができます。これらの情報の意味を理解しておくようにしましょう。

POINT

❶「ミーティング情報」からミーティングID、パスワード、招待リンクの情報が得られる。

❷ Zoomのセキュリティで関心が高まっている「サーバー経由地情報」を確認できる。

PC・スマホ　ミーティング情報を確認する

ミーティング画面の左上をクリックすると、ミーティングの情報が得られます。

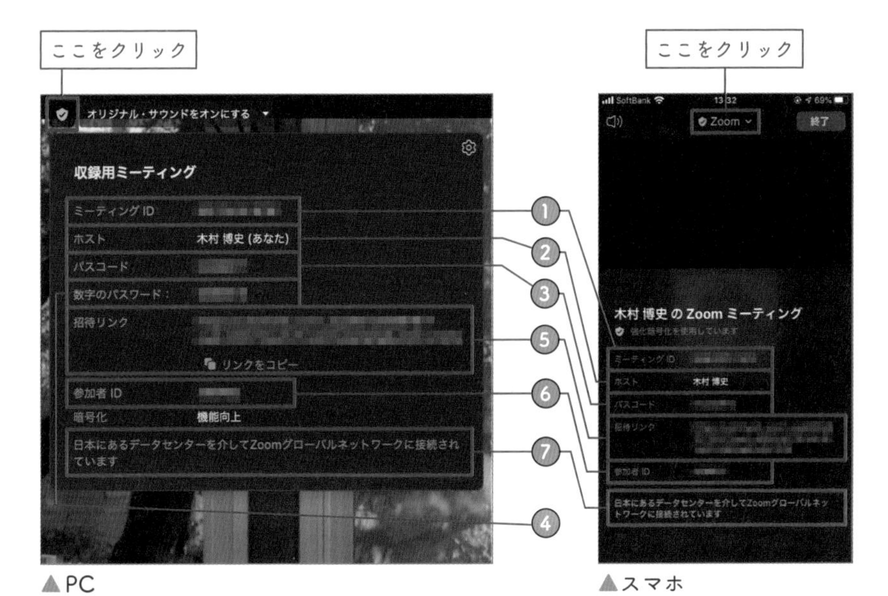

▲PC　　▲スマホ

① ミーティングID

ミーティングのIDが表示されます。PMI（パーソナルミーティングID）を使っている場合はそのIDが表示されます。

② ホスト

ミーティングのホストが表示されます。

③ パスワード

ミーティングに参加するために必要なパスワードが表示されます。参加者にミーティングIDを連絡するときは、こちらも忘れずに連絡しましょう。

④ 数字のパスワード

電話で音声参加する参加者に必要なパスワードです。インターネット経由のパスワード（③）と間違えないようにしましょう。

⑤ 招待リンク

ミーティングに参加するためのURLです。これはパスワードが含まれているので、クリックするだけでミーティングに参加できます。クリップボードにコピーする機能もついています。

※ 設定でパスワードを埋め込まないURLにすることもできます。

⑥ 参加者ID

自分の参加者IDが表示されます。このIDはユーザーが使うことはありません。

⑦ 経由サーバー

Zoomは基本的にサーバー経由で通信をするシステムです。そのサーバーの場所を確認することができます。**人や会社によって中国サーバーを使うことを不安に思う人がいるので、確認しておきましょう**。

ミーティングIDや
パスワードなど、
必要な情報が
ここにまとまっています。

08〔PC〕

ビデオの固定と スポットライトビデオの 違いを知ろう

「ビデオの固定」と「スポットライト」は、**特定の参加者のビデオを画面に大きく表示させる機能**です。しかし、自分ひとりか全体かで影響範囲が違うので、その違いを理解して使い分けられるようになりましょう。

POINT

1. ビデオの固定は、自分のミーティング画面をある参加者の画面に固定できる。
2. スポットライトは、すべての参加者の画面をある参加者の画面に固定できる。
3. スポットライトの設定はホストのみが可能。

特定の参加者のビデオを固定して大きく表示させる

複数の参加者がビデオを使っているとき、スピーカービューで特定の参加者のビデオを固定して大きく表示させることができます。

大きく表示させたい参加者のビデオの右上にある ··· をクリックすると、プルダウンメニューが出ます。ここで「ビデオの固定」を選択すると大きく表示できます。

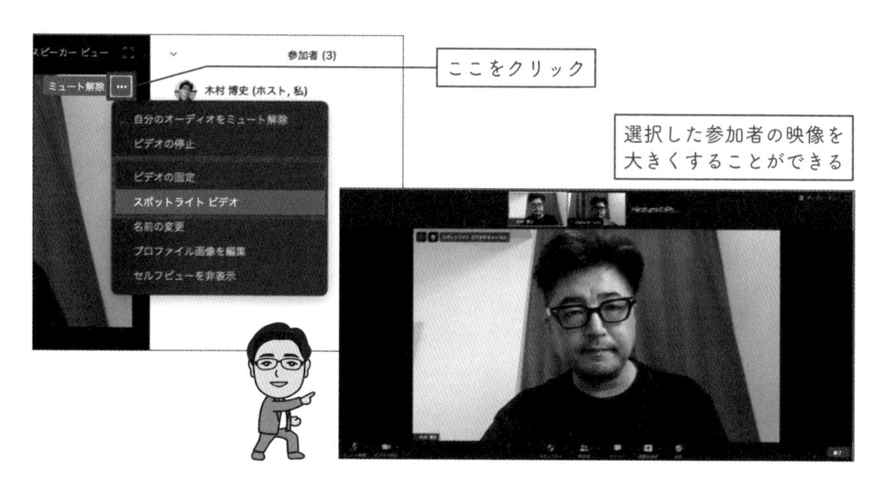

特定の参加者のビデオを固定して参加者全員に大きく表示させる

先ほどのプルダウンメニューから**「スポットライトビデオ」をクリックすると、会議の参加者全員に対して、選択した参加者のビデオをハイライト（大きく表示）することができます**。この操作は参加者全員に対してとなるので、ミーティングのホストにしかできません。

「ビデオの固定」や「スポットビデオ」の解除のしかた

「ビデオの固定」や「スポットビデオ」を解除したいときは、もう一度そのビデオの ··· をクリックし、「ビデオのピン留めを解除」や「スポットライトビデオのキャンセル」をクリックします。

ほかの参加者の映像を新たに固定すると、以前の固定はキャンセルされます。

ミーティング録画を極めて、アーカイブでも活用しよう

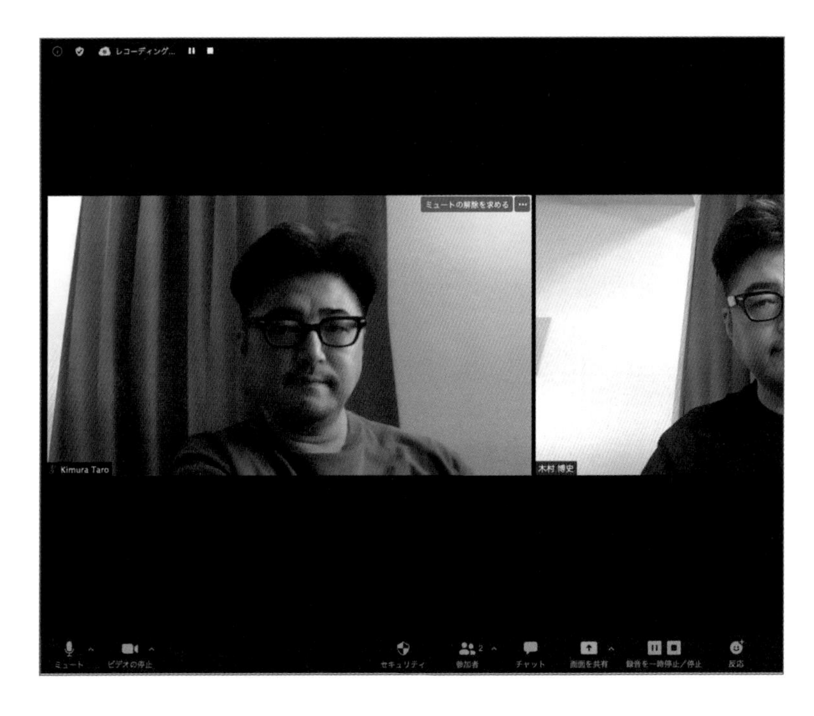

Zoomはミーティングを簡単に録画することができます。簡単に録画できますが、設定項目も多いのでしっかり理解して使いましょう。

POINT

❶「ローカル録画」と「クラウド録画」の違いを理解する。
❷ 録画関連の設定項目がある場所を知って、適切な録画設定をする。
❸ Zoomの動画の解像度やコマ数について理解する。

ローカル録画とクラウド録画の違い

違いは、**ローカル録画が自分のコンピュータに録画する**のに対して、**クラウド録画はZoomのクラウドストレージに録画する**という点です。クラウド録画は有料プランのみで対応していて、基本プランで容量1GBまで使えます。それ以上必要な場合は、オプションを購入することで容量を拡張できます。本書では、基本はローカル録画で解説していきます。

クラウド録画は、企業などで録画データを一元管理したいとき、録画データを直接オンデマンド配信したいときに便利です。

画面の撮影時解像度とコマ数について

Zoomのビデオ表示は、解像度とコマ数（fps：動画1秒間に使用される静止画の枚数。多いほど動きが滑らかになる）が個々の端末の処理能力や通信速度によって変えられています。つまり、動作が遅かったり通信状況が悪い場合は解像度を下げたり、通信状態がよく大画面で出力されていれば解像度を上げたりという処理を、Zoom側でしています。

現在の解像度を確認するためには、「設定」画面から「統計情報」の「ビデオ」で送受信の解像度やフレームレートが確認できます。

高解像度での動画配信が必要な場合は、第3章03で説明した第2カメラの動画を共有するというテクニックが使えます。

また送受信データのスピードをを早くできると、それだけ高画質で録画することができるので、**送信側としてはできるだけZoomで使用するアプリケーション以外は使用しない**ようにして、PCのメモリの使用率を下げるようにします。**受信側としては、解像度の高いモニターを使用すること、インターネット環境のいい状態で有線LANに接続する**ようにします。

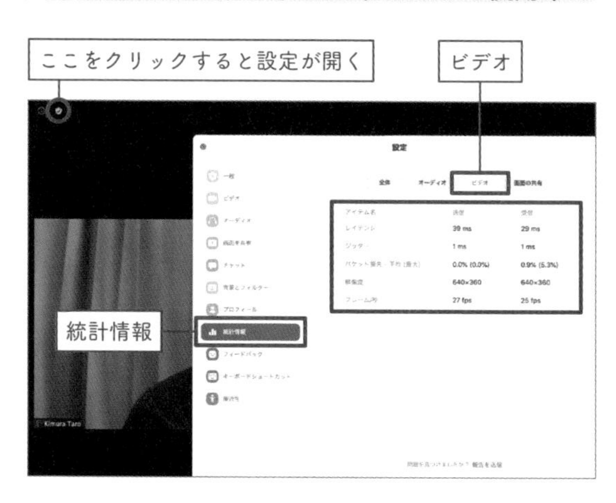

PC ミーティングを録画する

録画はミーティングのメニュー画面から、「レコーディング」をクリックするとはじまります。「レコーディング」がない場合は「詳細」から「このコンピュータにレコーディング」を選んでください。また**「設定」で、自動的に録画することも可能**です。

録画することができるのは基本的にホストだけですが、設定によっては参加者も録画が可能になります。

有料プランであれば、クラウドに録画するか、ローカルに録画するかを選べます。

PC 録画関連の設定は2カ所を確認する

1カ所はZoomミーティング中の画面の左上の部分をクリックすると「設定」が開きます。ここで「レコーディング」の中に設定項目があります。

もう1カ所はウェブサイトの設定画面です。Zoomのサイトにサインインして、「設定」を開きます（https://zoom.us/profile/setting）。そこで、個人→設定→記録から録画設定ができます。ここでは自動録画をするか、参加者に録画を許可するかといった設定ができます。**この設定はミーティング中にやっても反映されない（次のミーティングから反映）ので注意しましょう**。

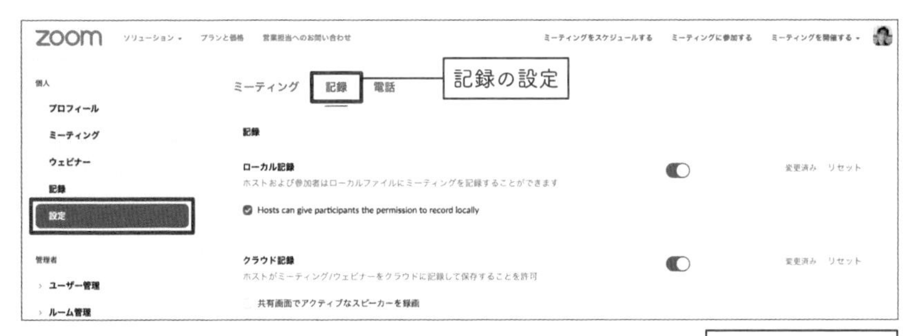

ウェブの設定画面

PC クラウド録画の設定をする

クラウド録画はウェブサイトの設定画面から設定します。クラウド録画は、「**ギャラリービュー**」や「**共有画面**」「**アクティブスピーカー**」のそれぞれの画面収録形態を3パターンの設定で録画ができるようになっています。ここではブラウザの設定画面とあわせて録画される画面をパターン別に見ていきましょう。

zoom ソリューション プランと価格 営業担当へのお問い合わせ ミーティングをスケジュールする

管理者
- ユーザー管理
- ルーム管理
- アカウント管理
- 詳細

ライブトレーニングに出席
ビデオチュートリアル
ナレッジベース

クラウド記録
ホストがミーティング/ウェビナーをクラウドに記録して保存することを許可
- 共有画面でアクティブなスピーカーを録画
- 共有画面でのギャラリービューの録画
- 共有画面でアクティブなスピーカー、ギャラリービュー、および共有画面をそれぞれ録画
  - アクティブなスピーカー
  - ギャラリービュー
  - 共有画面
- 音声のみのファイルを記録
- ミーティング/ウェビナーからのチャットメッセージを保存

クラウド記録の詳細設定
- 録画にタイムスタンプを追加する
- 録音に参加者の名前を表示
- サムネールを共有時に記録する
- サードパーティビデオエディター用に記録を最適化する
- パネリストのチャットを録音に保存

PC 記録されるビデオのレイアウト（画面構成）

記録されるビデオのレイアウト（画面構成）は、レコーディングを開始したホストまたは参加者のビデオレイアウトに沿って、そのレイアウトで録画されます。アクティブスピーカービュー、ギャラリービューともにホストが見ている画面と同じ映像になります。

ウェビナーを録画する場合、ホストと参加者でレイアウトが異なり、参加者には見えない映像などの情報がいろいろあります。ウェビナーは、レコーディングを開始した人の画面レイアウトになるので、特にギャラリービューで複数のホストやパネリストが参加しているときに、**ホストが録画すると写ってほしくない人のビデオ（サムネイル）も記録されてしまうので注意しましょう。**ウェビナーではそれぞれを収録しておく方法が便利です。

※Zoom上では「サムネール」と表示されていますが一般的な「サムネイル」の表現を使います。

① 共有画面でアクティブなスピーカーを録画

画面共有時は、画面右上にアクティブスピーカーのサムネイル（ビデオ）が表示されます。この位置は記録では固定のため、ミーティング録画中にアクティブスピーカーのサムネイルを別の位置に動かしても、記録での表示位置は変わりません。

画面共有をしていないときは、アクティブスピーカのみが録画されています。

② 共有画面でのギャラリービューの録画

画面共有時は、アクティブスピーカーのサムネイル（ビデオ）が右上に表示されます（ギャラリービューと違い、アクティブスピーカー以外は映りません）。ミーティング中にギャラリービューをドラッグしたとしても、記録では右上に表示された状態で記録されます。画面共有をしていないときは、ギャラリービューが録画されます。

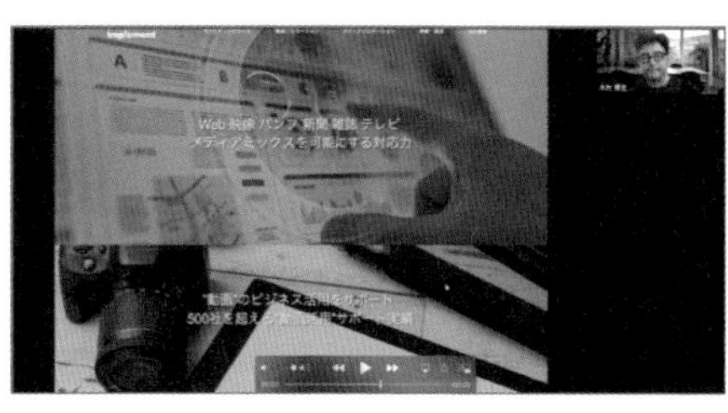

③ 共有画面でアクティブなスピーカー、ギャラリービュー、および共有画面をそれぞれ録画

この録画方法では、それぞれの形式の録画データが同時に作成されるので、あとで編集するときに便利です。

・アクティブなスピーカーのみを録画する

アクティブスピーカーのビデオ(サムネイル)のみの録画データがほしいときは、アクティブスピーカーをオンにしておきます。

・ギャラリービューのみを録画する

録画にギャラリービューだけの録画データがほしいときは、ギャラリービューをオンにしておきます。記録には参加者のビデオ（サムネイル）がレイアウトされて表示されます。最大25人の参加者が表示できます。

・共有画面のみを録画する

共有画面のみが表示された録画になり、画面共有されていないときは画面が黒色で録画されます。

スマホ 記録されるビデオのレイアウト（画面構成）

スマホアプリからレコーディングする場合はクラウド録画のみとなり、レイアウトはギャラリービューに対応していません。

① アクティブスピーカーと共有画面を録画する

画面右上にアクティブスピーカーのサムネイル（ビデオ）が表示されます。

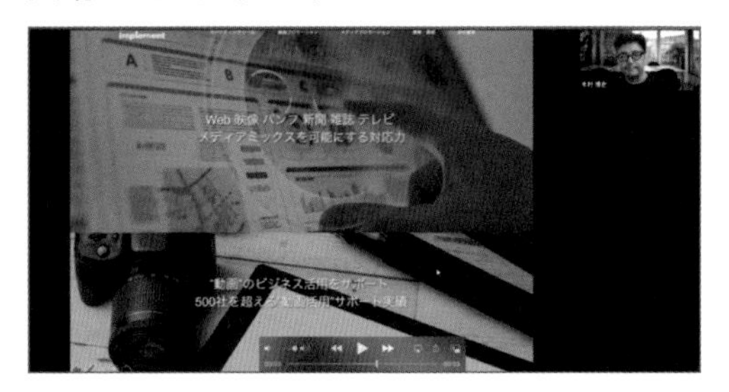

② 共有画面のみを録画する

アクティブなスピーカーのサムネイルなしでの画面共有録画は、**「サムネイルを共有中に記録する」のチェックを外して録画する**と共有画面のみが表示された録画になります。

PC クラウド録画データの確認とダウンロード方法

クラウドに録画されたデータ（動画、音声、チャットなど）は、処理が終わるとログインしているメールアドレスに処理完了のメールが届きます。処理が完了したら、ウェブサイトの「記録」をクリックすると録画したデータを確認できるので、ダウンロードします。

録画されたデータは、1データ単位でダウンロードができる。
また共有リンクを取得して、アーカイブストリーミングもできる

「設定」をマスターして、ミーティング配信を便利かつ高品質にしよう

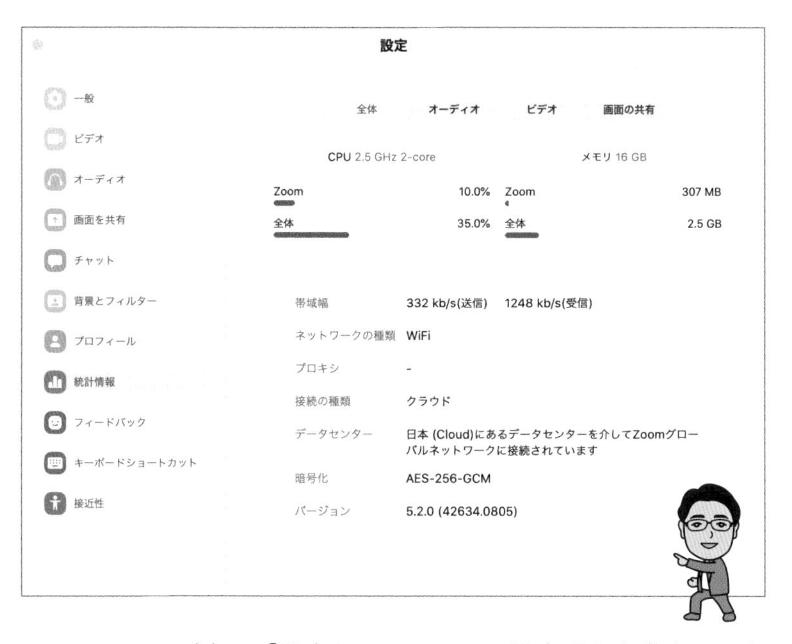

ミーティング中の「設定」ウィンドウの設定項目を覚えておきましょう。ビデオや音声に不具合が生じたときに、解決策が見つけやすくなります。

POINT

❶ Zoomの解像度やコマ数がどのように決められるか理解する。
❷ 音声が聴きづらいときは、「オーディオ設定」の設定を変えてみる。
❸ 動作が重い場合は「統計情報」を調べることで、原因の推測ができる。

一般　Zoomのアプリケーションの設定をする

「一般」設定ではZoomのテーマ設定など、アプリケーションの利用に関しての設定ができます。「さらに設定を表示」をクリックすると、ウェブサイトの設定項目画面にジャンプすることができます。

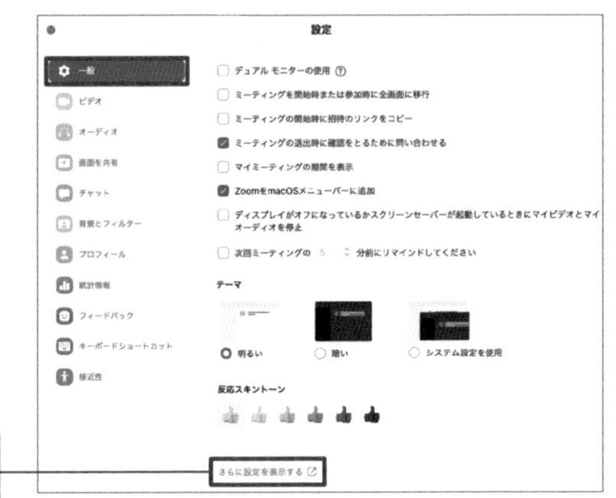

ウェブサイトの設定画面にジャンプする

ビデオ　解像度や画面で右と左を逆にしたり、そのままにしたりする

「ビデオ設定」で重要な項目は解像度の設定です。解像度とは映像の画素数で、たとえばHD（ハイディフィニション）だと1280×720画素（720p）、FHD（フルハイディフィニション）だと1920×1080画素（1080p）などと決まっています。

Zoomはここで設定した画素数で映像を伝送するわけではありません。ビデオの設定項目に「**HDを有効にする**」がありますが、HDを有効にしても、PCの処理パワーや通信速度、相手のディスプレイ上での映像ウィンドウの大きさなどによって、実際はかなり解像度の低い映像が配信されています。

「**ミラーリング**」もよく使う項目です。これは画像を鏡に映したように反転させるかどうかを設定します。**相手への見え方の確認を対面での実際の見え方（自分の左は相手の右）で行うのか、自分目線で行うのかということ**です。たとえば、カメラに文字を映した際、ミラーリングなしにすると読める向きになります。ただし、画面で右と左が逆になってしまいます。体操を教える場合は、画面を見る人と右と左をそろえたいなら「マイビデオをミラーリング」してやるようにします。さらに、ビデオの画像を回転して表示することもできます。回転させたいときは映像の右上にある「**90°回転**」をクリックします（Windowsのみ対応）。

そのほかにも、「**外見を補正する**」という項目があって、これはフォーカスをぼかして肌の色をきれいに見せる効果があるといわれています。

「**詳細**」の項目は、ビデオのデジタル補正項目です。基本的にはユーザーが設定を変える必要はありません。

オーディオ　マイクやスピーカーの設定、音がおかしいと言われたときの対応

「オーディオ」は「設定」の中で使うことが多い項目です。**マイクやスピーカーの入出力レベルの確認や音量調整がここでできる**ようになっています。

そのほかにも「**スペースキーを長押しして、一時的に自分をミュート解除できます**」というのは、マイクをミュートにしておいて少しだけしゃべりたいときなどに使える機能で、インカムマイクのように使えてとても便利です。

さらに「オーディオ」では「**詳細**」の設定も重要です。Zoomでは雑音除去や音声のデータ圧縮のため、かなり音声に補正をかけています。普段はそれでいいのですが、補正を無効にしたり、変えたい場合もあります。たとえば音楽の演奏をするときなどは、「**ミーティング内オプションをマイクから-オリジナルサウンドを有効化-に表示**」にして、補正を無効にします。すると、オリジナルの音声に近い音声を送信することができます。

また、参加者から「音声がおかしい」と言われたら、この補正が適切でない場合があります。そのときは「**オーディオ処理**」の項目を「自動」から変更することにより、問題を解決できることがあります。
　音声関係のトラブルが起こったら、「オーディオ設定」を確認してみましょう。

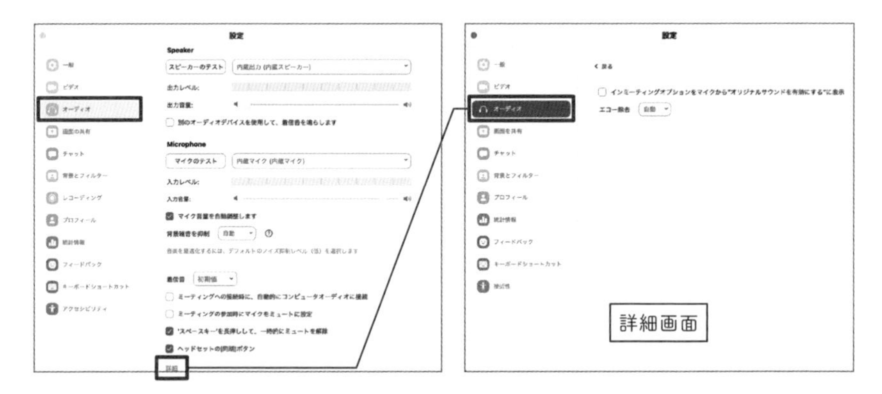

画面を共有　「画面を共有」設定でできること

　一般的な使用では特に重要な項目はありません。画面共有のしかたは第3章03を参照してください。

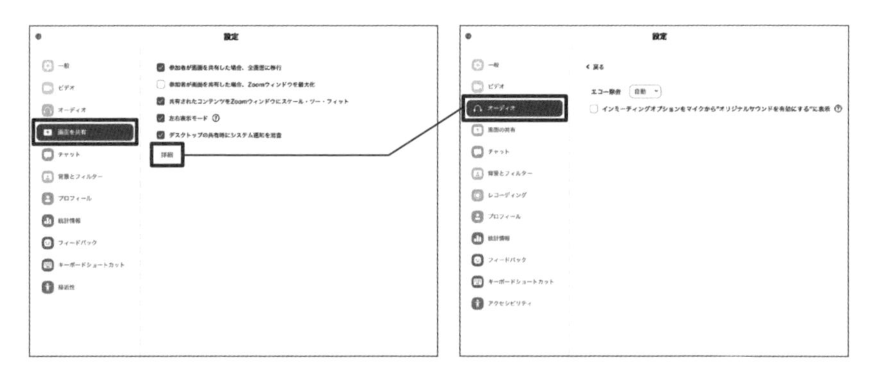

チャット　ミーティング中のチャットではなくZoomの機能としてのチャット

　ここでいう「チャット」はミーティング中のチャットではありません。**Zoomの機能としてのチャット**（メイン画面からいく）であることに注意してください。そのチャットの各種設定が可能です。一般的な使用では特に重要な項目はありません。

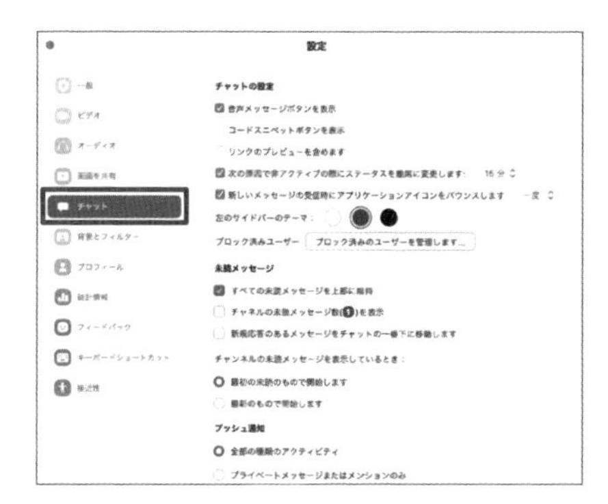

Zoomのチャット機能
（ミーティング中のチャットとは別）

背景とフィルター　背景画像の設定

バーチャル背景の設定方法は、第1章07で説明しましたとおりですが、背景画像（動画）の設定とミラーリングができるようになっています。

ビデオフィルター　自分の映像にエフェクトをかける

自分の映像にエフェクトをかけてセピア色にしたり、スマホアプリのスノーのようにサングラスなどいろいろなレイヤーを重ねたりできます。SnapCameraなど外部カメラアプリとの連携で対応できていた機能ですが、セキュリティ対策としてZoomが外部カメラアプリとの連携をできなくしたこともあり追加された機能です。

統計情報　配信状況を把握する

「統計情報」はCPUの利用率やメモリの使用状況、音声やビデオの送受信状況を知ることができるので、参照することが多い項目です。

動作が遅くなったら、原因がどこにあるのかまず調べるのが「**統計情報**」です。たとえば、**映像がスムーズに動かないときに、これらの情報を調べると自分の受信に問題があるのか相手の送信に問題があるのか、推測することができます**。

また、**重要な配信をしているときには、ビデオの解像度がどのくらいで配信されているかチェックしておきましょう**。

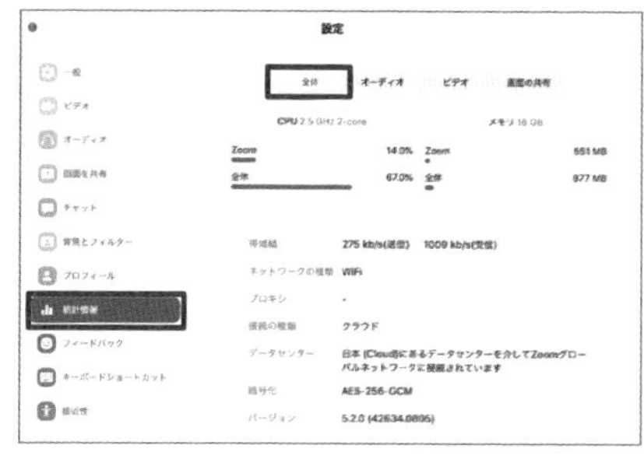

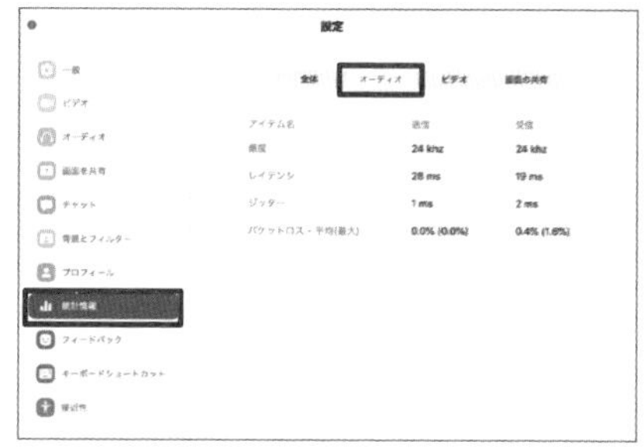

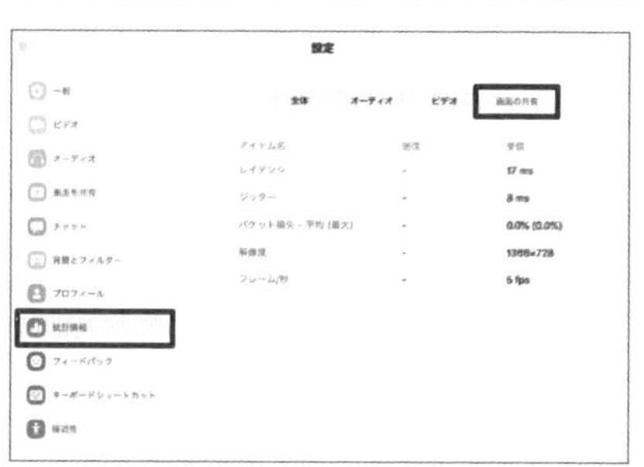

アクセシビリティ　字幕の文字の大きさや画面表示設定など

ここで設定するのは字幕の文字の大きさやディスプレイへの表示人数やビデオオフの参加者の非表示など表示にかかる設定です。言語通訳機能の字幕を使わないのであれば関係ありません。

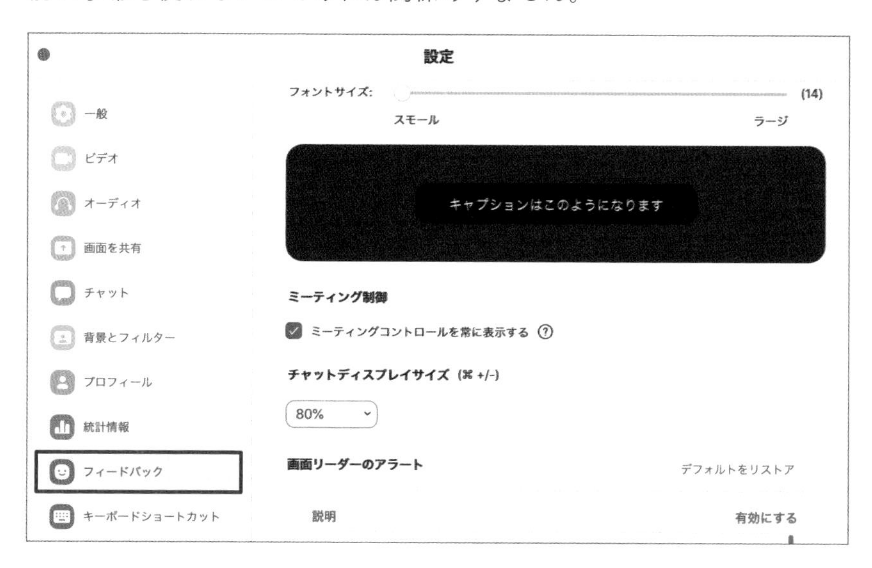

ビデオ会議用ウェブサービス「mmhmm（ソーフー）」で個性的な配信をしてみよう

mmhmmと書いて、ソーフーと呼ぶビデオ会議用ウェブサービスがあります。Zoomだけではできない個性的な配信が可能になると話題のサービスです。個性的で特徴的な配信を目指すなら、利用を検討してみましょう。

mmhmmは2020年に、Evernoteの元CEOフィル・リービン氏が開発したビデオ会議用ツールのウェブサービスです。フィル・リービン氏曰く、「パターン化されたウェブミーティングの画面を毎日見続けることの苦痛をなくすために、さまざまな表現をウェブミーティングの画面上でできるようにしたサービス」だそうです。

mmhmmはバーチャルカメラとしてZoomにアクセスし、mmhmmで加工された映像がZoomに被さって（レイヤー）表示されます。資料にカメラ映像を被せたり、mmhmmでエフェクトをかけて加工された映像をZoomに表示したりすることで、いろいろな面白い表現ができるようになっています。

引用：YouTube mmhmmチャンネル「mmhmm ベータ版のご紹介」

2020年8月時点で、Mac用β版のみのリリースで、メールアドレスを登録するダウンロード数制限型で配信しています。これから設定画面などもどんどん変わっていくと思われますが、直感的でシンプルな操作性は多くの人に支持される可能性があります。

▲mmhmmの設定画面

バーチャル背景を作成しよう

Zoomのバーチャル背景はデフォルトで準備されている画像もありますが、オリジナル性を出したり、実際には交換できない名刺代わりにするなど、設定によっていろいろなことを伝えることができます。ここではオリジナルのバーチャル背景画像のつくり方を見ていきます。

POINT

① Zoomのバーチャル背景にはオリジナル画像をアップロードして使用することができる。

② バーチャル背景にサイズ指定はないので実際に使用するカメラにあわせる。

③ オフィスの写真や自分の名刺情報など、自分を伝えるツールとして活用する。

サイズ Zoomのバーチャル背景のサイズ

バーチャル背景は、自分で画像をアップロードして使用することができます（第1章07参照）。**バーチャル背景には規定のサイズや制限はありません**。そのため大きな画像も小さい画像もアップロードして使用することができますが、映像には縦と横のサイズ比率（アスペクト比）があります。Zoomで使用するカメラのアスペクト比と異なると画像が崩れてしまうので、**自分が使用するカメラと同じアスペクト比の画像をアップロードする**ようにしましょう。

カメラは一般的に16:9のサイズ比率で、フルHDの1920ピクセル×1080ピクセルや1280ピクセル×720ピクセルなどの映像サイズになっています。ZoomはフルHDでは配信できないので、**バーチャル背景は1280ピクセル×720ピクセルでつくれば間違いない**でしょう。

Canva Canvaでオリジナルバーチャル背景を作成する

画像のサイズなどを簡単に設定できて簡単にオリジナル画像が作成できるウェブサービスにCanva（ https://www.canva.com/ ）があります。

CanvaにはあらかじめZoomのバーチャル背景用のテンプレートがたくさん用意されているのでお勧めです。

手順① Canvaを立ちあげ、「Zoom」と検索し、Zoomのバーチャル背景を選択する

手順② テンプレートにしたいものを選ぶ（空白ですべて自分でもつくれる）

手順③ テンプレートのテキストやロゴ、画像を変更したり追加したりする

変更したいテキストをクリックして文字を入力する

もともと入っているロゴを右クリックして削除し、オリジナルのものに変更する。画像はサイズ調整もできる

背景も入れ替えると雰囲気が変わる。オフィスの画像などもお勧め

手順 ④ Zoomで使える画像データを保存する

Eight　Eightで名刺をバーチャル背景にする

Cavaを使わなくても、Zoomのバーチャル背景はたくさんの入手方法があります。**名刺管理サービスのEight（https://8card.net/）には、自分の名刺情報を「オンライン商談用バーチャル背景」としてダウンロードできるサービスがあります。**

そのほか　PowerPointやkeynoteでもつくれる

またこれらのサービスを使用しなくても、PowerPointやkeynoteといったプレゼンテーションソフトでオリジナルバーチャル背景を作成することもできます。画像として保存することでバーチャル背景に利用できるので、ぜひチャレンジしてみてください。

12〔PC〕

Zoomを安定して使用するためのパソコン設定をしよう

Zoomの配信は、送信、受信とも使用しているPCのメモリ使用状態やインターネット帯域などを考慮して、接続が切断されないように最適なパケット（データ）量で接続され続けます。そのため使用しているPCの使用状況を改善することでZoomを安定して使用できるようになります。

POINT

❶ Zoomの送受信は、それぞれのPCの使用状況を見てデータ調整されている。
❷ PCのメモリ不足はZoomの安定配信の足かせになるので、できるだけソフトやアプリを開かない。
❸ Zoomを使用するのにブラウザを開くことが多いが、ブラウザのタブがたくさん開いているとメモリに影響するのでできるだけ閉じる。
❹ イベントや記録をしたい配信など、安定配信をしなくてはいけないときは直前にPCを再起動する。

しくみ Zoomのデータ送受信について知っておこう

Zoomの配信技術には次の３つの特長があります。

① データ圧縮性の高さから、データ通信容量を低く抑えることができている

② 世界中にあるデータセンターに上手に分散されることで、データ補完が行われている

③ データ処理をZoomサーバーだけでなく、Zoomを使用しているPCでもやっている

Zoomでは、画像データの圧縮と展開（コーデックといいます）作業をZoomサーバーではなくユーザーのPCで行うので、サーバーへの負担が減ることでZoomとして安定した通信環境の提供が可能になります。その分、使用しているPCのCPUとメモリに影響しますが、今の一般的な機種のスペックなら十分に対応できます。

またZoomでは、それぞれの使用PCでどのような画面構成になっているかもチェックしていて、参加者の１人の映像サムネイルが大きく映されていたら、その人の映像を高解像度にしてほかの参加者にデータ送信しています。反対に小さい映像サムネイルで表示されている場合には、画質を落として低解像度で送信しています。このしくみはスマホでも同じです。そのため、ZoomはPCでもスマホでも安定かつ高クオリティな配信が実現できているわけです。

メモリ① PCのメモリを解放するために不要なソフトやアプリは閉じよう

Zoomは、使用しているPCのメモリ状況をチェックしてデータ調整しているので、当然ながら使用しているPCのメモリ容量が少なくなっていると低解像度の配信となってしまいます。

PCのメモリを増強することも解決策ですが、Zoom使用時にたくさんのソフト、たとえばWord、Excel、PowerPointといったMicrosoft Officeソフト、LINEなどのアプリ起動型SNS、さらにはインターネットブラウザなどを開いたまま接続していないか確認してみましょう。**Zoomで画面共有するのに使用するソフトは開いておいてもいいです**

が、Zoom使用時に使わないのであれば、それらのソフトを閉じることでかなりのメモリ解放になり、メモリ容量に余裕が出ます。

これだけでも、Zoomをクオリティ高く使用できるようになるので、Zoom使用時は不要なソフトやアプリは開かないようにしましょう。

ZoomのCPUやメモリ使用状況は、「設定」画面から「**統計情報**」で確認することができます。

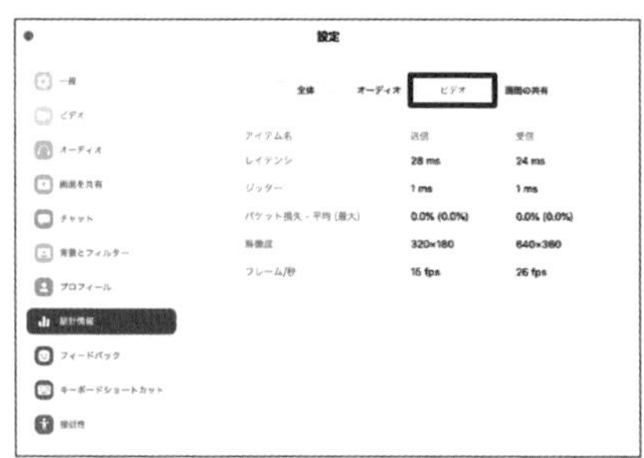

メモリ② 開いているブラウザのメモリ消費にも気をつけよう

Zoomを使用する際、ブラウザから起動させたりすると、Google ChromeやInternetExplorerなどのブラウザが開いたままになっています。

気をつけなくてはいけないのは、この**ブラウザがかなりのメモリを使用すること**です。右記のようにメモリの使用状況を調べてみると、ブラウザの使用量の大きさがわかります。

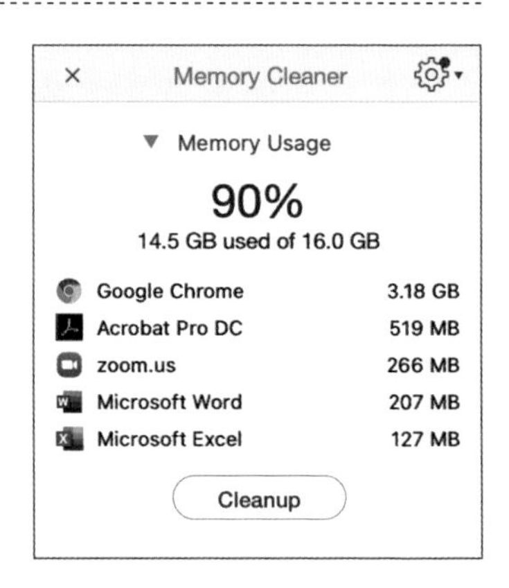

特にタブをたくさん開いている場合は

注意が必要です。たくさん開けばその分だけメモリに影響します。そのためクオリティ高くZoomを使用したいときはブラウザを閉じるか、タブを最低限必要なものだけにして、あとは閉じるようにしましょう。

再起動 イベントや記録をしたい配信など、絶対に安定配信したいときは直前にPCを再起動する

イベントなど、絶対にZoomをクオリティ高く安定配信したいときは、配信前にPCを再起動しましょう。再起動はPCのメモリの解放に大変効果的です。特にZoomを使用する前に映像編集ソフトなどPCのメモリを大量に使用するソフトを使ったあとは、**通常のミーティングで使うにしても再起動がお勧め**です。第4章07で説明する「リモートサポートで相手にPCの再起動を依頼するコマンド」があるのも、ここに理由があります。またZoomの記録機能を使用するときも、クオリティ高く録画するためにも、PCを再起動してからの使用をお勧めします。

Tips

ミーティング中の携帯着信をオフにしてみよう

Zoomミーティングに携帯電話から参加すると、途中で着信が入って会議に集中できなかったり退席になってしまったりすることがあります。

このようなことを防ぐため、携帯電話のZoomアプリには着信をストップさせる「着信拒否」機能があります。もちろん携帯電話自体でも設定できますが、Zoomのミーティング予定時間にあわせて通知拒否時間を設定しやすいので、自分が参加するときはもちろんですが、参加者にも集中してもらいたいときには教えてあげましょう。

【Zoomアプリ】
着信拒否設定のしかた

Zoomアプリを開いて「設定」をクリックし、「チャット」をクリックます。

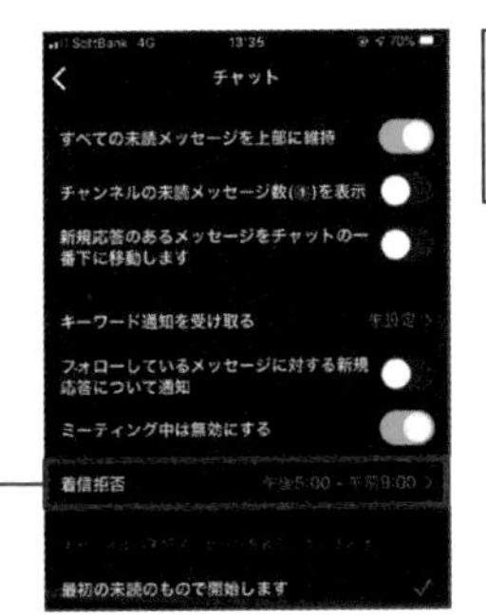

クリックする

「通知を一時停止」をクリックすると、20分から1時間、2時間と着信拒否する時間を設定できる

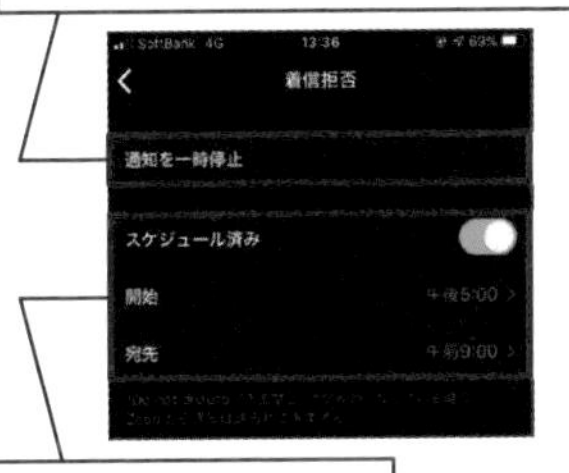

もしくは「スケジュール済み」をアクティブにすると、「開始」と「宛先」（実際には終了時間）を設定することができる

Zoomの「チャット」と「連絡先登録」

Zoomにはミーティングだけでなく「**チャット機能**」があります。これはミーティング中のチャットとは異なり、**LINEやFacebookメッセンジャーのようにコミュニケーションするイメージ**です。ここではそのチャットの使い方を説明します。

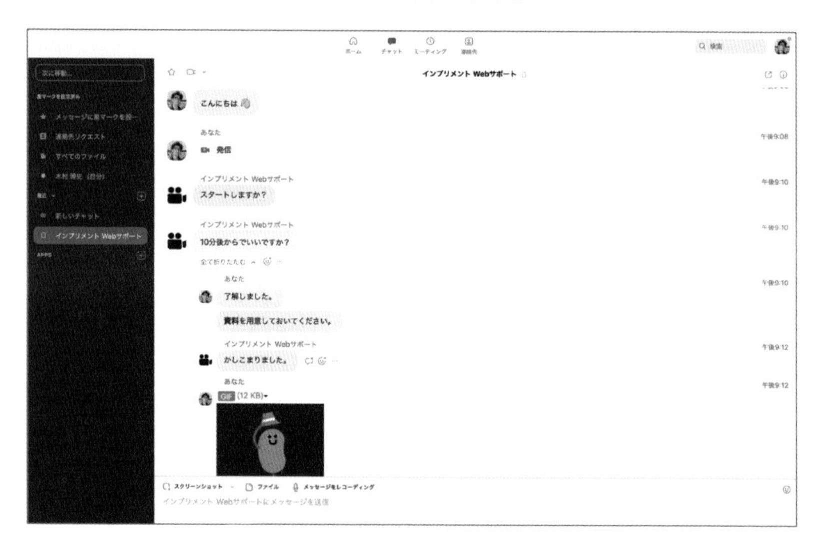

チャットを行うためには、まず相手を連絡先に登録する必要があります。

Zoom起動後の画面で、上部のアイコンにある「チャット」と「連絡先」がチャットに関わる項目です。まず「連絡先」をクリックします。

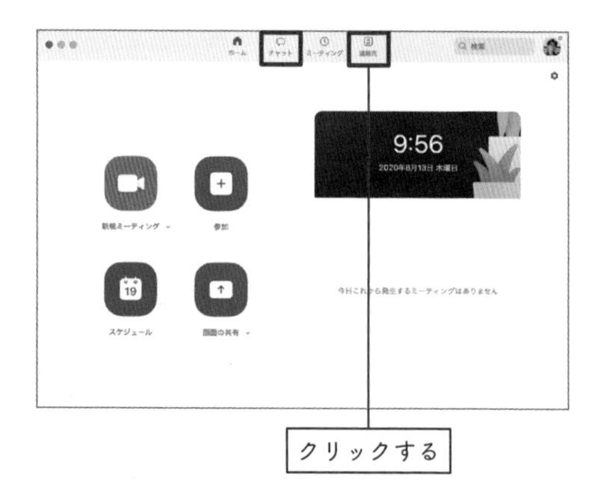

次の画面で連絡先の横の⊕をクリックすると、「連絡先の追加」の画面になります。ここでメールアドレスを登録すると、そのメールアドレス宛に招待メールが送られます。

その招待メールのリンクがクリックされると、招待が承認され連絡先に加わります。**このメールアドレスのアカウントがZoomにログインしているときに、チャット機能が使えます**。もちろん、そのメールアドレスでZoomアカウントがなければ連絡先に追加できないので、その場合には相手にアカウントをつくってもらう必要があります。

連絡先はグループ化することもできます。このグループが「IMグループ」と呼ばれます。

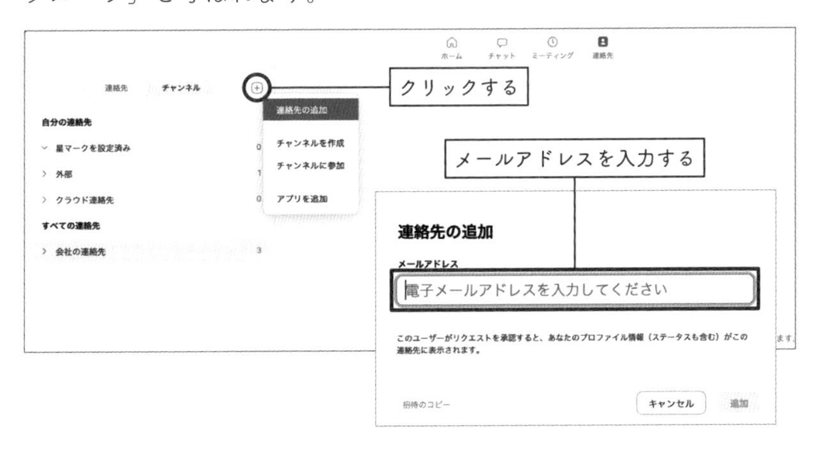

次にチャットの簡単な使い方ですが、先ほどのZoomのトップ画面から「チャット」をクリックすると、次頁の画面になります。連絡先の相手とテキストメッセージのやり取りができるほか、ファイルを送受信したり、スクリーンショット（画面のスクリーンショット）を送受信したり、相手とインスタントミーティングをはじめることもできます。

Chapter 3

実際のところ、現在は利用者がそれほど多くないのが現状です。著者は、大規模なイベントの配信時などにこのチャット機能を使っています。Zoom社はZoomがさまざまなコミュニケーションのプラットフォームになることを目指しているので、このようなチャット機能を実装しています。今後Zoomが多機能的に浸透していくと、このチャット機能もより広がっていくでしょう。

Chapter 4 Zoomを徹底活用するために知っておきたい機能と設定

Zoomはコミュニケーションツールといわれるほど対応できることが多様です。ミーティングやウェビナーだけでなく、録画からSNSへのライブ配信連携、さらにはグループワークに遠隔サポートなどなど。知れば知るほど試してみたくなる機能がZoomにはたくさんあります。この章ではたくさんあるZoomの便利な機能を紹介します。

01〔ウェブサイト〕

ブラウザのミーティング設定でしっかりカスタマイズしよう

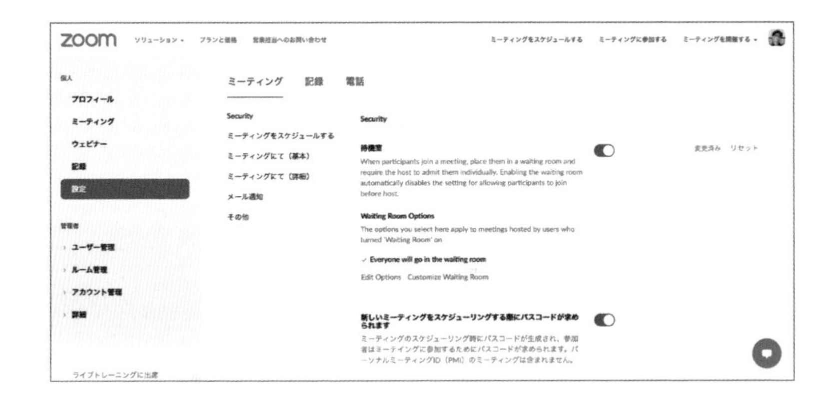

Zoomはアプリケーションからできる設定だけでなく、ウェブサイトからログインした設定画面にも重要な設定項目がたくさんあります。ここでは設定の「ミーティング」タブでできることを紹介します。便利な機能やセキュリティ上重要な設定項目も含んでいるので、どんな項目があるのか確認しておきましょう。

POINT

❶ セキュリティやミーティング機能のさまざまな有効化など、設定の大半はここにある。
❷ 自分のアカウントのオーナーにより、個人の設定が制限されていることがある（第4章04参照）。
❸ ブレイクアウトルームとリモート制御は同時に利用できない。

ミーティング　設定画面で抑えておきたいところ

設定の「ミーティング」の大切なところを抜粋して説明していきます。

① 待機室の設定

待機室を有効化するかどうか設定できます。ここで、自分の管理しているユーザーや指定ドメインのユーザーが、待機室を経ずに直接ミーティングに入れる設定も可能です。さらに、参加者が待機室で承認待ちのときに表示されるメッセージのカスタマイズもできます。待機室の使い方については第4章04を参照してください。

待機室
参加者がミーティングに参加する際、待機室に参加者を配置し、参加者の入室を個別に許可させるようにホストに求めてください。待機室を有効にすると、参加者がホストの前に参加できる設定が自動的に無効になります。

待機室のオプション
ここで選択するオプションは、「待機室」をオンにしたユーザーがホストするミーティングに適用されます

✓ 全員 will go in the waiting room

Edit Options　Customize Waiting Room

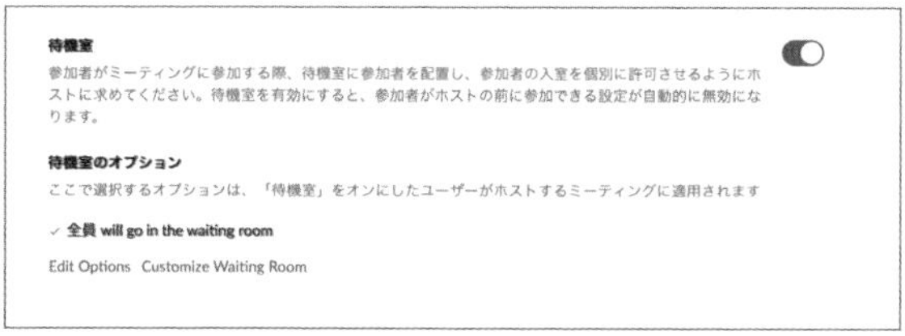

② 認証、パスワードの設定

ここではまず、**ミーティングに参加するときのパスワードの要否を選択**します。スケジュールするミーティングとインスタントミーティング（Zoomアプリやプラグインから「新規ミーティング」で即座にはじめるミーティング）について、別々に設定できます。また、招待状から取得可能な参加URLにパスワードを埋め込むかどうかも選択できます。埋め込んだ場合はパスワードが必要なミーティングでも、リンクから入った場合はパスワードなしで入室できます。

認証に関して、ここでいう**「認証されているユーザー」とはZoomのIDでログインしているユーザーになります**。認証ユーザーしかログインできないように設定することもでき、セキュリティを強くすることができます。ただしその場合は、ZoomのIDを持っていても、Zoomアプリでログインしていないと、ミーティングに参加することができません。これは、アプリを起動することができず、ウェブサイトからの参加しかできない人が多いときはトラブルになる可能性が高いので、参加者の属性を考えて設定するようにします。

さらに高いセキュリティを求めて、**特定のユーザー（Zoom ID）のみミーティングに入室できる設定も可能**です。こちらは「グループ管理」から設定可能なので、第4章04を参照してください。

ミーティングパスコード
クライアント、電話、ルームシステムで参加できるすべてのインスタントミーティングやスケジュールされているミーティングがパスコードで保護されます。

個人ミーティングID（PMI）パスコード
クライアント、電話、ルームシステムで参加できるすべての個人ミーティングID（PMI）のミーティングがパスコードで保護されます。

ウェビナーのパスコード
ウェビナーのスケジュール時にパスコードが生成パスコードれ、ウェビナーに参加するには、参加者にはパスコードが必要です。

電話で参加している出席者に対してはパスコードが必要です
ミーティングにパスコードが設定されている場合、参加者に対しては、数字のパスコードが必要です。英数字のパスコードが設定されているミーティングの場合、数値バージョンが生成されます。

ワンクリックで参加できるように、招待リンクにパスコードを埋め込みます
ミーティングパスコードは暗号化され、招待リンクに含まれます。これにより、パスコードを入力せずに、ワンクリックで参加者が参加できます。

認証されているユーザーしかミーティングに参加できません
参加者はミーティング参加前に認証する必要があり、ホストはスケジューリング時に認証方法のいずれか1つを選択できます。詳細はこちら

❸ 音声タイプ

ここでは**ミーティングの音声タイプの選択**をします。電話音声の詳細は第4章03で説明するので、そちらを参照してください。

音声タイプ
参加者がミーティングのオーディオ部分にどのように参加できるかを決定します。オーディオに参加するときは、コンピュータのマイク/スピーカーを使用するか、電話を使用するかを選択できます。また、複数のオーディオタイプから使用するものを1つに限定することもできます。サードパーティ製のオーディオを有効にしている場合は、すべての参加者がZoom以外のオーディオを使用するための指示に従うよう要求することができます。

- ○ 電話とコンピューター音声
- ○ 電話
- ● コンピューター音声

❹ ホストの前の参加

「ホストの前の参加」を有効にすると、**自分がスケジュールしたミーティングに自分が参加していなくても、ほかの参加者だけでミーティングをはじめることができ、最後まで参加しなくてもミーティングを続けることができます**。

無効にした場合は、参加者はホストが入室するまで待つことになります。

❺ PMIの設定

PMIは個人ミーティングID（Personal Meeting ID）で、Zoomにおける電話番号のようなものです。ユーザーごとに固有の番号が割り当てられています。PMIを使うと、参加者がミーティングに参加するときに、いつも同じIDで入室できるので、いちいち確認する必要がないので便利です。この場合、電話のような感覚でZoomが使えます。

反面、**PMIはアカウントごとの固有番号なので、この番号を知っている人はいつでもミーティングに参加することができてしまいます**。これがセキュリティ上問題になります。実際、有名人がSNSでPMIを公開してしまい、トラブルになったケースもあります。

ミーティングのパスワードを設定したり、待機室を有効化したりすることで、いきなりの参加は制限できるものの、セキュリティと利便性を考慮しながらPMIを利用するかどうか判断するようにしてください。

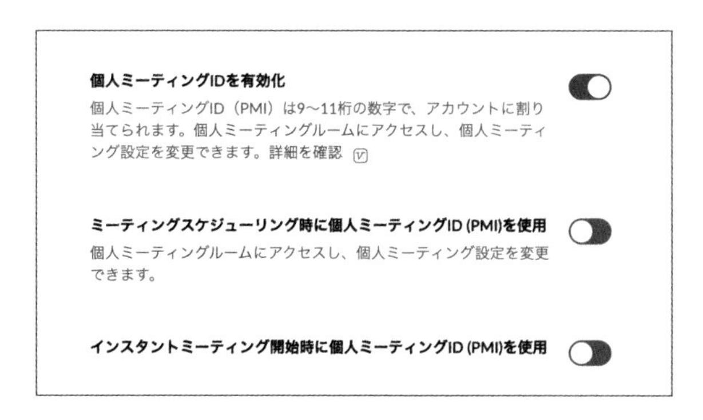

Chapter 4

⑥ 参加者のミュートやチャットなど参加者機能の設定

ここではミーティングのチャットについて設定します。そもそも、チャット機能を使うかどうか、1対1のチャット（プライベートメッセージ）を認めるか、チャット機能によるファイル転送を認めるか、を設定します。

チャットは便利ですが、不適切な参加者が悪用する危険性もあります。チャットで参加者全員に向けて不適切な発言をするほか、特定の1人に（ホストが知らないところで）プライベートメッセージで嫌がらせをしたり、不適切なファイルを送信することもできてしまいます。ミーティングの参加者に応じて設定して下さい。

また**ファイルの送信機能は、スマホやタブレットでは利用できない（PCのみ）ことにも注意**してください。

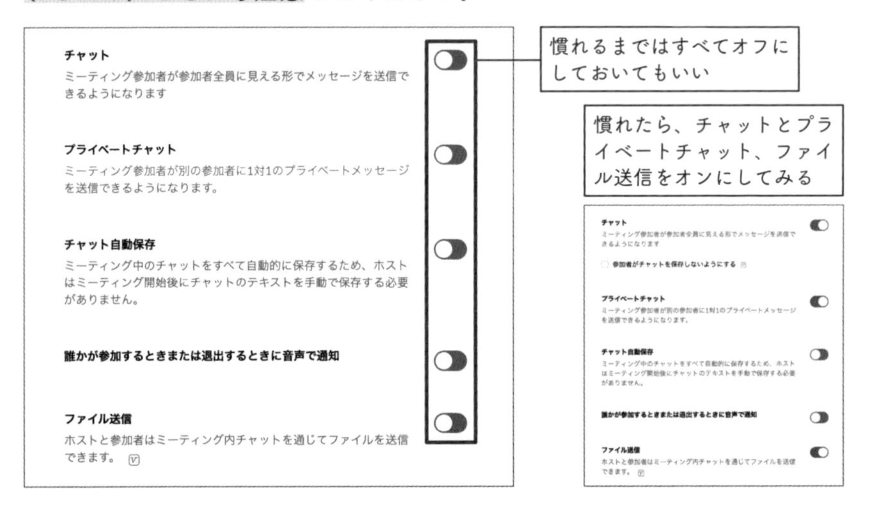

⑦ ブレイクアウトルームとリモートサポートの有効化

ブレイクアウトルーム機能とリモートサポート機能の有効化ができます（第4章06、07参照）。これらは**同時に使うことができないことに注意**してください。

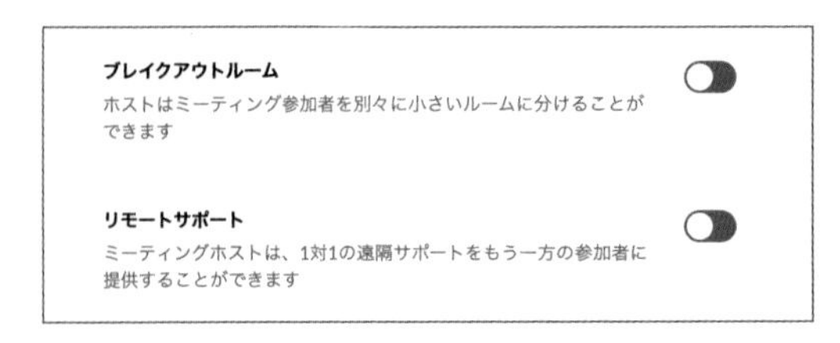

⑧ 字幕機能、言語通訳機能で多言語ミーティングの設定

Zoomでは字幕機能を利用することができます。**ホストが字幕に表示させる内容をタイプして、ほかの参加者の画面に表示することができます**。この機能を使うときは「字幕機能」をオンにします。

ウェビナー、ビジネス、エンタープライズのアカウントでは、同時通訳機能も提供されます。これは参加者の中から通訳者を決め、参加者はその通訳者の音声を選択して聞くことができるという機能です。

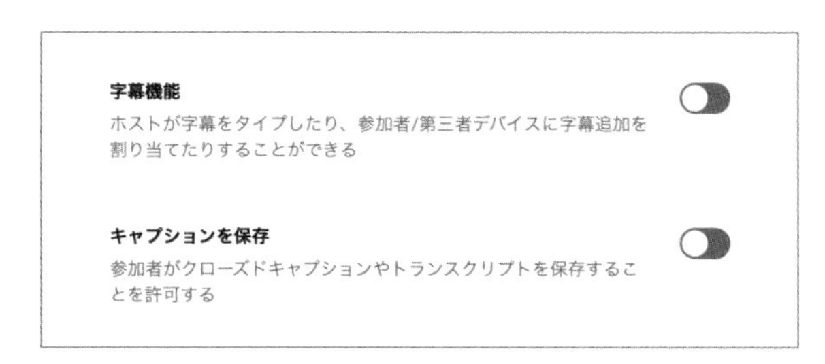

⑨ 経由サーバーの設定

Zoomでミーティングをするときは、基本的に世界各地にあるZoomのサーバーにアクセスします。**サーバーは近隣のものが自動的に選ばれますが、その選ぶサーバーを選択することができます**。中国にあるサーバーを使うことに不安を感じるユーザーが多いため搭載された設定で、**デフォルトでは中国（香港を含む）のサーバーは使わないようになっています**。

経由サーバーは、ミーティング中に、ミーティング情報を確認することで確認できます（第3章07参照）。

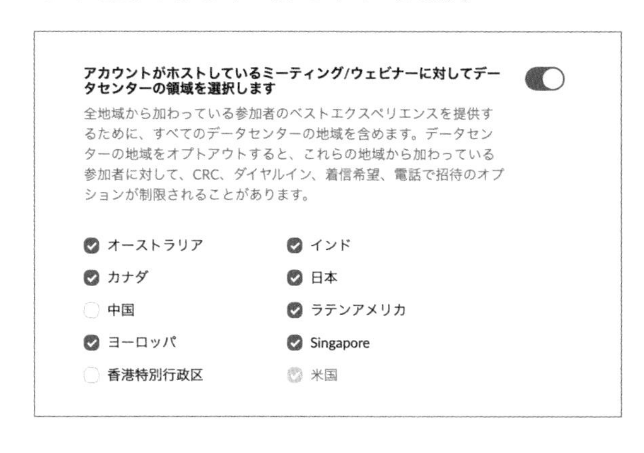

02〔ウェブサイト〕

ローカル記録・クラウド記録・オンデマンド設定をマスターしよう

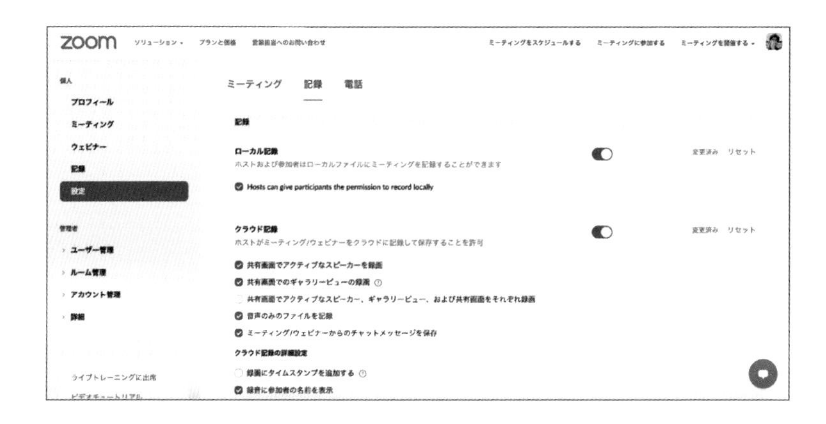

Zoomには録画機能がありますが、その**録画の設定やクラウドに録画したデータの管理はウェブサイトの「設定」画面から行います**。ここでは「設定」の「記録」タブの内容を中心に説明します。セキュリティの観点からも、設定項目についてしっかり理解しておきましょう。

POINT

❶ 参加者にローカル録画を認める設定に注意する。
❷ クラウド録画したデータはウェブサイトの設定画面の「記録」から管理できる。
❸ Zoomの録画データの容量は、画面共有時で200MB／時間を目安に録画容量を準備する。

記録　設定画面で押さえておきたいところ

設定の「記録」の大切なところを抜粋して説明していきます。

① ローカル記録と保存データ

ローカル記録とは、各自のPCにデータを保存することです。あとで編集するなど、しっかりしたデータがほしい場合はローカル記録を選びましょう。

ローカル記録を有効化するためには、「設定」の「記録」タブから「ローカル記録」を有効化します。"Hosts can give participants the permission to record locally" にチェックを入れると、参加者も自分のPCに録画できるようになります。ただし、セキュリティの観点からこれを認めるかどうかは慎重に判断しましょう。

自動記録をONにすると、ミーティングを開始すると自動的に録画がはじまるようになります。

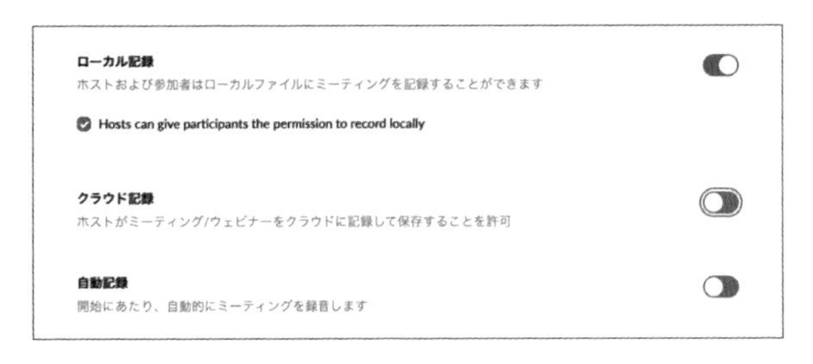

ローカル記録の保存先は、ミーティング中の設定画面から設定できます（第3章09参照）。デフォルトの設定から変えたいときは、「ミーティング終了時の録音ファイルの場所を選択します」をチェックして、保存場所を変更します。

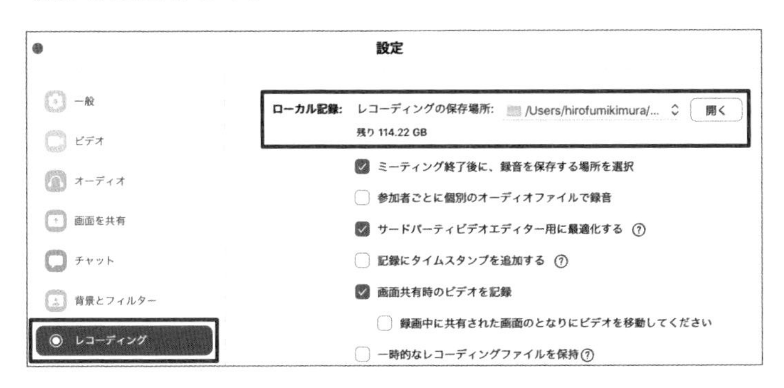

Chapter 4

ローカル録画では、そのほかにもミーティング中の設定画面から変更できることがあります。

- 各話者の音声トラックを記録

有効にすると**各参加者の音声のみ**が含まれる音声データファイルが作成される。

- サードパーティビデオエディタ用に最適化する

Zoomの録画ファイルと編集ソフトとの**ビットレートなど、互換性を意識した録画データ**になる。

- 記録にタイムスタンプを追加する

録画ファイルに**ミーティング日時の情報**を埋め込む。

- 画面共有時のビデオを記録

有効にすると、**ミーティングで画面共有された際、画面右に話者のビデオサムネイルが表示**される。

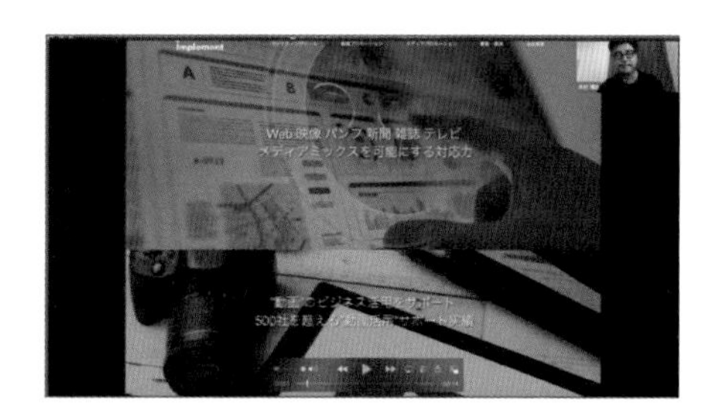

- 録画中に共有された画面の隣にビデオを移動してください

有効にすると、**話者のビデオサムネイルが、共有した画面に重ならなくなる**。共有画面をすべて表示したいときに有効にする。

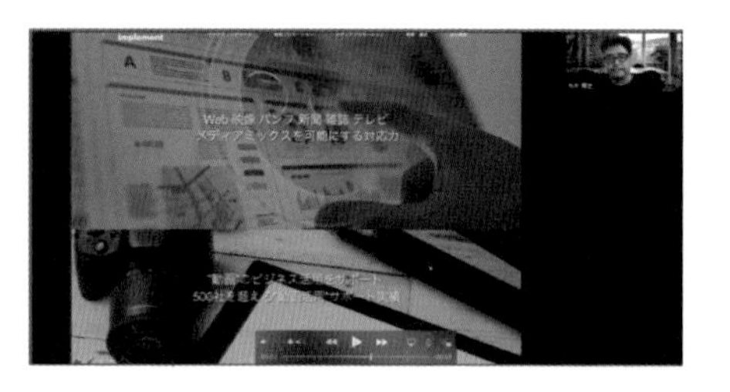

- 一時的なレコーディングファイルを保持

Zoom使用時に何か問題が発生したとき、Zoomがトラブルシューティングできるよう録画データを一時的に保持するもの。アーカイブとして録画するのではなく、トラブル時の原因究明のために録画するもの。PCの保存容量に余裕がないときは無効でも大丈夫だが、そうでなければ有効にしておいたほうが安心。

② クラウド記録と保存方法

クラウド記録は、有料アカウントだけが利用できるZoomのクラウドストレージに録画データを記録する方法です。企業などで録画データを一元管理したい場合（録画データを複数人で共用したいとき）や、ウェビナーの録画データを直接オンデマンド配信（第5章06参照）したい場合に便利です。

ただしクラウドの容量は標準で1GBまでで、拡張するためには有料オプションの購入が必要になるので注意してください。

クラウド記録を有効化するためには、「設定」の「記録」タブから「クラウド記録」を有効化します。クラウド記録の場合、容量を節約するために、何を録画データに含めるかが選択できるようになっています。必要に応じて設定しましょう。

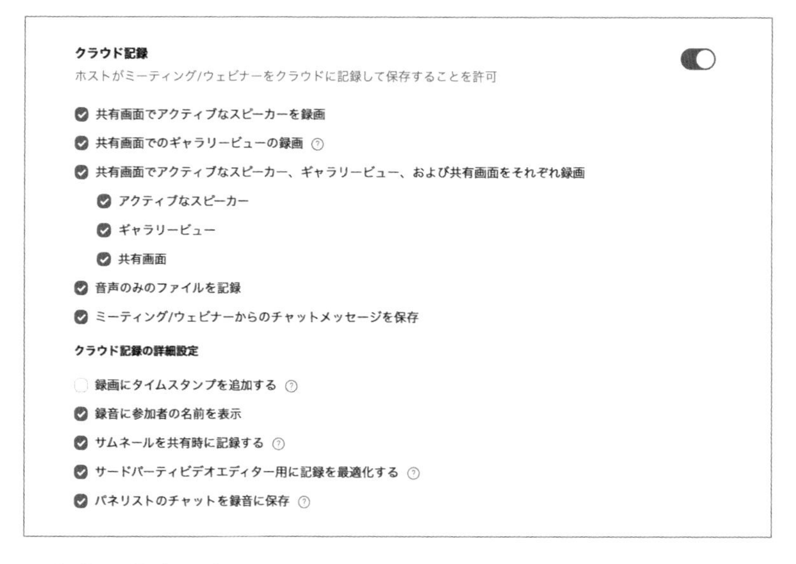

各録画設定は次のとおりです。

- 共有画面でアクティブなスピーカーを録画

アクティブスピーカーの画面を録画する（ギャラリービューも有効にしている場合は、別ファイルとして保存される）。

- 共有画面でのギャラリービューの録画

ギャラリービューの画面を録画する（アクティブスピーカーも有効に

している場合は、別ファイルとして保存される）。

• 共有画面でアクティブなスピーカー、ギャラリービュー、および共有画面をそれぞれ録画

アクティブなスピーカー、ギャラリービュー、共有スクリーンを別々に録画する。不要な録画画面があるときは、「アクティブなスピーカー」「ギャラリービュー」「共有画面」の該当のもののチェックを外す。

• 音声のみのファイルを記録

ビデオとは別に音声のみのファイルを保存する（編集ソフトで、それぞれの音声ごとに音質を整える編集をするときに便利）。

• ミーティング/ウェビナーからのチャットメッセージを保存

チャットの書き込みを保存する。

• 録画にタイムスタンプを追加する

ミーティング日時の情報を埋め込む（一般的な視聴ではわからないが、万一漏洩したときに経路などを解析するのに使用する）。

• 録画に参加者の名前を表示

録画ファイルの各人のビデオに**参加者の名前を表示する**。

• サムネールを共有時に記録する

ミーティングで画面共有されたときに、**共有画面に共有者のビデオサムネイルも表示する**。

• サードパーティビデオエディター用に記録を最適化する

Zoomの録画ファイルと編集ソフトとのビットレートなど互換性を意識した録画データになる（編集ソフトでの編集を予定しているときは有効にする）。

• 音声トランスクリプト

日本語には未対応だが、録画された音声を自動的にテキスト化する（英語でのミーティングの際、ヒアリングが不安なときにミーティングの振り返りに便利）。

・パネリストのチャットを録音に保存

ウェビナーでのみ有効になるが、**パネリストが「すべてのパネリスト」または「パネリストと出席者」で送信したチャットも録画に保存できる**。

③ 自動記録

有効にすると、**ミーティングの開始にあわせて自動で録画がスタートします**。

自動記録を有効にすると、ローカルコンピューター上で記録するのか、クラウド上に記録するのかを選択できます。クラウド記録だと、自動録画をストップしてしまうことがないように、**「ホストはクラウドの自動記録を一時停止/停止できます」を無効にして、ホストが録画を停止することができないようにしておきます**。

④ IPアドレスアクセスコントロール/⑤ 認証されているユーザーしかクラウドレコーディングを表示できません

共有されているクラウドレコーディングにアクセスするにはパスワードが求められます。いずれも**クラウド記録データを利用するための管理設定**になります。IPアドレスコントロールは法人のシステム担当部署での検討となりますが、クラウドレコーディングへのアクセス制限は、誰もがセキュリティレベルを意識しながら検討する必要があります。

⑥ ○日後クラウド録画を自動的に削除

ホストはクラウド記録を削除できます。クラウド記録容量には制限があるので、時系列に古いものから自動的に削除していいのか、録画の削除は管理者のみができるようにするのか、それぞれの立場で設定を考えましょう。

⑦ レコーディングの免責事項

レコーディング開始前に「免責事項」を参加者に提示しますが、「レコーディング開始時に参加者に同意を求めてください」は**参加者のプライバシーを配慮した対応**として、「レコーディングの開始前にホストに確認を依頼してください」は**録画によるセキュリティ対策**として、利用を検討するといいでしょう。

⑧ ミーティングのレコーディングを開始/停止する度にオーディオ通知

録画に対するプライバシー配慮などからも、録画の開始と停止時に「通知音」を参加者に再生します。これらのメッセージはレコーディングの開始や再開ごとに再生され、**参加者にレコーディングされていることを通知します**。

クラウド録画　データの管理のしかた

クラウドに録画したデータの管理は、「記録」（先ほどの「設定」の「記録」タブではなく、その上の階層の「記録」）**から**できます。

クラウド録画は録画が終了すると、Zoomで録画データの変換作業が行われ、閲覧可能になるとメールでそのことを通知してくれます。

クラウド録画　データの管理・共有の設定

「記録」に保存されているクラウド録画のタイトルをクリックすると、個別のクラウド記録のページに移動します。ここでは、**管理・共有のための設定**ができます。

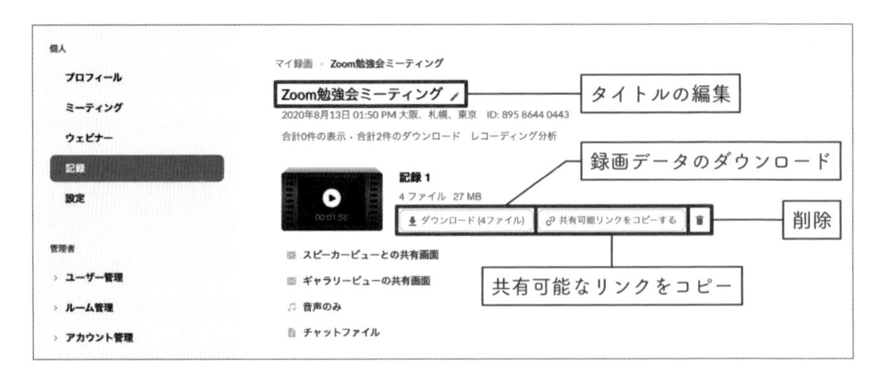

クラウド録画 共有のしかた

画面右上の共有ボタンをクリックします。

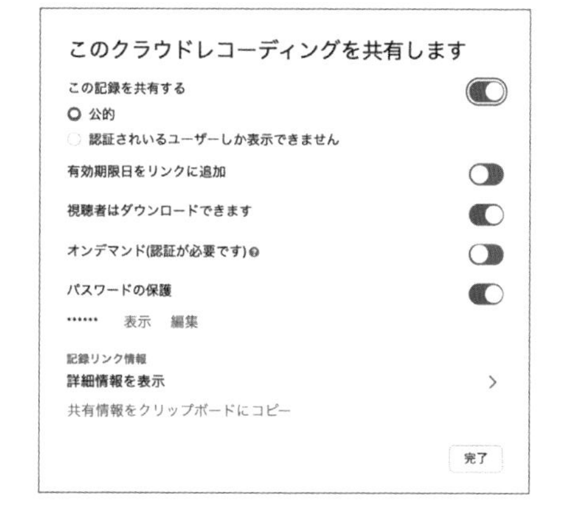

「このクラウドレコーディングを共有します」のウインドウがポップアップし、**各種設定をしたうえで録画データを共有することができます**。

共有設定は次のとおりです。

① この記録を共有する

有効にすると共有URLが有効になり、無効にするとURLを使用した共有が無効になります。また共有を有効にした際の録画データの共有範囲を次のように設定できます。

- 公的
  URLを知っている人は誰でもクラウド録画にアクセスできる。

- 認証されいるユーザーしか表示できません
  Zoomにログインしているユーザーがアクセスできる。

② 視聴者はダウンロードできます

有効にすると、**クラウド記録視聴ページから録画ファイルをダウンロードすることができます**。

③ オンデマンド（認証が必要です）

有効にすると、**クラウド記録を視聴するためには登録が必要になります**。

④ パスワードの保護

有効にすると、**録画データの視聴にパスワードが必要になります**。

⑤ 共有情報をクリップボードにコピー

クリックすると「記録リンク情報」の内容がクリップボードにコピーされます。

オンデマンド　詳細な設定のしかた

オンデマンドを有効にすると、「現在、この記録はオンデマンドです」の情報が表示されるので、「**登録設定**」をクリックします。

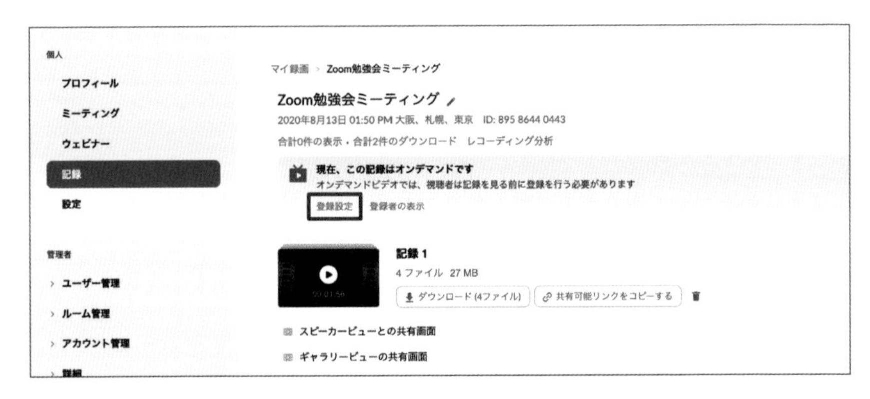

オンデマンド設定のウインドウがポップアップするので、次の3つを設定します。

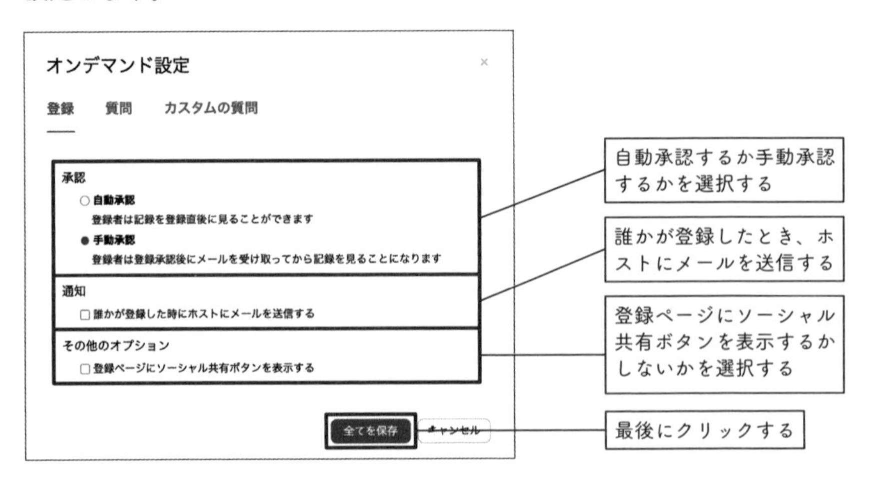

オンデマンド設定
登録
質問
カスタムの質問
登録フィールドを追加する
名とメールアドレスは必須です。
フィールド
必須
姓
アドレス
市区町村
国/地域
郵便番号
都道府県
電話
業界
組織
役職
購入時間フレーム
購入プロセスにおける役割
従業員数
質問とコメント
全てを保存
キャンセル
登録にあたって取得したい情報にチェックを入れる
最後にクリックする

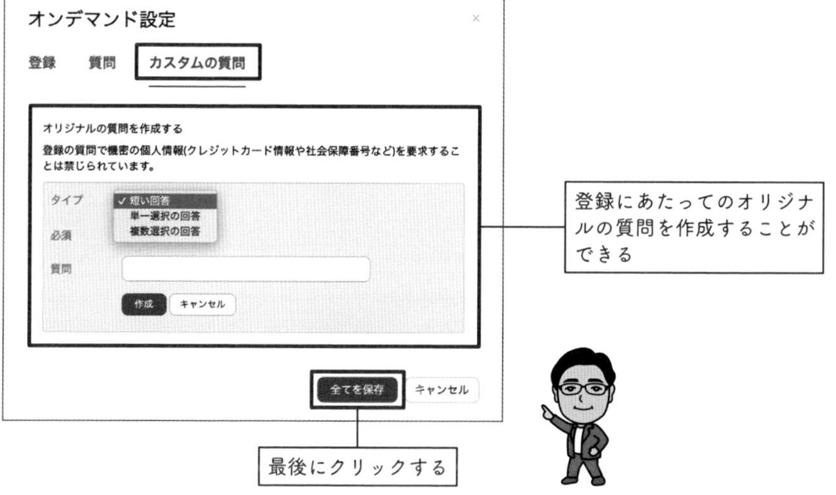
オンデマンド設定
登録
質問
カスタムの質問
オリジナルの質問を作成する
登録の質問で機密の個人情報(クレジットカード情報や社会保障番号など)を要求することは禁じられています。
タイプ
✓短い回答
単一選択の回答
複数選択の回答
必須
質問
作成
キャンセル
全てを保存
キャンセル
登録にあたってのオリジナルの質問を作成することができる
最後にクリックする

Chapter 4

03〔電話音声〕

電話での音声参加をマスターしよう

Zoomはインターネット回線を使った音声だけでなく、電話を使った音声にも対応しています。普段は使うことは少ないかもしれませんが、企業ユースでは必要な場面もでてきます。ここでは電話音声の設定方法について見ていきます。

POINT

1. 電話音声の意味と使い方を理解する。
2. ミーティングで使用する音声タイプの設定は「設定」→「ミーティング」→「音声タイプ」から設定できる。

利用用途　電話音声はこんなときに使われる

Zoomでは、音声に電話（IPフォンにかぎられます）を使うことができます。個人ユーザーの場合はほとんど使うことはないかもしれませんが、企業ではよく使われます。では、どんなときに使われているのか見ていきましょう。

① 昔からの電話会議システムを使っている場合

ここでいう電話会議とは、電話を使った音声だけの従来システムになります。この**電話会議システムと同じ要領でZoomに参加するようにできれば、社内のプラットフォームを大きく変更することなくZoomの導入が可能に**なります。また、セキュリティの問題で社内ネットワークを通じてZoomが使えない場合もあります。この場合、Zoomを使うためには電話で参加しなくてはいけません。当然ですが、このケースで音声のみで参加した場合は、ビデオや資料の共有などの機能は利用できません。

② 安定性を求める

電話の1番のメリットは、ネット回線以上に安定していることです。たとえば上場企業が機関投資家向けに行う経営数値などの発表は、万一ネット回線が不安定で接続不良や遅延が生じると株価にも影響を与えかねないので、極めて高い信頼性が必要な場合は電話を使って配信します。

③ グローバルでZoomを使ううえで、ネット環境が不明な場合

外国に出張したときなど、接続の確実性を求めて電話音声で参加することがあります。

Zoomの電話音声は各国にあるアクセスポイントに電話をかけ、ミーティングIDを入力するという形で利用します。そのため**国際通話にならずアクセスできる**ようになっています。ただし、**携帯電話やIP電話からのみ利用可能で、アナログ電話では利用できない**ことに注意してください。

音声選択はデフォルトで、電話音声も選択可能になっています。そのためスマートフォンでZoomに接続する場合、音声選択を間違えて意図

せず電話音声にしてしまうことがあります。しかも、海外のアクセスポイントに電話をかけてしまい、高額な請求を受けたというトラブルも発生しています。ネットワーク知識に弱いメンバーがいる場合は、**特に誰かが電話音声を使う必要がないのなら、ミーティングをコンピュータ音声のみに設定しておく**ようにしましょう。

音声タイプの設定　ミーティングの音声タイプを設定する

ミーティングの音声タイプの設定は、「設定」→「ミーテイング」→「音声タイプ」でします。**デフォルトでは「電話とコンピュータ音声」になっていますが、これを「コンピュータ音声」にすると電話音声は使えなくなります**。

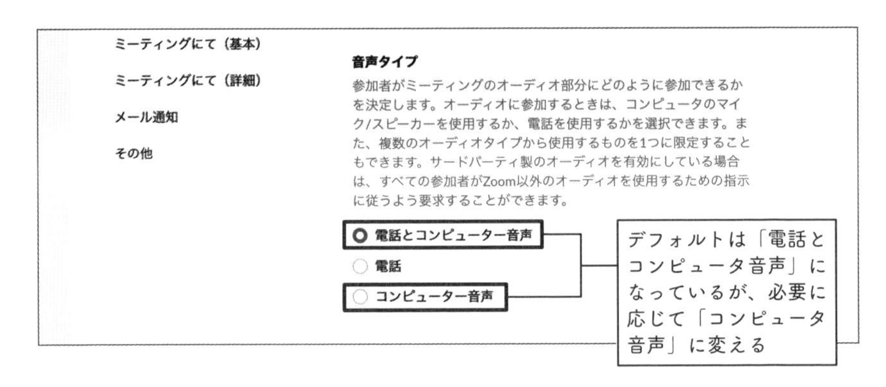

設定項目　電話音声利用時の設定項目

ウェブサイトの設定画面の「設定」→「電話」より、電話音声に関する設定ができます。「招待状メールにある国際番号リンクを表示する」は、招待状に電話番号へのリンクをつけるかどうかを選択できます。

「グローバルダイアルインの国/地域」で自国を選択しておけば、電話のデフォルトが自国になるため、間違えて電話接続しても高額請求がくる可能性を少しでも減らせます。当然グローバルでは、それぞれの参加者の国のアクセスポイントが最適になります。

電話で会議に参加した場合、参加者リストにはその参加者の電話番号が表示されます。これがプライバシーの問題で適切でなければ「参加者リストの電話番号をマスキング」にすると、電話番号の一部がマスキングされてプライバシーが守られます。

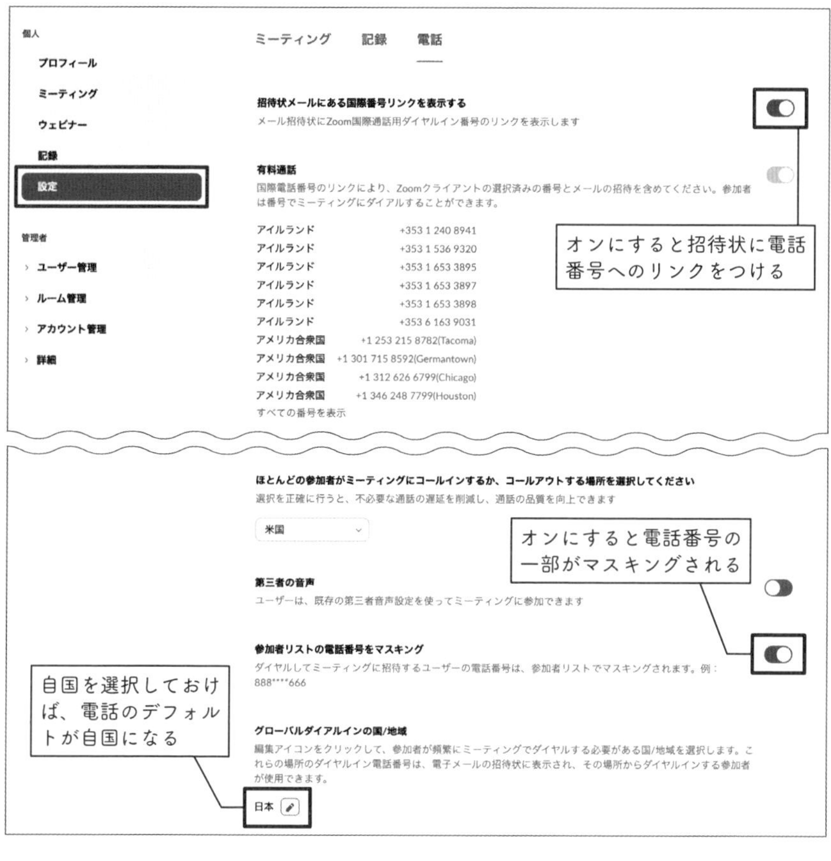

PC Zoomへの電話音声での参加のしかた

Zoomミーティングに、PCから電話音声で参加するときの方法を見ていきます。ウェビナーの場合も同様です。

手順① ミーティングに参加する際の音声選択で「電話で参加」のタブをクリックする

電話番号が3つ表示されているので、いずれかを選択して電話をします。なお表示は国際電話の形式で、「国番号（日本は＋81）＋電話番号（頭の0を除く）」になっていますが、国内通話なので、たとえば**番号が「+81 3 0000 1111」となっていても、国内の番号形式に置き換えて、スマホやIP電話から「0300001111」に電話をかけます。**

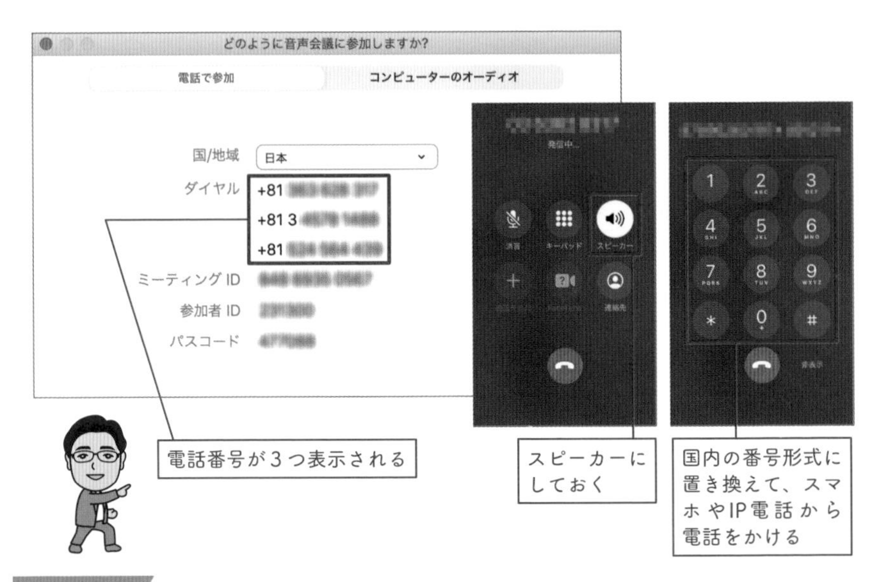

手順② 「ミーティングID」「参加者ID」「パスコード」を入力する

参加者IDとパスコード入力が連続入力になるのでわかりにくいですが、音声ガイドに沿って入力します。**それぞれの入力確定は「*（パウンド）」で行います**。日本では「#」シャープボタンで入力確定が多いのであまり馴染みがありませんが、海外仕様になっています。つい「こめじるし」と言ってしまいそうですが、「**パウンド**」というボタン名も覚えましょう。

確認されたらZoomミーティングへの参加となります。

04〔管理〕

Zoomの管理者になったら知っておきたいこと

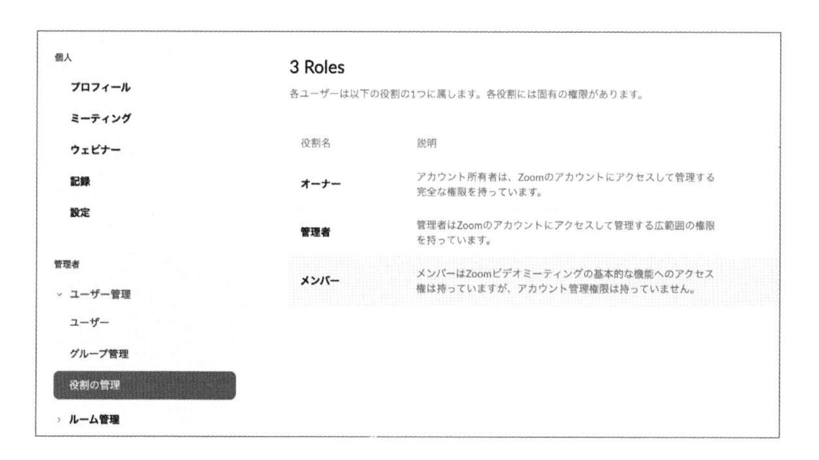

Zoomでは、会社や部署ごとにグループをつくってアカウントの設定を管理することができます。具体的にはメンバーへのオプションライセンスの割りあて、メンバーごとの設定を管理（例：待機室は必ず使用するなど）したりすることができます。管理者になる人は設定方法をマスターして円滑な管理ができるようになりましょう。

POINT

1. 企業や部署でメンバー一括で設定をしたい場合は、管理者設定を使う。
2. ウェビナーのブランディングや招待メールのひな型の項目は管理者設定にある。
3. 管理者設定からミーティングやウェビナーのレポートが取得できる（CSV形式でも入手可能）。

ユーザー　ユーザー管理でグループ活用をできるようにする

Zoomでのユーザー管理は、**企業や部署単位などで従業員のZoomアカウントの設定を一括管理する**ことです。管理するアカウントは「オーナー」「管理者」「メンバー」に分けられます。

- オーナー

支払いをしたり、メンバーに管理者の権限の付与や削除、ライセンスの割りあてをしたりと、**完全な管理権限があります**。

- 管理者

アカウントの設定など契約や費用にかかわらない範囲の権限を広く持ちます。オーナーが管理者アカウントの権限を設定できます。

- メンバー

グループに所属するだけで管理権限はなく、決められた設定で使用することになります。

オーナーがメンバーを加える方法は、「ユーザー管理」の「ユーザー」画面から「ユーザーを追加する」を選びます。ここでメールアドレスや各種の情報を入力すると、そのメールアドレス宛に招待メールが送られます。メールの受信者がその招待メールを承認すると、管理ユーザーに加わるしくみです。

「ユーザーを追加する」の画面には「ユーザータイプ」で有料ライセンスの割りあてをしたり、「機能」でオプションを割りあてたりすることができます。

また、**「IMグループ」はZoomの「連絡先」のグループ**です。これはZoomのチャット機能を利用しなければ使用しません。ユーザーグループについては次で説明します。

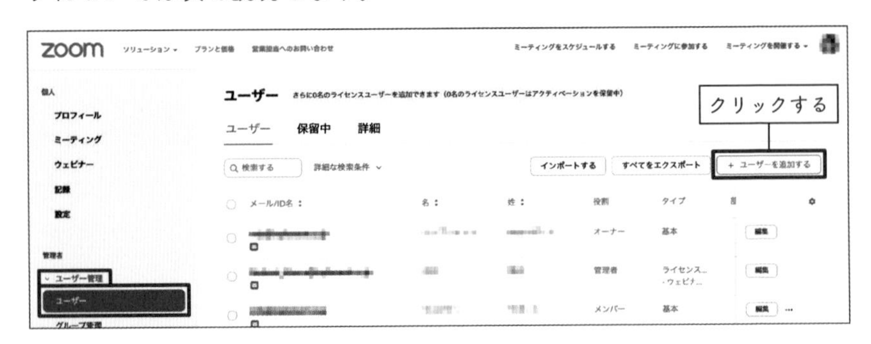

ユーザーを追加する

メールアドレスでユーザーを追加

You can add users of all types to your account. If you enter the email address of account owners, all users on their accounts will be added to this account.

複数のメールアドレスを分けるには、カンマ（,）を使ってください。

ユーザータイプ　基本　ライセンス済み　オンプレミス

機能　大規模ミーティング

ウェビナー（100参加者）

部門　例：製品

肩書　例：プロダクトマネージャー

場所　例：サンノゼ

ユーザーグループ　グループがありません

追加　キャンセル

追加するユーザーのメールアドレスを入力する

オーナーや管理者は、それぞれのアカウントの設定項目を制限できます。たとえば、セキュリティの関係で待機室は必ず有効にするとか、パスワードを設定するとか、チャットでのファイル転送を禁止するなどの制限を加えることができます。

その管理をするのがここで紹介する「グループ」になります。「グループ」を使えば同じ管理メンバーの中でも、こちらにはファイル転送を禁止して、あちらはファイル転送を認めるといったことができます。

なお、**グループ管理は有料プランのみで有効な機能**です。

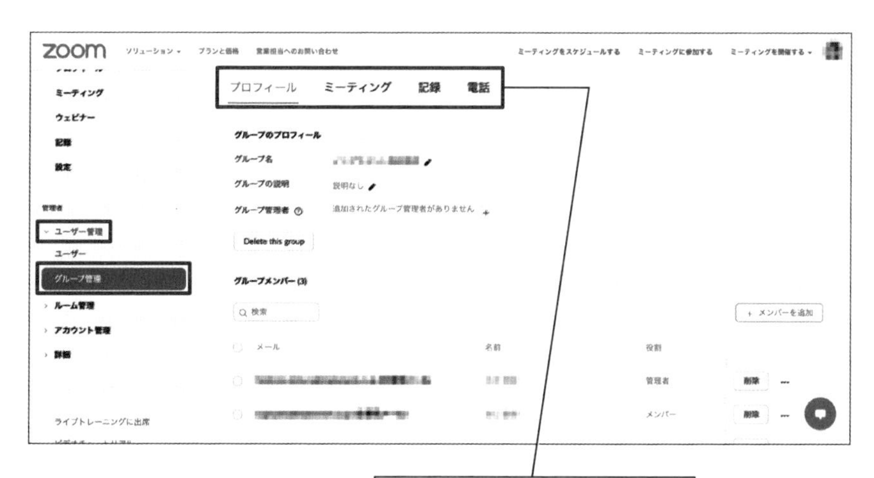

グループごとに各種設定ができる

Chapter 4

支払い・アカウント　アカウント管理でできること

オーナーがアカウント管理でできることで、**重要な項目は「支払い」**です。ここで有料プランやオプションの支払いをすることができます。

また、請求書もここから取り出せます。

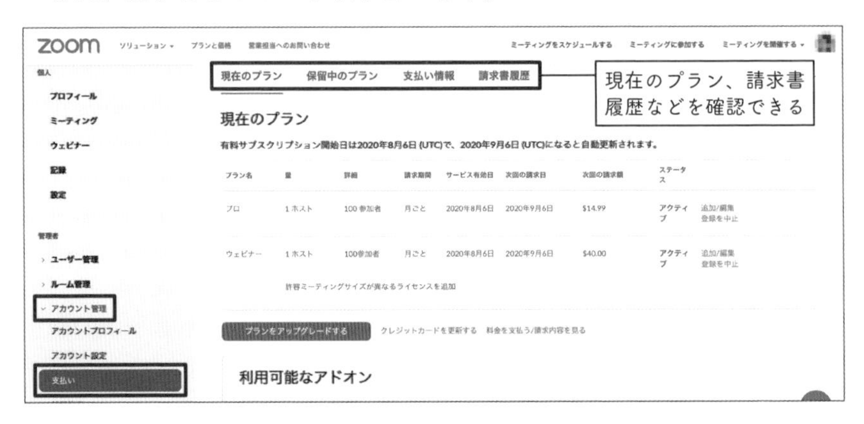

「アカウント設定」からは、管理ユーザー全体の設定の管理ができます。**ここで設定した項目はユーザーのデフォルトとなります**。また、下記の鍵マークをクリックすると、その項目がロックされて、ユーザーからは変更できなくなります。

このロックの設定は「オーナーのアカウント設定」が1番基本で、次に「グループの設定」となります。これら設定で固定されていないものが、各ユーザーの個人設定で変更可能です。

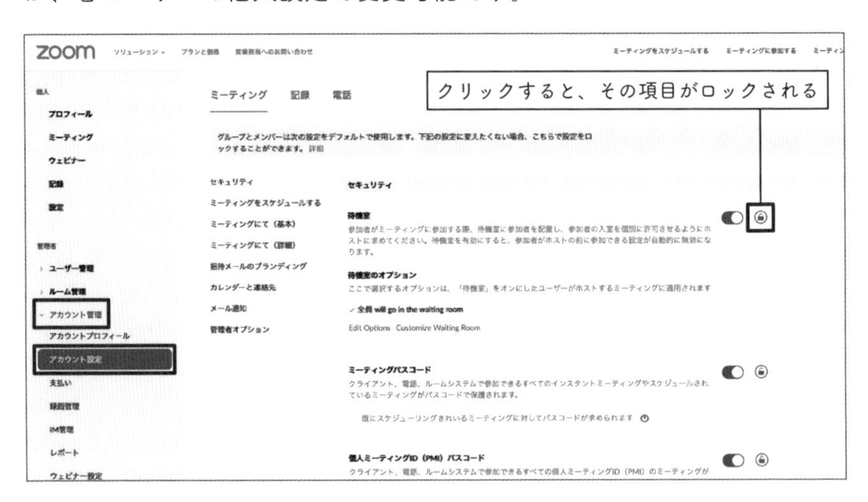

レポート　レポートで使用状況を確認しよう

オーナーは、ミーティングやウェビナーの実施状況のレポートを出力することができます。これは「アカウント管理」の「レポート」から入手可能です。

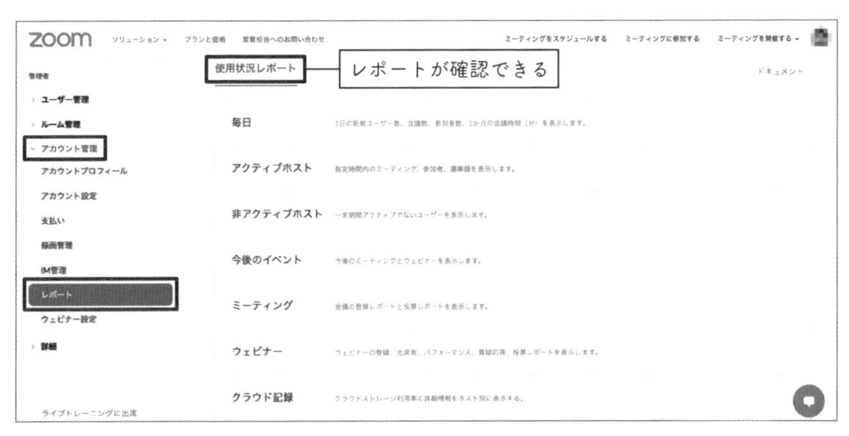

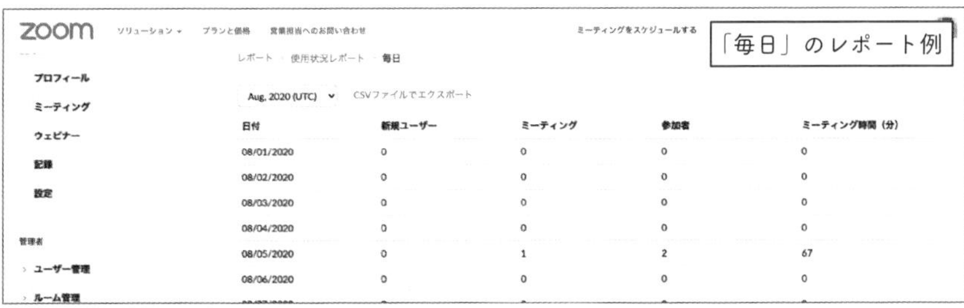

レポートは便利ですが、それぞれのユーザーの使用状況が把握できるので、プライバシーの問題から好ましくないこともあります。その場合はレポートの1番下にある「参加者の個人データを削除する」から、ミーティングIDやユーザー単位で記録を削除しましょう。

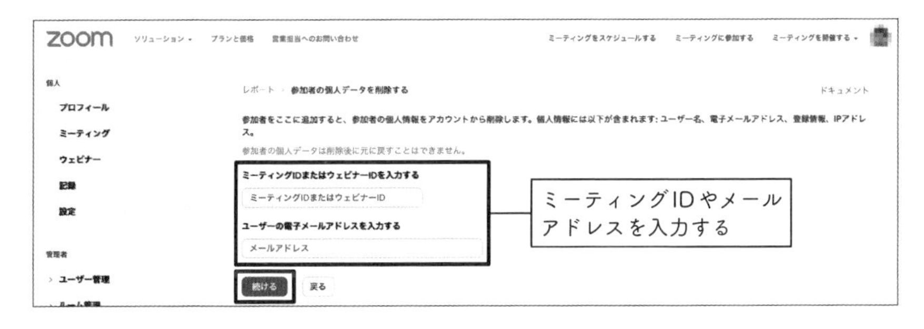

ウェビナー① ウェビナー設定でブランディング状態をひと目で把握しよう

「アカウント管理」の「ウェビナー設定」から、ブランディングの設定ができます。

これはウェビナーのブランディング（第5章11参照）に関する設定で、**ウェビナーの参加者登録のページのバナー、ロゴなどを変更する**ことができます。

この設定がウェビナーの設定ではなく、アカウント管理にあることが利用者の混乱を招くので、ウェビナーの担当者は確認しておいてください。

考え方としては、単一ウエビナーではなくブランドとして統一されるべきものは管理者の設定で行われるべきであるということです。たとえば企業のロゴなどは統一されるべきもので、毎回ウェビナーの度に変わるものではありません。だからウェビナーごとの設定項目ではなく管理者の設定にして、一括管理する形にしているのです。

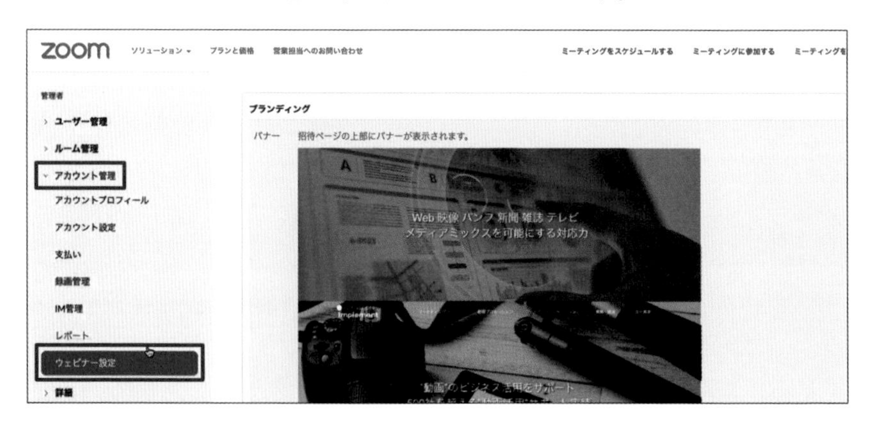

ウェビナー② 招待メールのブランディングで日本語風にしよう

これもウェビナー関連の項目です。**ウェビナー関連の招待メールの文面のひな型は、「アカウント管理」の「ウェビナー設定」から変更できます。**デフォルトでは日本語が不自然なので、変更しておきましょう。

この設定も前述のブランディングの設定と同じ理由で、ここにあります。ウェビナーを開催するときに、個々のウェビナー設定の中を探しても見つけられないということにならないように覚えておきましょう。必要であれば、オーナーから管理者権限をもらうなどの対応が必要になります。

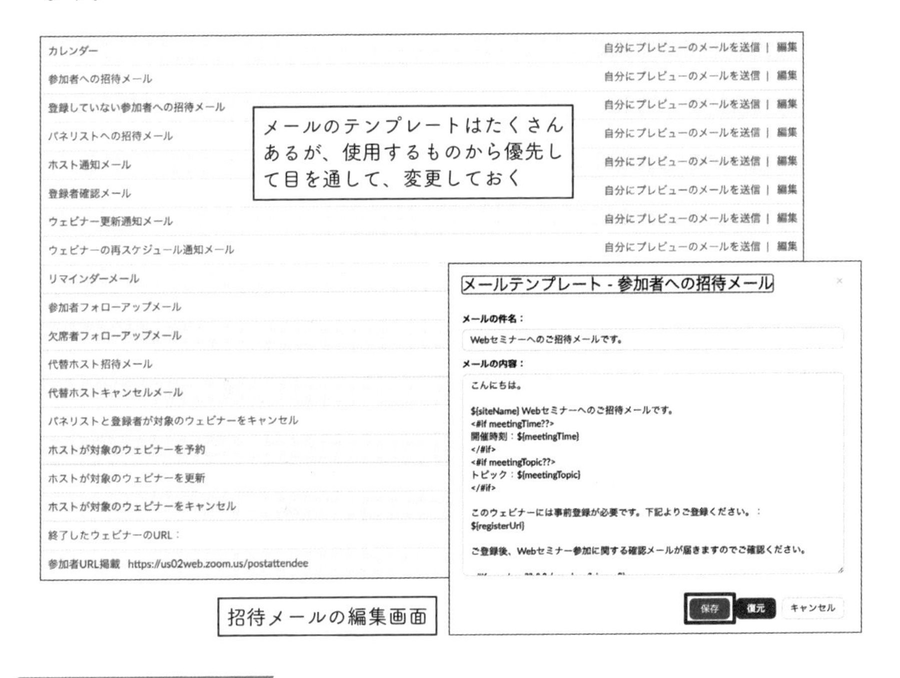

招待メールの編集画面

アプリケーション　統合で連携アプリを確認しよう

連携（統合）したアプリケーションを管理する項目です。これは「詳細」の「統合」から設定できます。たとえば、会社のセキュリティポリシー上、**クラウドドライブの利用を認めないのであれば、「メンバーに一括して統合を禁止する」設定が可能になります。**

ZoomからYouTubeライブ、Facebookライブに連携してライブで配信しよう

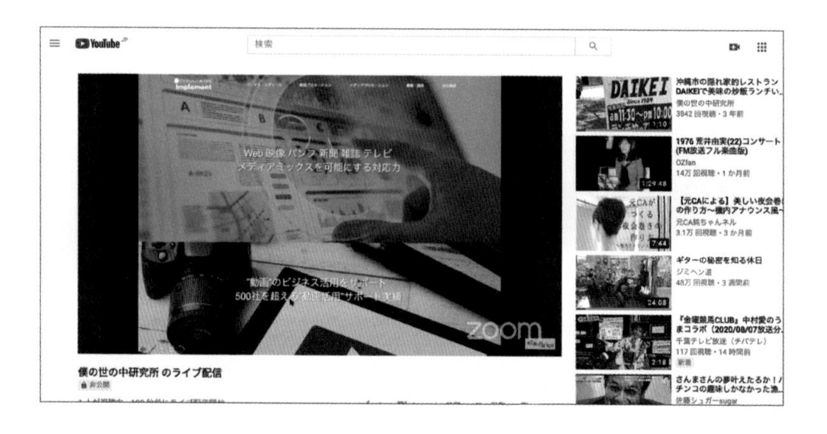

Zoomのミーティングやウェビナーの動画をFacebookやYouTubeにライブ配信することができます。本格的なライブ配信をするとなると、さまざまな機材、アプリや専門知識が必要ですが、この方法なら手軽にライブ動画を配信できて便利です。

POINT

❶ ライブ配信機能を使うためには管理者設定から機能を有効化する。
❷ ライブ配信機能は有料プラン（プロ以上）のみ。
❸ Zoom連携でライブ配信すると、配信先動画にはウォーターマーク（Zoomロゴ）が出る。

Zoom　Zoomから直接配信する

手順① ライブストリーミング配信を有効にする

Zoomでライブ配信をする場合は、まず管理者設定で機能を有効化する必要があります。「ミーティング」→「ミーティングにて（詳細）」→「ミーティングのライブストリーム配信を許可」を有効化します。

Facebook、YouTubeなどの項目が出てくるので、利用する配信サービスをチェックしてください。

※**ライブ配信はプロ以上の有料プランでのみ有効**で、無料プランでは利用できません（無料の場合、設定は現れません）。

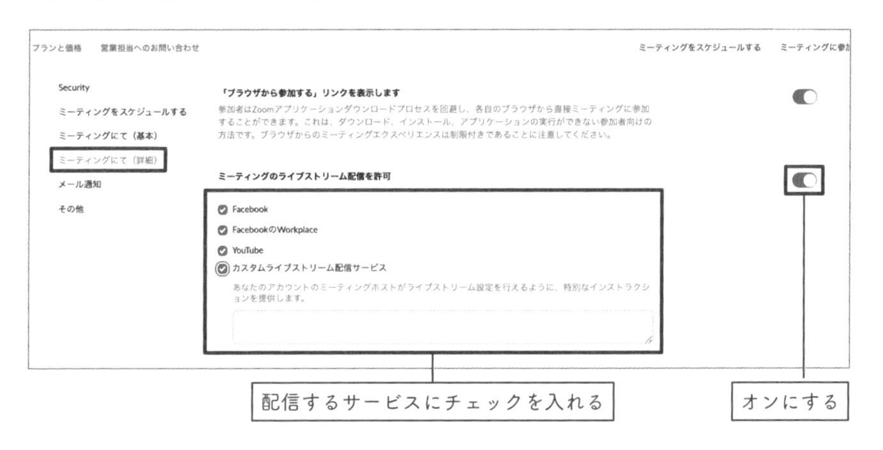

手順② Zoomから直接YouTubeでライブ配信する（Facebookも同様）

FacebookでもYouTubeでも、ライブ配信手順はほぼ同じなので、ここではYouTubeのライブ配信を例に説明します。

ライブ配信を開始するときは、ミーティングのツールバーから「詳細」の「ライブ中YouTube」を選択します。

Chapter 4

手順③ 配信するYouTubeチャンネルを選択して配信のタイトルを入力する

「お使いのアカウントまたはブランドアカウントを選択してください」でGoogleにログインします。次の画面で「YouTubeでのZoomミーティングタイトル」を入力します。「ライブへ」をクリックすると自動的にセットアップがはじまります。

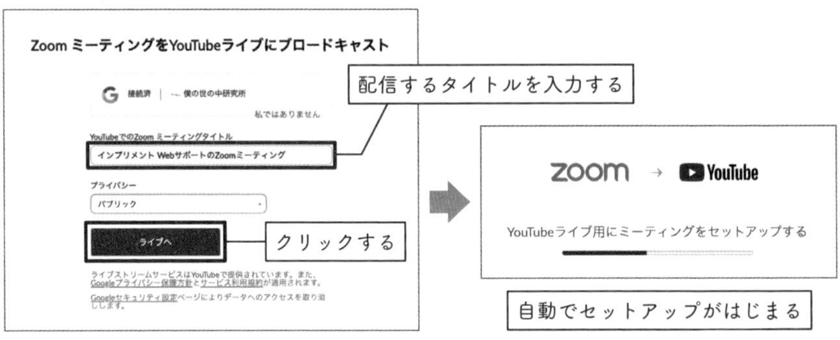

複数のYouTubeチャンネルを管理している場合、アカウントの選択に続いてチャンネルの選択が表示されます。

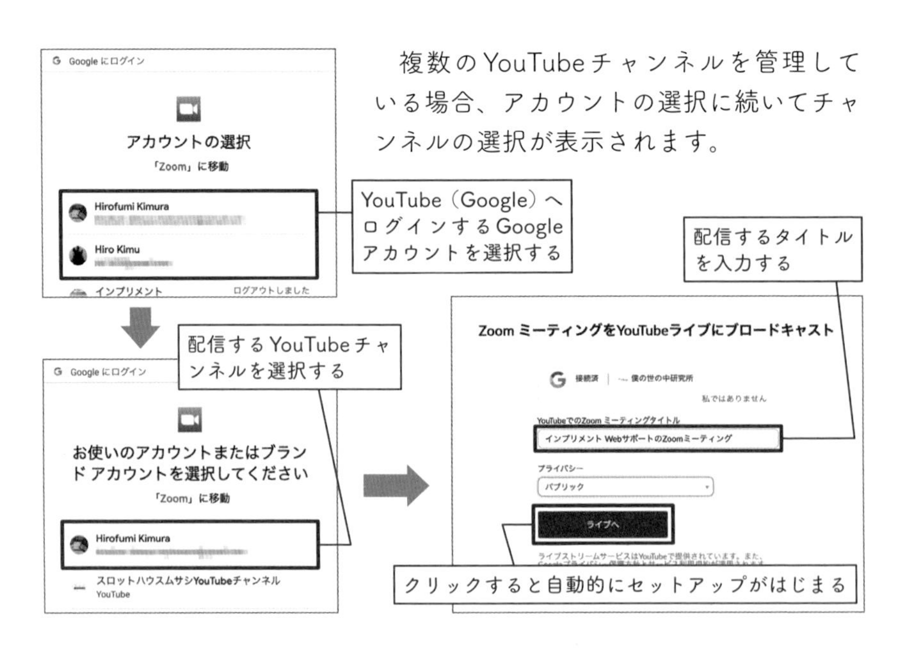

セットアップが完了すると、ライブ配信がはじまります。Zoomを使ったライブ配信は、右下にウォーターマーク（Zoomロゴ）が表示されます。

エンコード　Zoomがやってくれる

ここまでの手順は特に難しくありません。実はここまでの作業が「エンコーディング作業」になります。急に難しく感じるかもしれませんが、このエンコーディング作業をZoomがエンコーダーの役割をしてくれることで、**Zoomから直接配信する場合はOBS STUDIOやStream Yardといったエンコードソフトを介することなくライブ配信が簡単にできる**ようになっています。

YouTube　YouTubeで事前にスケジュールされたライブにZoomを配信する場合

Zoomから直接配信するのではなく、**YouTubeで事前に予定しておいた配信をZoomでやる場合の設定方法**について説明します。

手順① YouTubeでライブイベントを作成する

YouTubeにログインし、ページ右上にあるアップロードアイコンである「作成」をクリックして「ライブ配信を開始」をクリックします。

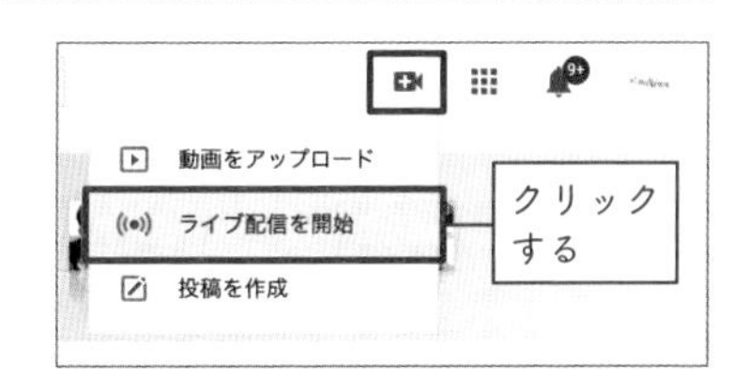

Chapter 4

手順② 「エンコード配信」を選択する

YouTubeライブの画面が開くので、左側のタブで「エンコード配信」をクリックします。

手順③ 「配信の編集」でタイトル、公開範囲、サムネイルなどを設定する

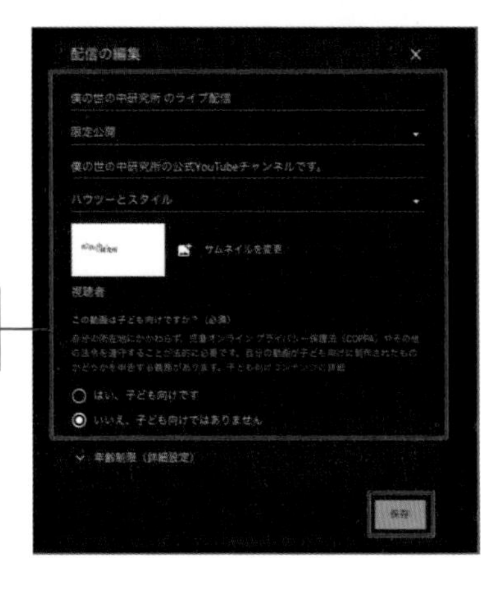

タイトル、公開範囲、サムネイルなどを設定する

手順④ 「ストリームキー」をコピーする

エンコード設定画面が表示されるので、「ストリームキー」をコピーします。

YouTubeライブ中に、視聴者に巻き戻して視聴させたくない場合、「DVRを有効にする」を無効にします。こうすると、**テレビのように視聴者全員が同じシーンを同じタイミングで視聴するライブにできます**。

手順⑤ Zoomで「カスタムライブストリーム配信サービス」を有効にする

Zoomのウェブサイトから、「ミーティング」→「ミーティング（詳細）」→「ミーティングのライブストリーム配信を許可」→「カスタムライブストリーム配信サービス」にチェックを入れます。

※「カスタムライブストリーム配信サービス」は、設定を有効にしていないと表示されません。

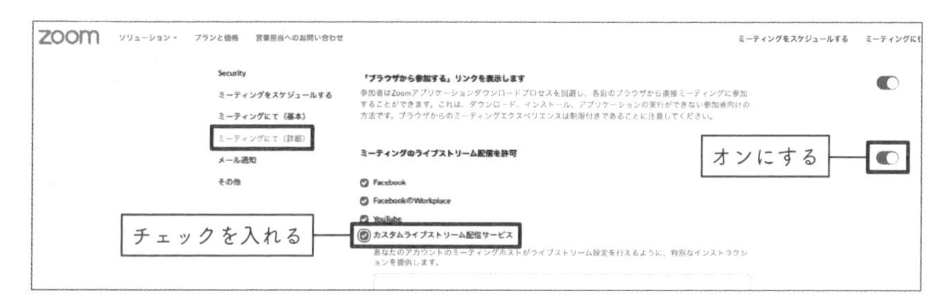

手順⑥ Zoomで「ライブ中 カスタムライブストリーム配信サービス」を選択する

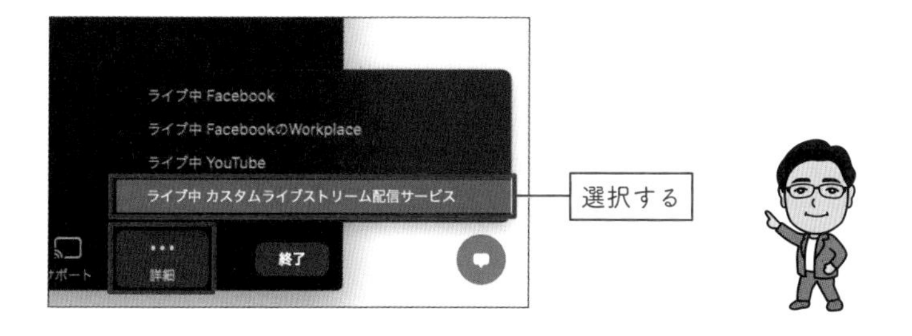

手順⑦ ZoomにYouTubeのエンコーダ配信のページをコピーする

「Zoom ミーティングをカスタムサービスにライブストリーム」のページに移動するので「ストリーム配信のURL」「ストリーミングキー」「ライブストリーム配信ページのURL」をYouTubeのエンコーダ配信のページからコピーします。

※ライブストリーム配信ページのURLはYouTubeエンコーダ配信ページの右上にある「共有」ボタンから入手できます。
　最後に「Go Live!」をクリックすると、YouTubeでのライブ配信がスタートします。

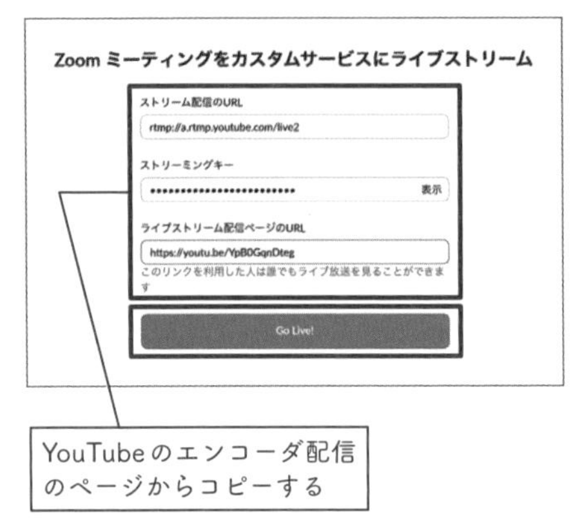

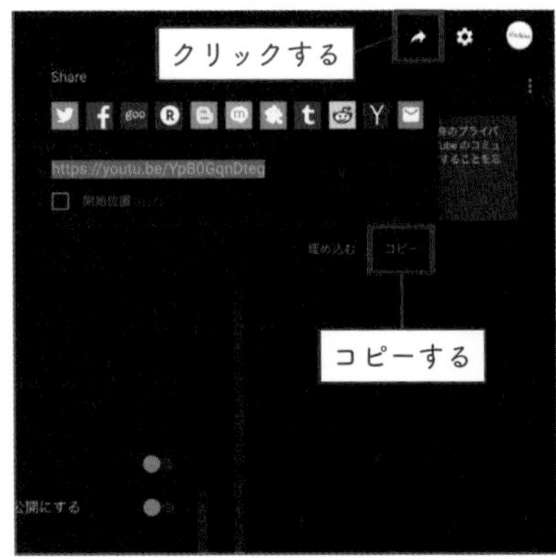

手順⑧ YouTubeでのライブ配信を終了する

YouTubeライブはZoomを終了することで終了します。終了すると配信ステータスのウインドウがポップアップします。「STUDIOで編集」をクリックするとYouTubeSTUDIOにジャンプするので、アーカイブ公開設定や簡単な編集など**YouTubeSTUDIOの機能を使ってコンテンツとして利用できるようになります**。

参考

YouTubeライブ配信時の遅延対策について

YouTubeエンコード画面の下部にある「ライブ配信の設定」のでは、「ライブ配信時の遅延」設定が3段階でできるようになっています。「通常の遅延」を選ぶと配信遅延の秒数は短くなりますが、最高品質配信環境が必要になるのでネット環境や配信PCに負荷がかかります。**そのため一般的には「低遅延」を選択し、配信環境がよくないときは「超低遅延」を選ぶといいでしょう**。環境によって異なりますが、低遅延を選んだ場合で、リアルタイムに比して15秒から30秒くらいの遅延になる感覚です。

Facebook　Facebookのライブ動画でZoomをライブ配信する場合

Facebookでのライブ配信のやり方は、YouTubeライブと同じです。Zoomの映像をFacebook用にエンコード（変換）してFacebookで配信できるようにします。

手順① Zoomで「ライブ中Facebook」を選択する

Zoomを開いて「ライブ中 Facebook」を選択します。

手順② ZoomでFacebookの配信先を選択する

Facebookの配信先を選択し、「次へ」をクリックします。

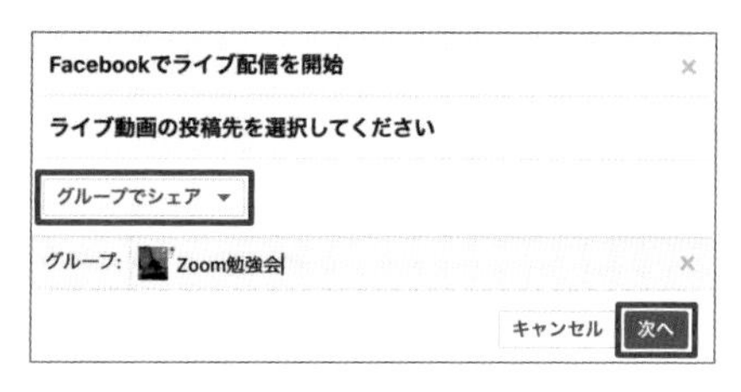

手順③ Facebookのライブ配信管理画面でライブをスタートする

タイトルなど入力情報を入れて、左下の「ライブ配信を開始」をクリックします。

※2020年8月時点では新旧画面どちらも使用できますが、本書では新画面で説明します。

手順④ Facebookでのライブ配信を終了する

ライブ配信がスタートすると下記の管理画面になります。ライブ配信を終了するときは、左下の「ライブ配信を終了する」をクリックします。

Facebookでは下記のように配信されます。

06〔ミーティングをグループ分けする〕

ブレイクアウトルームでグループワークをやってみよう

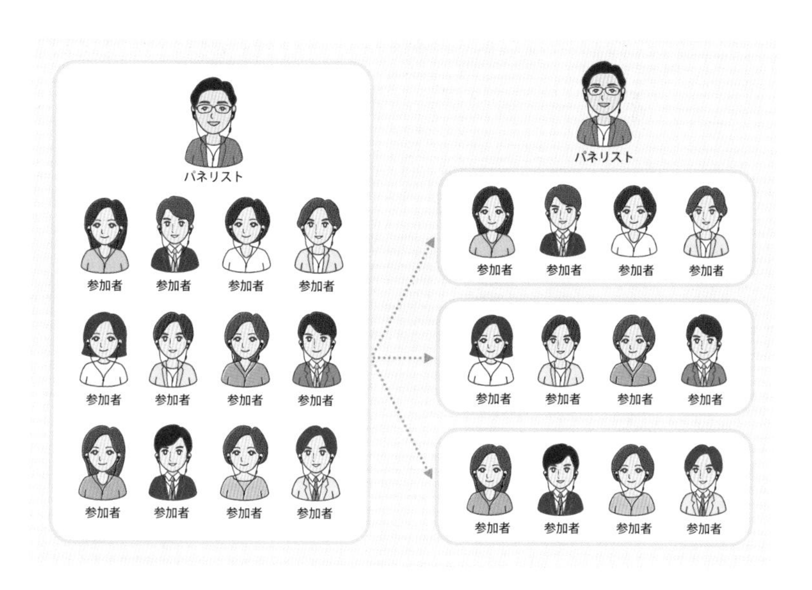

ブレイクアウトルーム機能を使うと、多人数のミーティングを少人数のグループに分けて、グループでのディスカッションをすることができます。ルームは最大50個に分けられます。無料版でも使える機能なので、ぜひ活用してください。

POINT

① ホストや共同ホストはそれぞれのルームを自由に行き来できる。
② 参加者の振り分けは、事前振り分けも、その場での振り分けも可能。
③ 事前振り分けしても、想定したIDで参加者がログインしていなければ振り分けられないことに注意。
④ リモートサポート機能と同時には使えない。

手順① 「ブレイクアウトルーム」を有効化する

ウェブサイトの「設定」画面の「ミーティング」から、「ブレイクアウトルーム」を有効化します。このとき、**「リモートサポート」と同時に使うことはできないことに注意**してください。

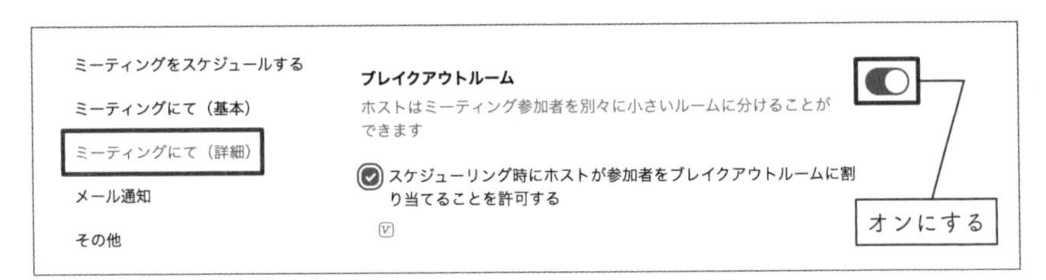

手順② 参加者を事前に振り分ける

「ミーティングのスケジューリング」（第4章01参照）からできます。スケジューリングのミーティングオプションで「ブレイクルーム事前割り当て」のチェックボックスにチェックを入れて、「ルームを作成」をクリックします。

「ブレイクアウトルーム割り当て」の画面が表示されるので、そこからメールアドレスを使って割り当てていきます。CSV形式のファイルをインポートして割り当てることも可能です。

注意が必要なことは、メールアドレスで割り当てるため、**ログインせずにミーティングに参加したり、想定したメールアドレスと違うアカウントでログインして参加したメンバーを振り分けることはできません。**

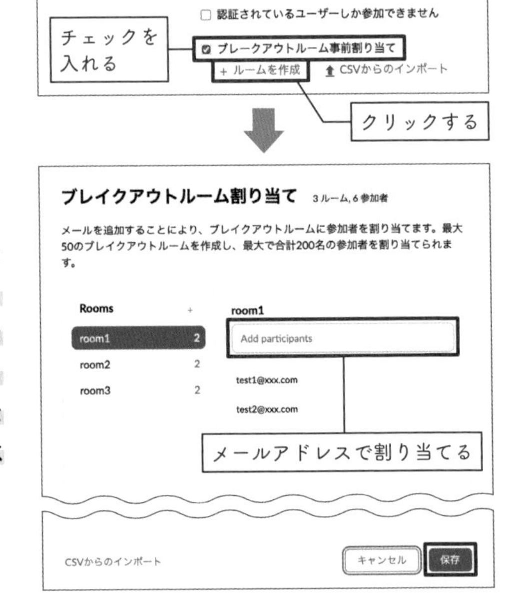

手順③ ミーティング中にブレイクアウトセッションを作成する

ツールバーの「ブレイクアウトセッション」をクリックします。これはホストのみが可能な操作です。

部屋（セッション）の数を指定します。自動的に人数を均等に割り当てる「自動」割り当ても可能です。手動で割り当てる場合、事前の振り分けを使う場合は「手動」を選択して、「セッションの作成」をクリックします。

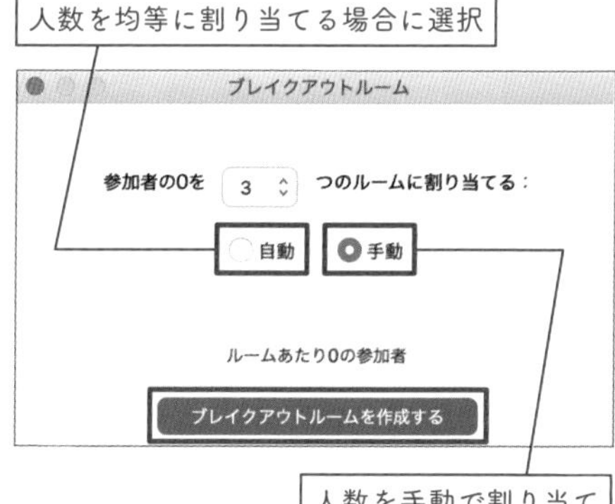

手順④ 参加者を振り分ける

ブレイクアウトセッションの振り分け画面が現れます。

ここで事前の振り分けを使う場合は「再作成」から「事前に割り当てられているルームに復元」をクリックします。すると事前の振り分け通りに分けられます（参加者がそろっていない場合などは正常に分けられません）。

一方、手動で振り分ける場合は、「割り当て」をクリックすると、参加者リストが現れるので、1人ずつ振り分けていきます。

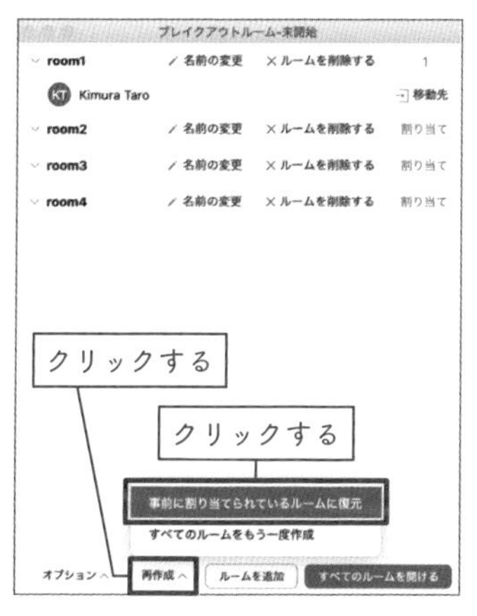

Chapter 4

手順⑤ ブレイクアウトセッションを開始する

振り分けが完了したら、「すべてのセッションを開始」をクリックしてブレイクアウトセッションをはじめます。

手順⑥ 振り分け時にブレイクアウトセッションの時間を指定する

振り分け画面の「オプション」から「分科会室は次の時間後に自動的に閉じます」にチェックを入れて、時間を入力します。

なお「時間切れ時に自分に通知」をチェックすると、指定時間経過後に自分（ホスト）に通知がきて、ブレイクアウトセッションを閉じる（メインに戻る）か、ブレイクアウトセッションを延長するか選択することができます。

「分科会室を閉じた後のカウントダウン」をクリックすると、指定時間が近くなると参加者の画面にタイマーを表示できます。いきなり終了することのないように、この機能は有効にしておきましょう。

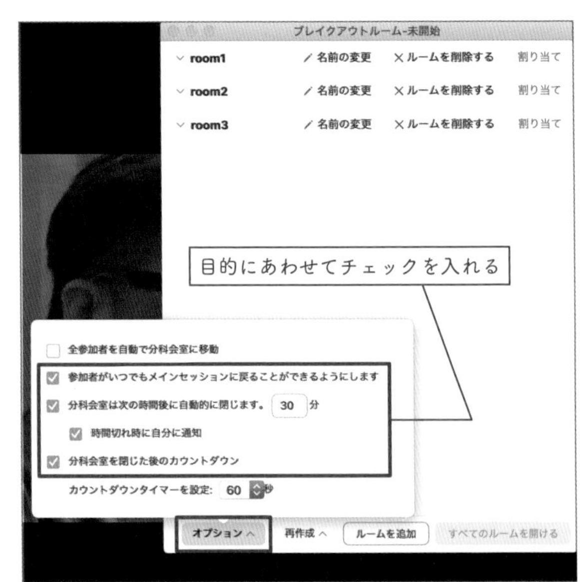

手順⑦ 参加者全員にメッセージしたい場合

ブレイクアウトセッション中は、通常のチャットでは自分の部屋の人にしか届きません。参加者全員に発信したい場合、ブレイクアウトセッションのウィンドウから「全員宛てのメッセージを送信」します。

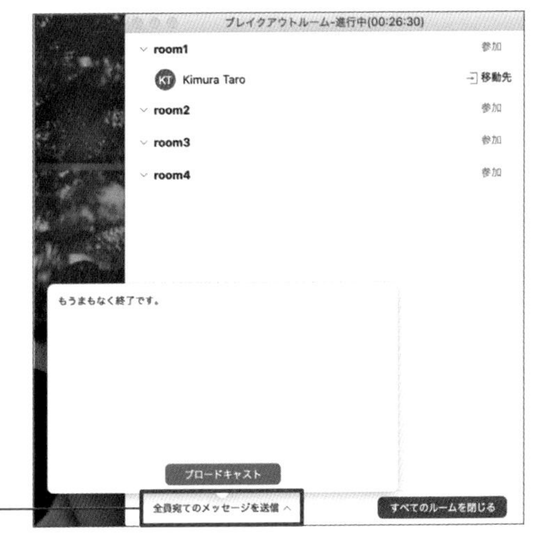

手順⑧ ホスト（共同ホストを含みます）は各ルームに自由に出入りできる

ブレイクアウトセッションのウィンドウから「参加」をクリックすると、そのブレイクアウトルームに入ることができます。入室後、退室するときは「ブレイクアウトセッションを退出」をクリックします。

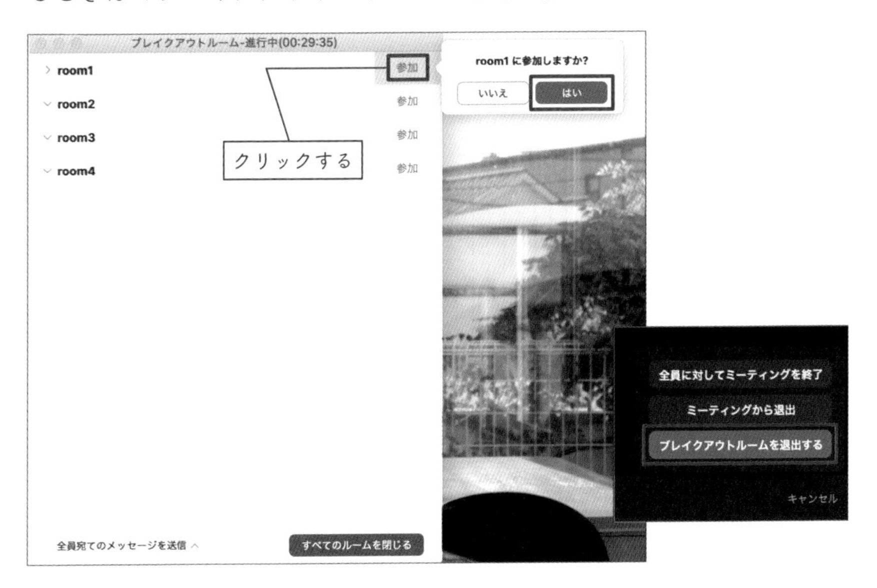

Chapter 4

手順⑨ すべてのセッションを停止する

ブレイクアウトセッションのウィンドウから「すべてのセッションを停止」をクリックします。

この**「すべてのセッションを停止」と「事前に割り当てられているルームの復元」を上手に使うと、グループに別れてディスカッションをして、セッションを1度止めて、全体で中間発表を行って、さらにまた同じグループでディスカッションを継続、というような進行も可能になります**。

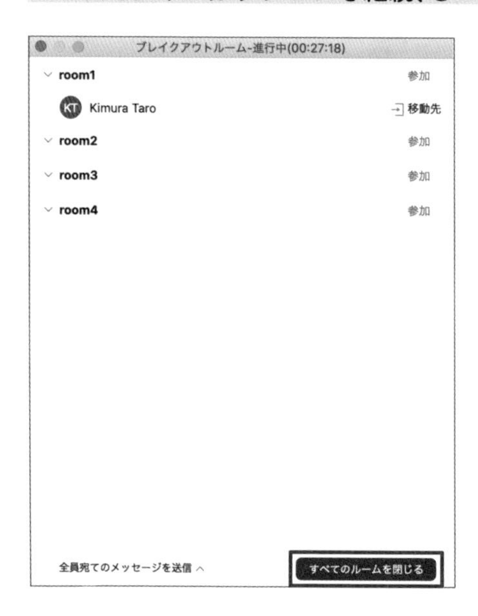

Tips

ブレイクアウトルーム中の録画について

Zoomで記録しているミーテイング中にブレイクアウトルームを使用すると、メインのみが録画され、各ルームの状況は保存されません。ただし**ホストが録画を承認してあげると、ルーム参加者のPCにローカル録画として記録することができます**。

07 〔参加者をサポートする〕

リモートサポートで参加者を遠隔サポートしよう

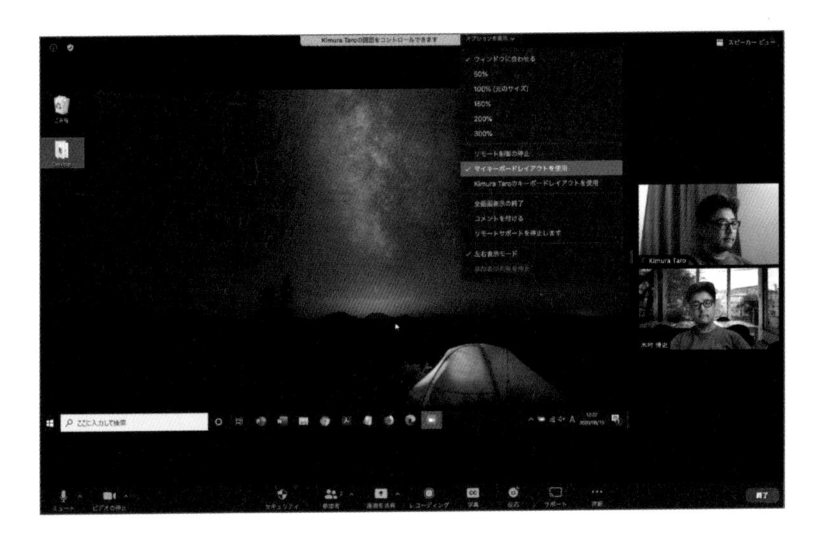

Zoomでは、参加者のデスクトップを共有して、ホストが遠隔操作する「リモートサポート」が利用できます。**相手のPCを直接操作できるので、初心者のサポートに大変有効な機能**です。うまく活用しましょう。

POINT

❶ デスクトップ全体とアプリケーション単位のリモートサポートが選べる。
❷ ブレイクアウトセッションと同時には使用できない。
❸ リモートサポートは、リモートされる側の承諾なしで勝手に操作することはできない。

手順① 「リモートサポート」を有効化する

ウェブサイトの「設定」画面の「ミーティング」タブから、「リモートサポート」を有効化します。このとき、**「ブレイクアウトルーム」と同時に使うことはできないことに注意**してください（どちらかを有効にすると自動的に片方が無効になります）。

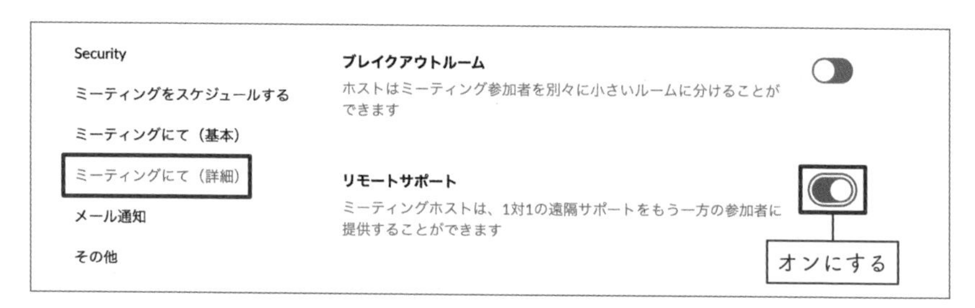

手順② ミーティングでリモートサポートをはじめる

ツールバーから「サポート」を選択します。リモートサポートでは「デスクトップ制御」「アプリケーション制御」「コンピュータの再起動」を要求することができます。

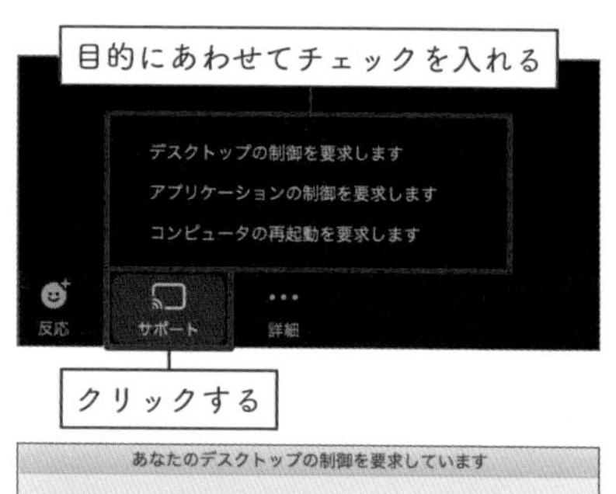

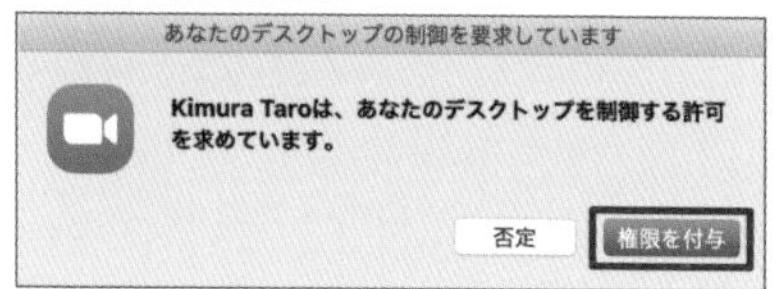

「デスクトップ制御」は相手のデスクトップ全体をリモート操作できます。**「アプリケーション制御」は特定のアプリケーションのみの操作**になります。**セキュリティの観点からいえば、リモートサポートは必要なアプリケーションのみに限定**したほうがいいでしょう。

それぞれの制御をクリックすると、相手にリモート制御を許可するかどうか確認を求めます。相手が承認すればリモート制御がはじまります。

手順③ リモートサポート中の画面

リモートサポート中は次頁のように「画面を共有しています」と表示されています。右のオプションの表示から、画面をズームしたりリモートサポートを停止したりコメントをつけたりすることができます。

手順④ リモートサポートの解除

リモートサポートを終了するときは、ホストが「オプション表示」から「リモート制御の停止」をクリックします。この方法なら画面共有をしたまま、リモートサポートだけを解除することができます。

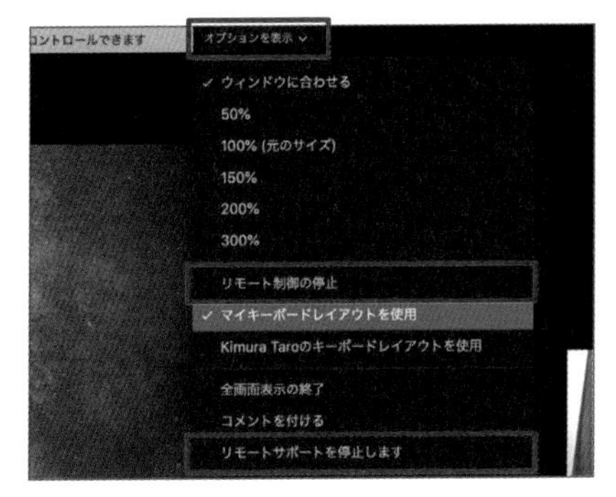

リモートサポートも画面共有も終了させたい場合には、「オプション表示」から「リモートサポートを停止します」をクリックします。こちらはリモートサポートも解除され画面共有も終了します。

コンピューターの再起動の要求

デバイスを認識しない、メモリの開放など

リモートサポートに「コンピューターの再起動の要求」がありますが、これははなぜあるのでしょうか。Zoomによくあるトラブルに、カメラやマイクのデバイスを認識しないということがあります。この場合の対処として再起動を行い、Zoomに再接続するとデバイスが認識されることがよくあります。そのほかPCのメモリの開放など、事象としてはこれだけではないですが、**再起動によって解決することがいろいろとあります**。

これらをパソコンに慣れていない人に伝えて対処してもらうのは難しいので、こういったときは、リモートサポートで「コンピューターの再起動を要求」します。

リモートされる参加者は、再起動を承認するとPCが再起動されますが、**リモートサポートで再起動したときは再起動時にZoomミーティングに自動的に再接続となるので、PCやアプリが苦手な人でも自動的に再度Zoomに戻ってくることができます**。

08〔インターネット〕

Zoomを使用するために必要なネットワーク帯域を知っておこう

Zoomはインターネットで接続するので、使用するインターネット環境も大切な要件となります。特に**ネットワーク帯域は、配信が不安定なときなどの原因を探すために大切な情報**となります。

— POINT

❶ PC、スマホそれぞれに推奨されるネットワーク帯域がある。
❷ 安定したネットワーク帯域が望めないときはビデオ配信クオリティを下げる。
❸ チャットでのファイル共有機能もネットワーク帯域に影響をおよぼすので帯域が低いときはやらない。

通信速度　Zoomの推奨するネットワーク帯域について

Zoomを使用しているときに、「あなたのネットワーク帯域幅が低くなっています」と表示されてドキッとすることがあります。**Zoomはインターネットを介して接続されるので、つながっているだけでなく、そのインターネット回線でどれだけデータのやりとりができるか、その帯域情報も大切**になってきます。そのためZoomではヘルプセンターにPC、スマホそれぞれの推奨する帯域の情報を掲載しています。

ネットワークの通信速度は、スピードテストなどのサイトやアプリ、Googleの「インターネット速度テスト」などで調べることができます。

Zoomの推奨帯域	Zoomが使用する帯域幅は、参加者のネットワークに基づいて最適なエクスペリエンスが得られるように最適化されます。3G、WiFi、または有線環境に合わせて自動的に調整されます。		
PC	ミーティングやウェビナーのパネリストに推奨される帯域幅	1対1のビデオ通話の場合	• 高品質のビデオでは600kbps（アップ／ダウン） • 720p HDビデオでは1.2 Mbps（アップ／ダウン） • 1080p HDビデオの受信には1.8 Mbps（アップ／ダウン）が必要 • 1080p HDビデオの送信には1.8 Mbps（アップ／ダウン）が必要
		グループビデオ通話の場合	• 高品質のビデオでは800kbps／1.0Mbps（アップ／ダウン） • ギャラリービューおよび／または720p HDビデオ：1.5Mbps／1.5Mbps（アップ／ダウン） • 1080p HDビデオの受信には2.5mbps（アップ／ダウン）が必要 • 1080p HDビデオの送信には3.0 Mbps（アップ／ダウン）が必要
		画面共有（ビデオサムネイルなし）の場合	• 50～75kbps
		画面共有（ビデオサムネイル付き）の場合	• 50～150kbps
		オーディオVoiPの場合	• 60～80kbps
	ウェビナーの参加者に推奨される帯域幅	1対1のビデオ通話の場合	• 高品質ビデオの場合600kbps（ダウン） • HDビデオの場合1.2 Mbps（ダウン）
		画面共有（ビデオサムネイルなし）の場合	• 50～75kbps（ダウン）
		画面共有（ビデオサムネイル付き）の場合	• 50～150kbps（ダウン）
		オーディオVoiPの場合	• 60～80kbps（ダウン）
スマホ	WiFi使用時の推奨帯域幅	1対1のビデオ通話の場合	• 高品質ビデオの場合は600kbps（上り／下り） • HDビデオの場合は1.2 Mbps（上り／下り）
		グループビデオ通話の場合	• 高品質ビデオの場合は600kbps／1.2Mbps（上り／下り） • ギャラリービューの場合は1.5Mbps／1.5Mbps（上り／下り）

Zoomヘルプセンターより抜粋

ビデオ配信　安定したネットワーク帯域が望めないときはビデオ配信クオリティを下げる

Zoomはビデオ配信のデータ容量が大きいので、**ネットワーク帯域が低い場合はビデオをオフにする**ことで（音声のみになる）接続を保ちやすくなります。

またグループHD設定をしていると、映像が720pの高画質配信となってネットワーク帯域に負荷をかけてしまうので、こちらもオフにするようにしましょう。グループHDの設定はウェブサイトの「設定」の「ミーティング」設定で変更できます。

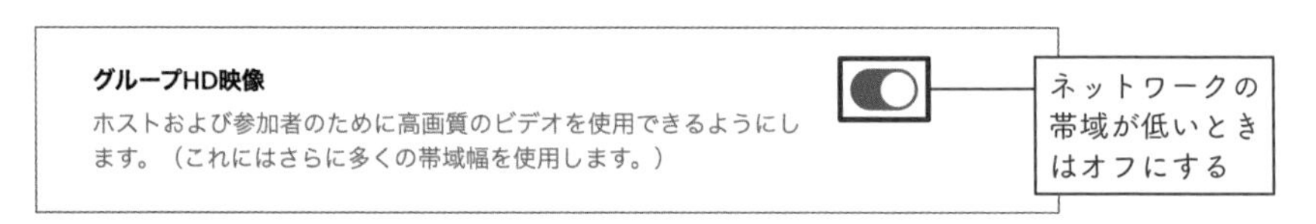

ファイル共有　ネットワーク帯域を確保するためにはファイルの共有も控える

チャット機能にあるファイルの共有機能も、データのアップロード／ダウンロードでネットワーク帯域に影響をおよぼします。こちらもブラウザ設定のミーティング設定で変更できます。

09〔Slack〕

SlackとZoomを連携させよう

Slackは、米国のSlack Technology社が開発しているビジネスチャットツールです。その使いやすさと他ツールとの連携のよさが評価され、世界中で使われています。日本でもIT企業を中心にコミュニケーションツールとして採用されています。SlackはZoomとも連携ができます。**連携させるとSlackからZoomミーティングが開催できてとても便利なので、ぜひZoomと連携させておきましょう。**

— POINT

① ZoomとSlackを連携させると、SlackからZoomミーティングを開催したり、Zoomの予定をSlackで通知・開催できる。
② ZoomとSlackの統合は簡単だが、Slack特有のWorkspaceとの連携をしっかり理解する。

メリット　ZoomとSlackを連携させるとできること

ZoomとSlackを連携させる大きなメリットは次の2つです。

① SlackからZoomミーティングを開始できる
② SlackからZoomミーティングの通知を受けて、そこからミーティングに参加できる

Slackのメンバーとミーティングを行う場合に非常に便利なので、Slackを使っている場合には、ぜひ連携しておきましょう。

また、そのほかにもSlackの電話機能をZoomに置き換えられる(Zoom Phoneの契約が前提)、Zoomミーティングの録画内容をSlack内で共有できる(クラウド録画が前提)、SlackのメンバーがZoomアプリをインストールしていなくてもウェブベースでミーティングに参加できるなど、いろいろと役に立つ連携機能があります。

連携　ZoomとSlackの連携方法

ZoomとSlackを連携するにはZoomとSlackのアカウントが同じメールアドレスに紐づいていることが条件になります。また**連携の作業を行うには、ZoomもSlackも管理者権限を持っているアカウントで行う**ことが必要です。

手順①　ZoomでSlackを事前承認する

手順としては、「Zoom側の事前承認」→「Slack側の設定」という順番で進めます。まずは、Zoom側の事前設定です。ウェブサイトの「設定」画面の「管理者」メニューにある「詳細」→「統合」から、「App Marketplaceに移動」をクリックします。

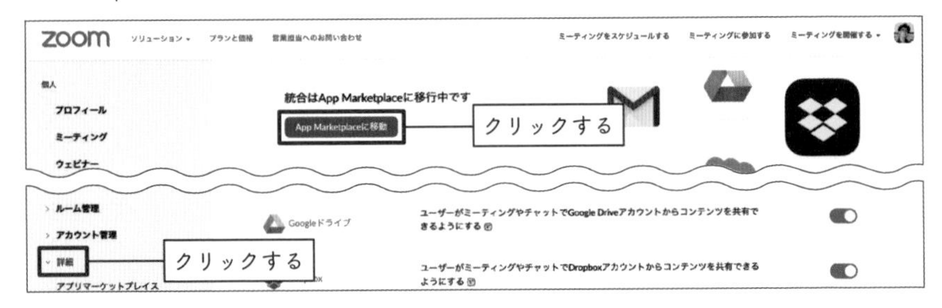

そこから「Slack」を選択して、「Visit site to install」をクリックします。画面にしたがってアクセス許可を出せばZoom側の事前設定は完了です。

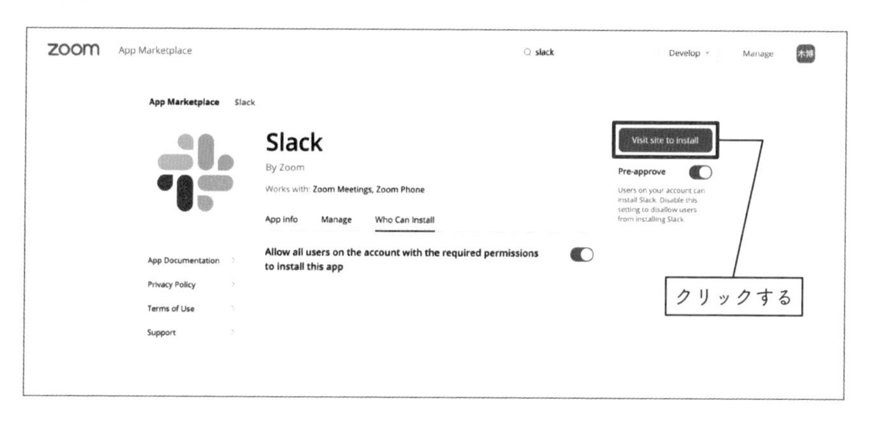

手順② Slack側の設定

「APP」から「Zoom」を探して「追加」をクリックします。

画面が変わったら「Slackに追加」をクリックします。インストールの範囲を聞かれるので、Slackの全メンバーにインストールするか、自分だけにインストールするか、どちらかを選択します。アクセス許可の確認画面が表示されたら許可をして、連携が完了します。

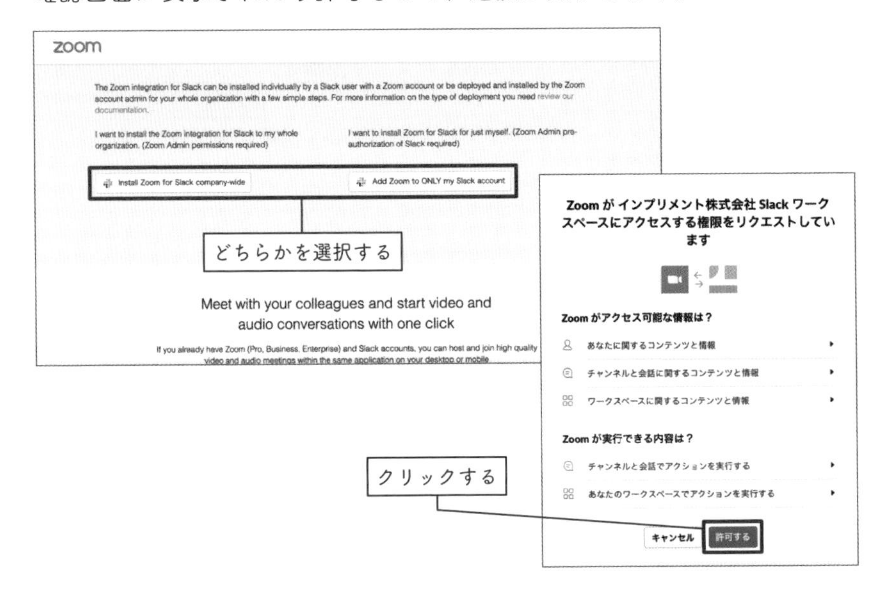

手順① SlackからZoomミーティングを開始する

まず、ミーティングを開始するメンバーがいるチャネルを選択します。そこで「/zoom」と入力して送信します。

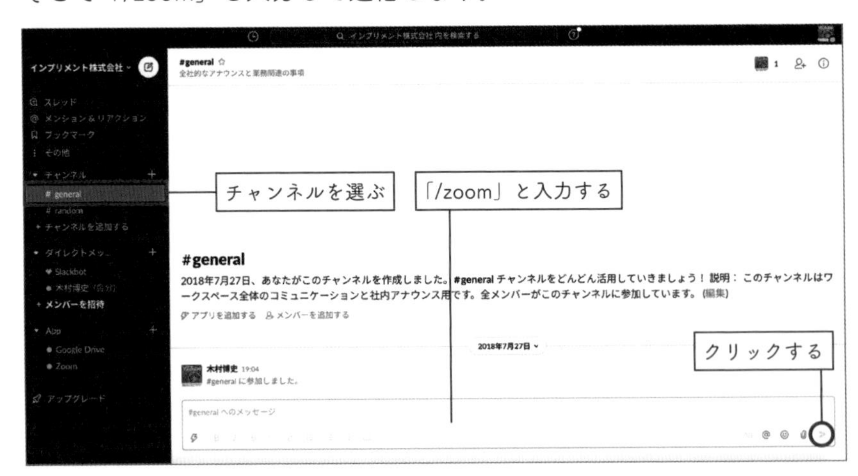

手順② メンバーがそれぞれにZoomミーティングに参加する

ミーティング開始のメッセージが表示されます。これはワークスペースの参加者全員に通知され、各々が参加可能です。

10〔Chatwork〕

ChatworkとZoomを連携させよう

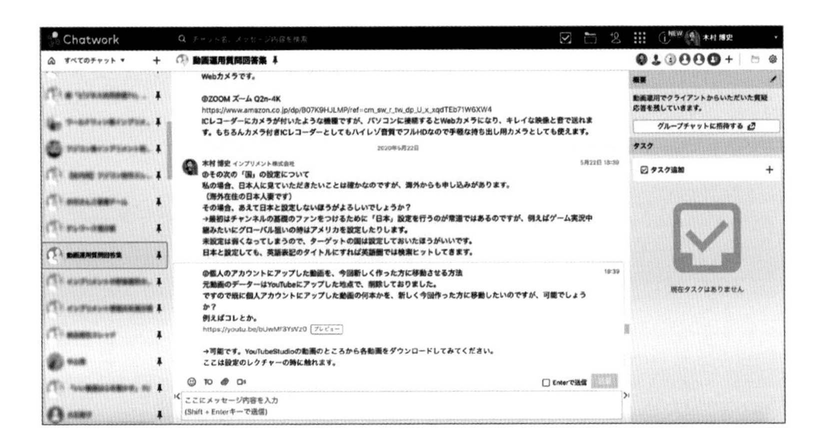

Chatworkは日本のChatwork社が開発しているビジネスチャットツールです。**タスク管理機能に特長がありますが、おおまかにはSlackと同等の機能となります**。日本国内での利用者が多いツールです。ChatworkをZoomと連携すると、チャットからZoomミーティングを立ちあげられるようになりとても便利なので、ぜひZoomと連携させておきましょう。

POINT

❶ ZoomとChatworkを連携させると、ChatworkのチャットからZoomミーティングを開催することができる。
❷ ZoomとChatworkの統合は簡単。
❸ Zoomミーティングの開催はChatworkのPC版のみで有効で、スマホのChatworkアプリでは非対応（参加はできる）。

メリット　ZoomとChatworkを連携させるとできること

Zoomと Chatworkを連携させる大きなメリットは次の点です。

① チャット上でビデオ会議を開催する際、Chatworkのビデオ会議機能だけでなく、Zoomミーティングが使えるようになる

コミュニケーションツールにChatworkを使っていて、オンラインミーティングはZoomを使っているという人にとっては大変魅力的です。

連携　ZoomとChatworkの連携方法

開催できるのはChatworkのPC版のみです。スマホ版のChatworkアプリからだと、参加はできますが開催はできません。

Zoomと Chatworkの連携手順は、Slackとの連携とほぼ同じ手順です。「Zoom側の事前承認」→「Chatwork側の設定」という手順です。

手順①　ZoomでChatworkを事前承認する

Zoom側の設定はSlackと同じです。連携したいアカウントでZoomにログインします。ウェブサイトの「設定」画面の「管理者」メニューにある「詳細」→「統合」から、「App Marketplaceに移動」をクリックします。

そこから「Chatwork」を選択し、「Visit site to install」をクリックし、画面にしたがってアクセス許可を出せばZoom側の事前設定は完了です。

手順②　Chatwork側の設定

画面の右上にある「利用者名」をクリックし、表示されるメニューの中から「サービス連携」をクリックします。

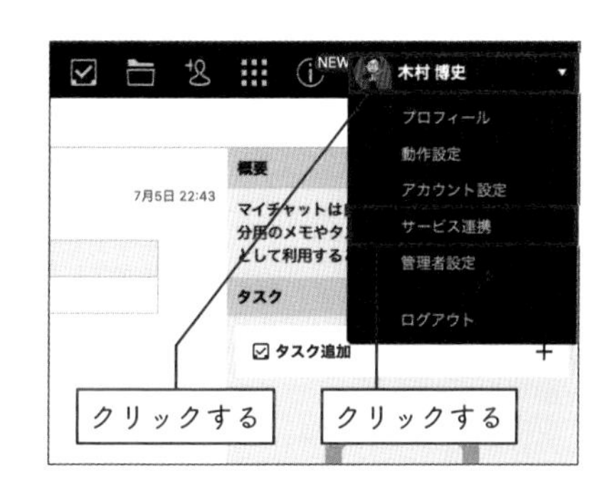

画面が変わったら、「サービス連携」画面の「外部連携サービス」からZoomを「有効」にします。

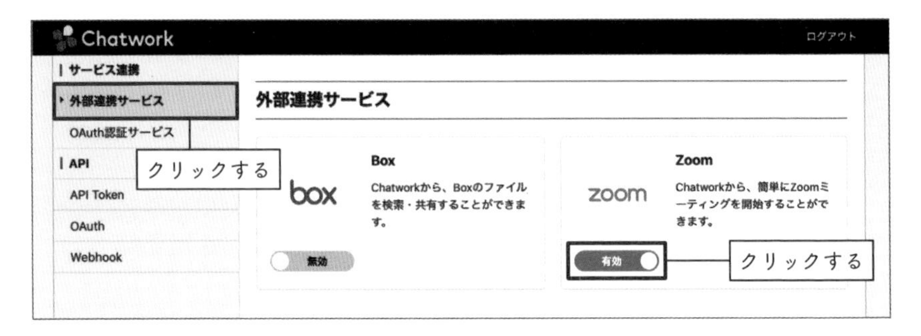

手順③ Zoom側で認証する

ChatworkでZoomを「有効」にすると、Zoomの認証画面が開きます。認証画面にて、ChatworkからZoomアカウントへのアクセスを「認可」すると、ChatworkとZoomの連携が完了します。

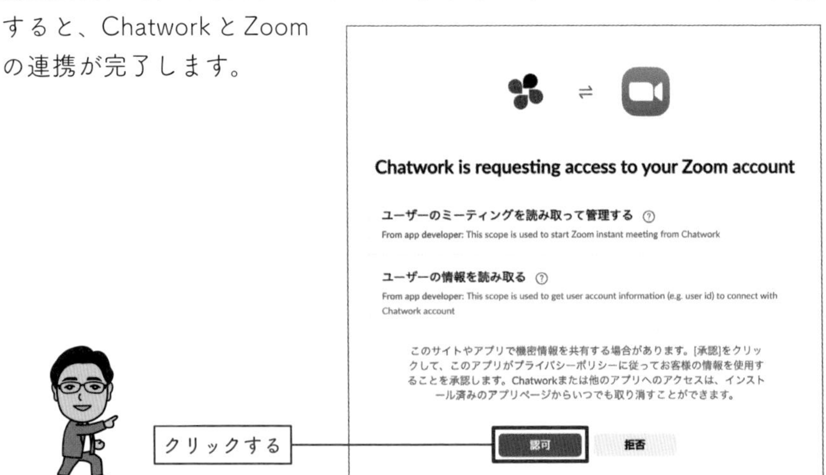

手順④ ChatworkからZoomミーティングを開始する

ZoomとChatworkを連携させると、ビデオ会議開催のアイコンから「Zoomミーティングを開始」が選べるので、クリックします。

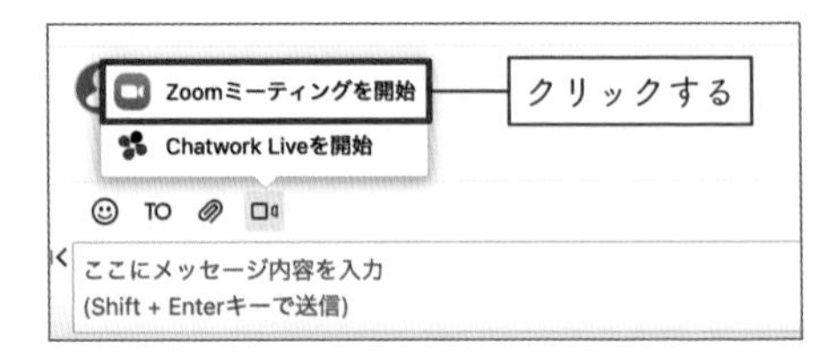

手順⑤ Zoomミーティングに招待する人を選ぶ

参加者選択画面が表示されたら招待したい人を選びます。そして、「ビデオ通話」もしくは「音声通話」をクリックするとZoomが立ちあがります。

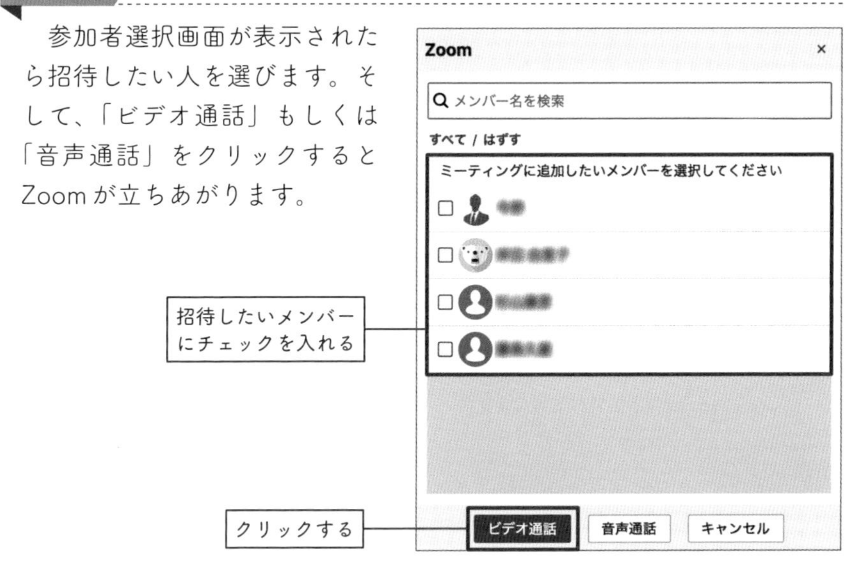

手順⑥ メンバーがそれぞれにZoomミーティングに参加する

招待されたメンバーには、Chatworkを通じてZoomのミーティングのリンクが表示されるので、それをクリックしてミーティングに参加します。

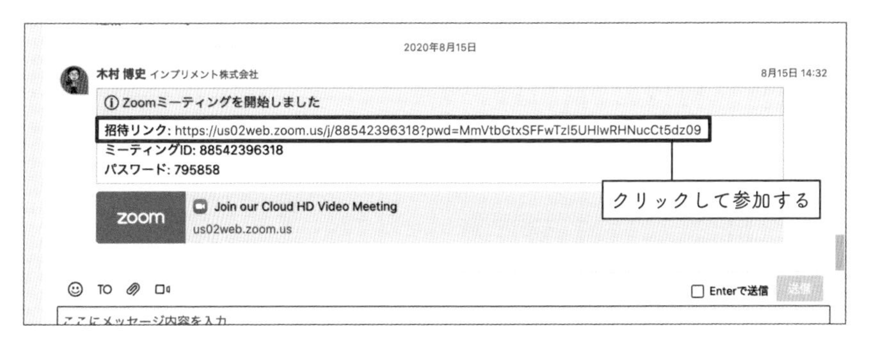

Zoom Roomsに必要な機材と管理

3章でZoom Roomsについて簡単にお話ししました。**Zoom Roomsは個人にアカウントを付与するのではなく、会議室に固定のアカウントを付与するイメージ**です。従来からのポリコムなどの会議室に備えつけられたテレビ会議システムをZoomに置き換えたものとイメージすればいいでしょう。会議室間をつなぐので、ワンタッチで簡単にアクセスできることが魅力です。ここでは、Zoom Roomsに必要な機材と管理について説明します。

機材

Zoom Roomsに必要なハードウェアは、（大画面）ディスプレイ、PC、タブレット、マイク、スピーカー、ウェブカメラです。

ディスプレイは会議参加者全員の視認性の高いものがいいので、大画面のものを用意するといいでしょう。PCとタブレットはSTB（Set Top Box）として使用するので、汎用のもので問題ありません。OSはWindowsでもMacでも構いません。タブレットはiPadでもAndroidでもどちらでも大丈夫です。

カメラは会議室全体で使うため、広角性があるものがよく、マイクは高性能な集音性のあるもの、スピーカーはハウリングを起こさないものが必要になります。たとえばLogicoolのMeetUpは、ビッグサイズのウェブカメラという感じですが、カメラ、マイク、スピーカーが一体化された会議室据え置き用のウェブカメラで、5メートル四方くらいの会議室サイズであれば十分に機能を発揮します。

これらの機材は、Zoom Roomsを使う場合、基本的にその会議室の備えつけとなってしまうので、ほかの用途と兼用はできません。そうはいっても、従来のTV会議システムだったらSTBといった高価な専用品を用意する必要がありましたが、**Zoom Roomsなら比較的安価な汎用品を使えるので、投資額は大きく抑えられます**し、従来より使用してきたSTBも機種によっては使用することができるので、機材のリース期間が残っていたりする場合は、プラットフォームだけZoom Roomsに変更することもできます。

※従来の機材でZoom Roomsを使用する場合は、H323／SIPルームコネクタや機材の設定があるので、管理を依頼しているシステムベンダーなどに相談して対応しましょう。

ソフトウェア

ソフトウェアは、Zoom Roomsのオプション料金だけで利用できます。PCやタブレットのZoom Rooms用ソフトウェアは無償提供されます。

セットアップ手順は大まかに次のようになります。詳細はZoomのヘルプサイト（Zoom ヘルプセンター > Zoom Rooms）を参照してください。

1. **PCにZoom Roomsソフトウェアをインストール、セットアップ**
2. **PCにディスプレイ、マイク、スピーカー、カメラを接続**
3. **タブレットにZoom Roomsソフトウェアをインストール、セットアップ**
4. **PCとタブレットをペアリング（関連づけ）する**
5. **管理者設定からZoom Roomを追加する**

Chapter 4

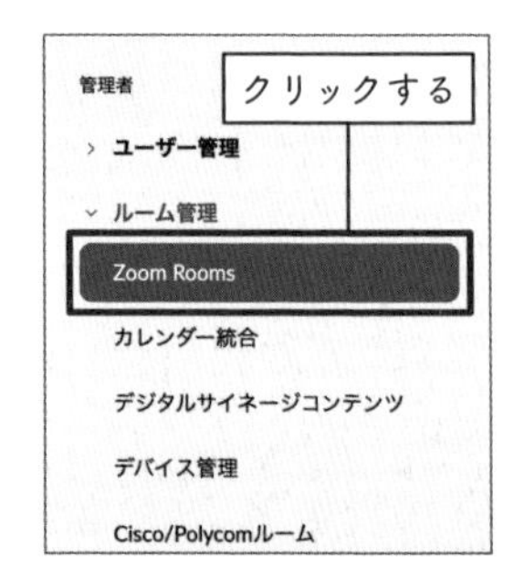

ここでは、5の管理者設定の手順を説明しておきます。

ウェブサイトの「設定」画面から、「管理者」の「ルーム管理」を選択します。ここではRoomsの設定やGoogleカレンダー、Outlookカレンダーなどと Roomsの統合、デバイスの設定など、各種設定ができます。

ここからルームを追加する方法を説明します。「ルーム管理」の「Zoom Rooms」から、「ルーム」のタブを選択します。ここで「追加ルーム」をクリックすると、「Zoom Roomを追加」の画面が現れます。ここでルーム名を入力して、「終了」するとRoomを追加することができます。

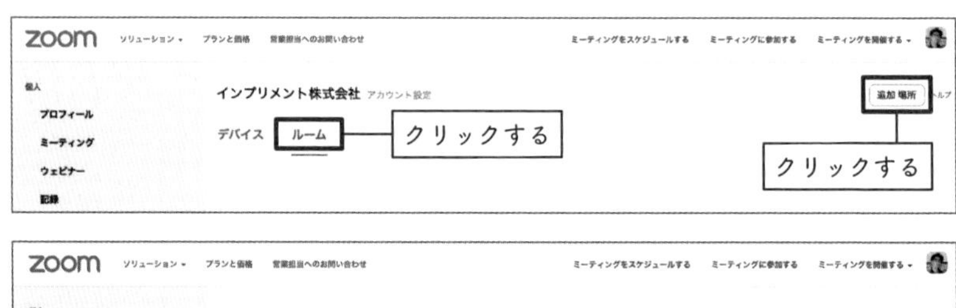

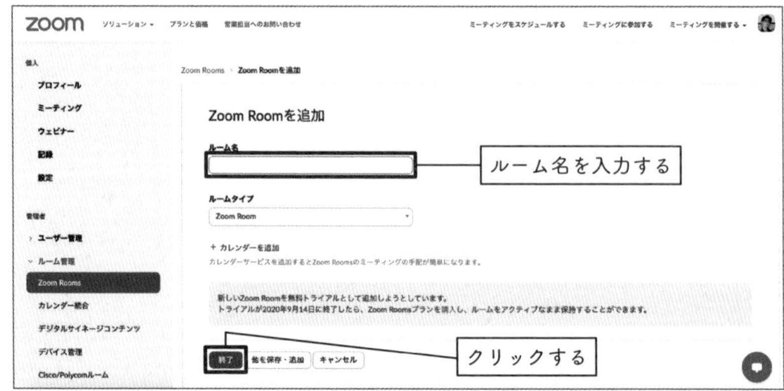

Chapter 5

ウェビナーでバーチャルイベントを実現させる

セミナーやイベントなどは会議と違って、運営者と参加者がはっきりと異なる立場にいます。Zoomにはこのようなセミナー運営にあわせた、よりリアルに近い運営がオンライン上でもできる「ウェビナー」機能があります。社会情勢が変化し多くのイベントやセミナーがオンライン化している中で、ウェビナーをしっかり活用できるようになりましょう。

01〔ウェビナー〕〔ミーティング〕

ウェビナーとミーティングの違いを理解しておこう

ウェブ（Web）上でセミナー（Seminar）を開催することを2つの言葉を組みあわせてウェビナー（Webinar）といいます。日本では「**オンラインでセミナーをやる**」というほうが身近かもしれません。**Zoomはウェビナーを運営しやすい環境を構築しているので、大規模なウェビナーでも効率的に開催することができます**。ここではZoomでのミーティングとウェビナーの機能の違いについて理解しましょう。

POINT

❶ ウェビナーの参加者はビデオ利用ができず、音声もホストが一時的に許可したときだけ使用できる。これにより、ホストは参加者のミュートなど煩雑な管理から解放される。また参加者間のプライバシーが守られるしくみとなっている。

❷ ウェビナーは、「Q＆A機能」「実践セッション機能」「メールの送信機能」「ブランディング機能」といったウェビナー向けの機能が利用できる。

❸ ウェビナーの運営方法は基本的にミーティングと同じだが、ブレイクアウトルーム、チャットでのファイル転送など、ウェビナーだとできない機能もあるので注意する。

ウェビナー　ウェビナーは有料プランのオプション

ウェビナー機能は、プロ以上の有料プランへの有料オプションとして提供されています。利用にあたってはライセンスを購入したあとに、アカウントに振り分けないと使えません（第2章03参照）。

ウェビナー・ミーティング　ウェビナーとミーティングの違い

下図にZoomのミーティングとウェビナーの違いを比較します。**ウェビナーでは参加者のプライバシーが守られるように設計されている**のに加え、「**実践セッション（リハーサル）機能**」「**Q＆A機能**」「**参加者登録**」など、ウェビナー運営に便利な機能が提供されています。

一方、ウェビナーでは対応しない機能もあります。特に、**ブレイクアウトルームに対応していない**ことは注意が必要でしょう。

機能	ウェビナー	ミーティング	解説場所
参加者の役割	・ホスト（共同ホスト） ・パネリスト ・参加者	・ホスト（共同ホスト） ・参加者	第5章02
オーディオ・ビデオ共有	ホストとパネリストが可能	全員が可能	
定員	ライセンスに応じて、最大100～1,000人	標準では100人、オプションで最大1,000人	第5章07,08,09,11
参加者リスト	ホストとパネリストのみ閲覧可	全員が閲覧可	
参加者登録	参加者自身で登録するか、ホストがCSVデータで一括登録	主催者（ホスト）が設定	
画面共有	ホストとパネリストのみ可	全員が可能（ホストの許可要）	
メールのリマインダー	利用可能	不可	第5章10
Q＆A機能	利用可能	不可	第5章03
投票機能	利用可能（レポート機能有）	利用可能	第5章13
実践セッション	利用可能	不可	第5章04
録画	利用可能（オンデマンド配信可）	利用可能	第5章06
待機室	不可	利用可能	
ブレイクアウトルーム	不可	利用可能	
チャットのファイル転送	不可	利用可能	

※オーディオ共有は、ホストが「トークを許可」することで参加者も使用可能になる。

ホスト・パネリスト・出席者の役割を理解しておこう

Zoomミーティングには「ホスト」と「参加者」の区別しかありませんが、**ウェビナーは「ホスト」「パネリスト」「出席者」という区分**になります。この三者の違いをしっかり理解しておきましょう。

POINT

❶ 出席者は閲覧者なので、発言のために音声を使用したり、ビデオを配信したりすることはできないが、「手を挙げる」「チャットで質問する」「アンケートに答える」ことができる。
❷ ホストの役割は、基本的にはミーティングと同じ。
❸ パネリストは音声を使用したり、ビデオを配信したりすることができる。ミーティングでの参加者に近いイメージ。
❹ 出席者に音声に加えてビデオを使わせたいときは、ホストが一時的に参加者をパネリストに昇格させることで可能となる。

ウェビナー　それぞれの役割

Zoomウエビナーは、実際のセミナーの役割とほぼ同じ役割をウェブ上で表現しています。

▲参加者のツールバー

▲ホスト・パネリストのツールバー

❶ ホスト

ウェビナーを開催する主催者（ホスト）になるので、**運営にかかるさまざまな権限を有しています**。ホストはひとつのウエビナーで1名しかいませんが、ホストは同様の権限を持つ「共同ホスト」を指名することができます。

❷ 共同ホスト

共同ホストは、ウェビナーがスタートしたあとホストから指名されます。**共同ホストになると、参加者を管理するすべての権限が与えられます**が、当然ながらホストの役割を変更するなど、ホストに対する権限や投票機能、ライブストリーム、ウェビナーを終了させることなどはできません。

❸ パネリスト

セミナーでの登壇者がウェビナーでのパネリストになります。そのためビデオ配信や画面共有、Q&Aやチャットの管理などもできます。

パネリストは事前の設定で指名することもできますし、ウェビナーをスタートさせてから役割の変更で参加者から指名することもできます。ひとつのウェビナーにパネリスト（ホストを含む）は100名まで参加ができます。

❹ 視聴者

セミナーでの参加者が視聴者になります。視聴者は、ホストやパネリストにQ&Aやチャットなどで伝えることはできますが、ビデオや音声の配信はできません。実際のセミナーでも、Q＆Aなど参加者が発言するシチュエーションがあるのと同様に、ホストが「トークを許可」することでミュートを解除して発言することができます。

このように見ていくと、ウェビナーがネット上で実際のセミナーを再現しようとしていることが理解できます。実際のセミナーと対比しながら考えると、よりウェビナーがわかりやすくなります。

03〔ウェビナー〕

スケジュール項目・質疑応答・実践セッションの設定を知ろう

zoom　ソリューション　プランと価格　営業担当へのお問い合わせ　ミーティングをスケジュールする

個人
プロフィール
ミーティング
ウェビナー
記録
設定

管理者
ユーザー管理
ルーム管理
アカウント管理
詳細

ライブトレーニングに出席

マイウェビナー ＞ ウェビナーをスケジュールする

ウェビナーをスケジュールする

トピック　Zoom勉強会ウェビナー

説明（任意）　このウエビナーはZoomを勉強したいと思う方のための自由参加の勉強会です。
参加にあたっては、各スクールの掲示板にて参加表明をお願いいたします。

開催日時　08/15/2020　3:00　午後

所要時間　1 時 0 分

タイムゾーン　(GMT+9:00) 大阪、札幌、東京

ここではウェビナーのスケジュール項目について紹介します。「質疑応答（Q＆A機能）」（第5章05参照）、「実践セッション（リハーサル機能）」（第5章04参照）など、ウェビナー独特の設定項目について理解しましょう。

POINT

❶ ウェビナーだけにある設定もあるが、ミーティングと同じ感覚で設定できる。
❷「事前登録」「質疑応答（Q＆A機能）」「実践セッション」などのウェビナー独自の機能を有効にする。

登録　ウェビナーをスケジュールする

ウェビナーの登録はウェブサイトからログインして、「ウェビナー」→「ウェビナーをスケジュールする」をクリックします。

※**アカウントにウェビナーオプションが付与されていないとこの画面は表示されません。**
オプションを契約しているのに表示されないときは、ユーザー管理で確認しましょう。

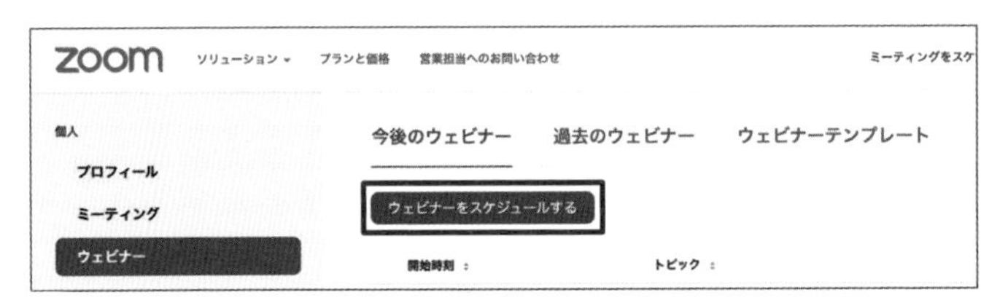

基本設定　開催時間、所要時間などを設定する

開催日時の設定や定例開催ウェビナーなど、設定項目はミーティングとほぼ同じです。**ミーティングと違うのは、ウェビナーではそもそも参加者がビデオを使えないので設定項目がないこと**です。

「事前登録」（第５章07参照）、「質疑応答」（第５章05参照）といっ

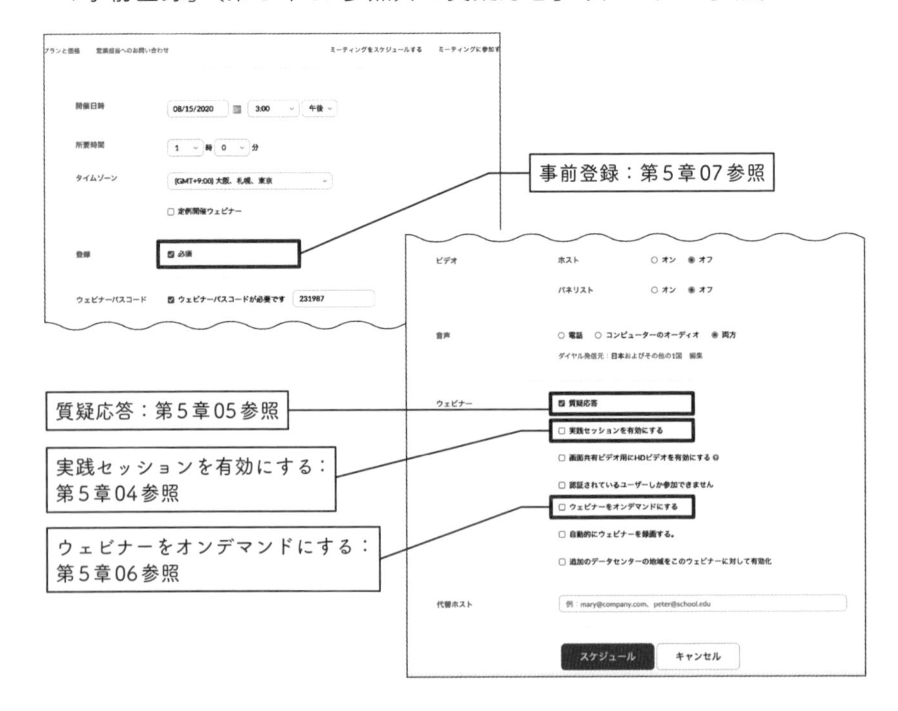

たウェビナー独自の機能については、それぞれの節でお話しします。
これら情報を入力し、設定が完了したら1番下にある「スケジュール」をクリックします。これでウェビナーの基本情報が設定されます。
ひとつのウェビナーにパネリスト（ホストを含む）は100名まで参加ができます。

詳細設定　招待状・メール設定などを設定する

「スケジュール」をクリックすると、「招待状」（第5章08、09参照）や「メール設定」（第5章10参照）などの詳細設定ができる画面になります。
基本設定のあとに詳細設定をする二段階になっています。これは**リアルのセミナーに置き換えると、会議室を借りることが基本設定、セミナーを運営するための準備が詳細設定というイメージ**です。

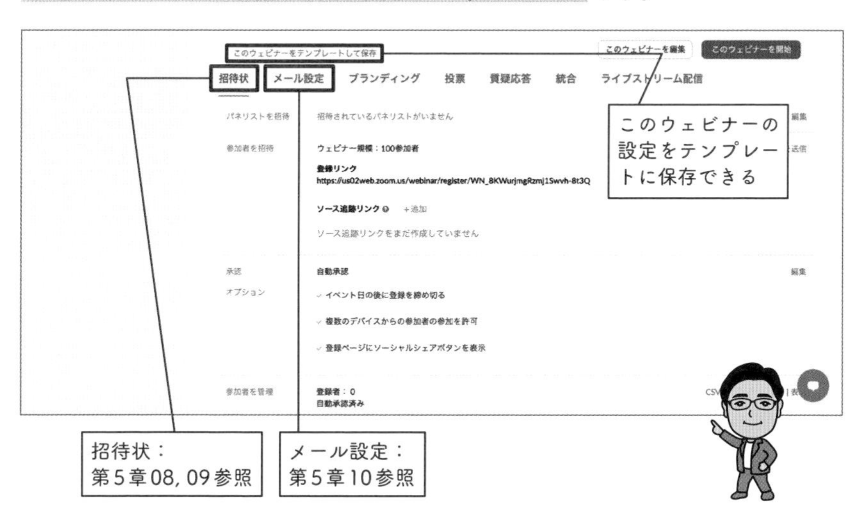

保存　テンプレートに登録

ここでぜひ覚えておきたいのが、**ウェビナーでは設定した内容をテンプレートとして登録できる**ということです。次回以降の設定をテンプレートにしておくことで効率化できるので、定期的に開催するウェビナーの設定の手間を省くだけでなく、設定ミスの防止にもなります。
上記の画面で左上にある「このウェビナーをテンプレートして保存」をクリックするとテンプレートとして保存できます。

04〔ウェビナー〕

実践セッションを有効にしてリハーサルをしてみよう

「実践セッション」はウェビナーにだけあるリハーサルモードです。これを使うと、出席者を参加させない状態(出席者には「ウェビナーがまだ開始していない」アナウンスが表示されています)で、使用するカメラやマイクなどの機器や設定などの確認、スポットライトの振り分けや画面共有など、本番さながらのチェックをすることができます。

POINT

❶ 実践セッションは、本番の前に参加者に知られずに、使用する機器の動作や設定の確認をしながらリハーサルができる。
❷ 実践セッション時、出席者には「まだウェビナーが開始していない」状態に見える。
❸ ホストがウェビナーを開始ボタンを押すと、本番が開始され、出席者がウェビナーに参加できるようになる。

リハーサル　実践セッションとは？

ウェビナーはミーティングとは違ってイベントなので、スムーズな流れで進行させたいものです。そのためZoomでは、ウェビナーにのみ本番と同じ環境でリハーサルができる「実践セッション」を用意しています。**リアルなセミナーに置き換えるとセミナー開始前に運営側だけで会場に集まり、出席者が入れないように会場に鍵をかけてリハーサルをしている感じ**です。

Zoomの機能を上手に使った演出をスムーズにするために、できるだけ実践セッションでのリハーサルをやるようにしましょう。

参加者　出席者として実践セッションに参加する

実践セッションには、運営側であるホスト、共同ホスト、パネリストが参加でき、出席者は参加できません。

投票機能やQ＆Aによるトークの許可など、出席者を交えてのリハーサルをやりたい場合は、**ホストやパネリストとして実践セッションに参加して、リハーサルをしながら必要に応じて役割変更で「出席者」に切り替えれば、出席者として実践セッションへの参加も可能**になります。

本番　実践セッションから本番を開始する

実践セッションを設定していると、ホストがウェビナーを開始させると、自動的に実践セッションでのウェビナーがはじまります。

ホストと共同ホストの画面には、上部に実践セッションのバーが表示され、実践セッションがスタートしていることが確認できます。この実践セッションのバーは、パネリストや役割変更で出席者になった人には表示されません。

ホストもしくは共同ホストは、この**実践セッションのバーにある「ウェビナーを開始」をクリックすることで実践セッションから本番モードに切り替えることができます**。

▲実践セッション（リハーサル）

録画　実践セッション中は自動録画はしない

実践セッションも、Zoomでクラウド、ローカルともに録画することができます。自動録画設定をしていても実践セッション中は録画されず、「ウェビナーを開始する」をクリックして本番がスタートしたと同時に録画も開始されます。そのため**実践セッションから録画をしたい場合は、手動で録画をしなくてはなりません**。その際、実践セッションでローカル録画を選んでそのまま本番をスタートさせると、クラウド、ローカルともに録画されます。ただしPCへの負荷が大きくなるので、できるだけ避けるようにしましょう。

05〔ウェビナー〕

Q&A機能とチャット機能を上手に使い分けよう

Q&A

開く(1)　回答済み(1)　却下

匿名視聴者　03:08 PM

StreamYardの契約は法人でもできますか？

この質問はライブで回答されました

回答をここに入力してください...

プライベートに送信　キャンセル　送信

ウェビナーにはQ&A（質疑応答）を管理する機能がついています。Q&A機能は質疑応答の回答状況ステータスや終了後にレポートをダウンロードすることもできます。

POINT

❶ ウェビナーのQ&A機能は、参加者からの質問を受けつけ、テキストで返信することに加え、口頭（ライブ）で回答したことや保留にしたことなどの回答ステータスを管理できる。

❷ 回答方法は、「ライブ回答」と「回答を入力」の2種類があり、運営側は加えて「保留」と「却下」も管理できる。

❸ 回答内容はウェビナー終了後レポート出力できるので、保留質問への対応や質問内容を整理してアーカイブ化できる。

❹ 質問者が匿名で質問できる設定ができる。

❺ 質問者はホストが「トークを許可」すると音声で直接質問できる。

❻ ウェビナーにもミーティングと同じようにチャット機能がある。

Q＆A機能　はじめ方と使い方

ホストやパネリストのツールバーにある「Q&A」から利用します。

ウェビナーはミーティングと違い、ビデオや音声をホストやパネリストなど運営者側だけに制限し双方向性を限定的にする配信なので、参加者の伝えたいことを受け止める受け皿が必要になります。Q＆A機能とよく似たチャット機能がありますが、**質疑応答はQ＆A機能を、それ以外の接続など運営にかかる事項はチャット機能を**、と使い分けましょう。

リアルのセミナーに置き換えると、講師への質疑がQ＆A機能であるのに対して、運営側に会場の温度を下げてほしいなどと頼むのがチャット機能というイメージです。Zoomもこの役割に応じた使い分けを意識した機能がついています。

回答状況　質問に対する回答状況をステータス管理する

Q＆A機能の回答状況ステータスには次の3つがあります。

❶ 口頭で回答する「ライブで回答」
❷ テキストで回答する「回答を入力」
❸ 質問を却下する「×却下」

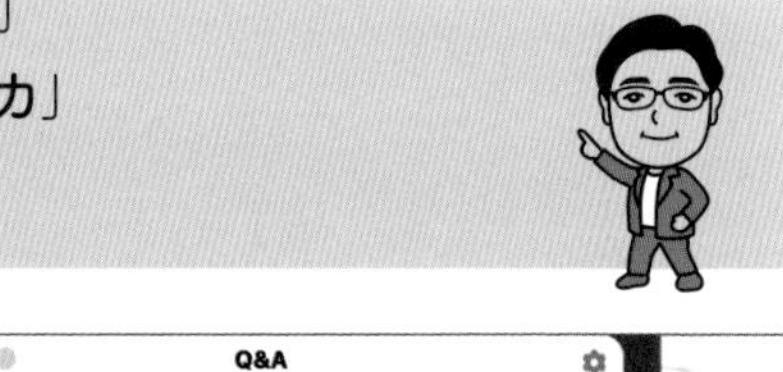

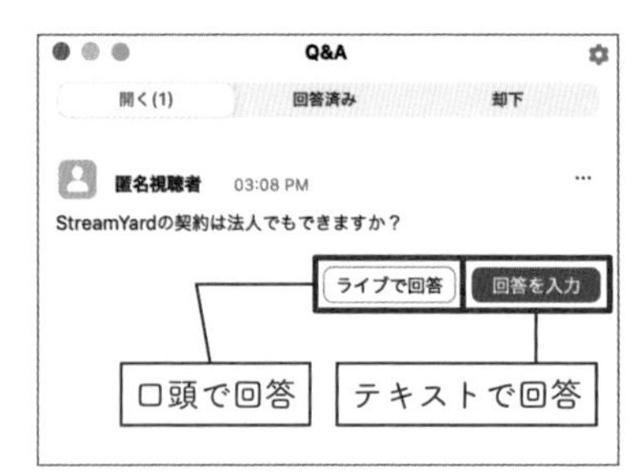

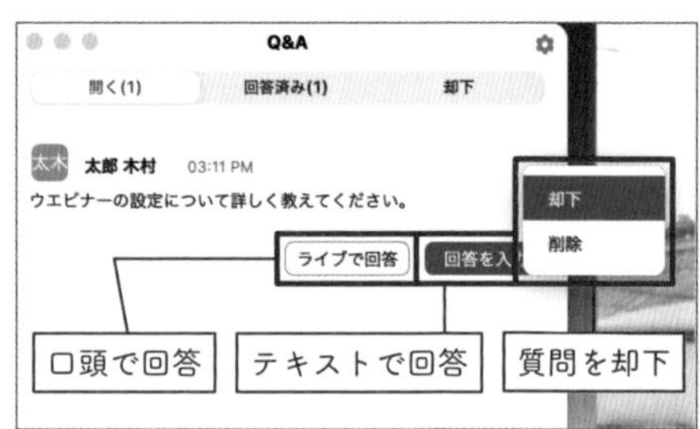

❶の講演者が口頭で回答できるようにするためには、「ⒶZoomのQ＆A画面を閲覧できるようにする」もしくは「Ⓑスタッフが質問の内容を印刷して手渡しする」のどちらかになります。

Ⓐの場合、講演者のパソコンをZoomと接続してQ＆Aを確認できるようにするか、講演者に別のモニターを提供して運営側が遠隔操作してQ＆Aを確認できるようにします。講演者のパソコンで確認するなら、ホストかパネリストで参加していれば口頭で回答をしながらステータスも入力でき、回答状況を整理していくことができます。テキストで回答するときは「回答を入力」をクリックし、回答を入力します。もし**ほかの参加者に関係ない質問やプライベートな内容のときは「プライベートに送信」をチェックして送信すれば、ほかの参加者にその回答が見られることはありません**。

またすでにライブ回答済みのステータスになっている回答も「回答済み」のタブを開き、該当の質問の「回答を入力」をクリックすれば、テキストでの回答ができるようになります。

「却下」にした質問も、「却下」タブをクリックし、該当の質問の「再開する」をクリックすることで質問を受け付けた状態（「開く」タブの中）に戻ります。内容として却下するだけでなく、いったん却下しておいて戻すという回答の優先順位の整理として使うこともできます。

Q＆Aウィンドウ右上の設定⚙ボタンをクリックすると、Q&Aの設定が表示されます。

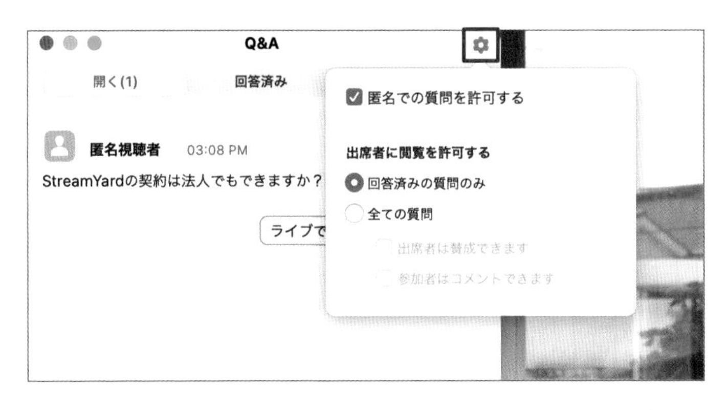

出席者に「回答済みの質問のみ」を表示するのか「全ての質問」を表示するのか選択できます。また「全ての質問」を選択した場合、「出席者は賛成できます」で、参加者は質問と回答の両方に「いいね」ボタンで反応することができるようになります。

「参加者はコメントできます」を選択すると、参加者は質問、回答ともにコメントをすることができるようになります。

匿名　匿名での質問・回答結果についてすべての参加者に閲覧を許可する

前頁のようにウェビナー中でも設定を変更できますし、ウェビナー設定時に設定することもできます。また、**ウェビナーの設定画面の「質疑応答」タブをクリックしたところで設定することもできます**。

匿名での質問は、ほかの参加者に質問者の名前が知られないなどプライバシー配慮の観点もあるので不特定多数の参加者がいるウェビナーでは、設定を検討しましょう。

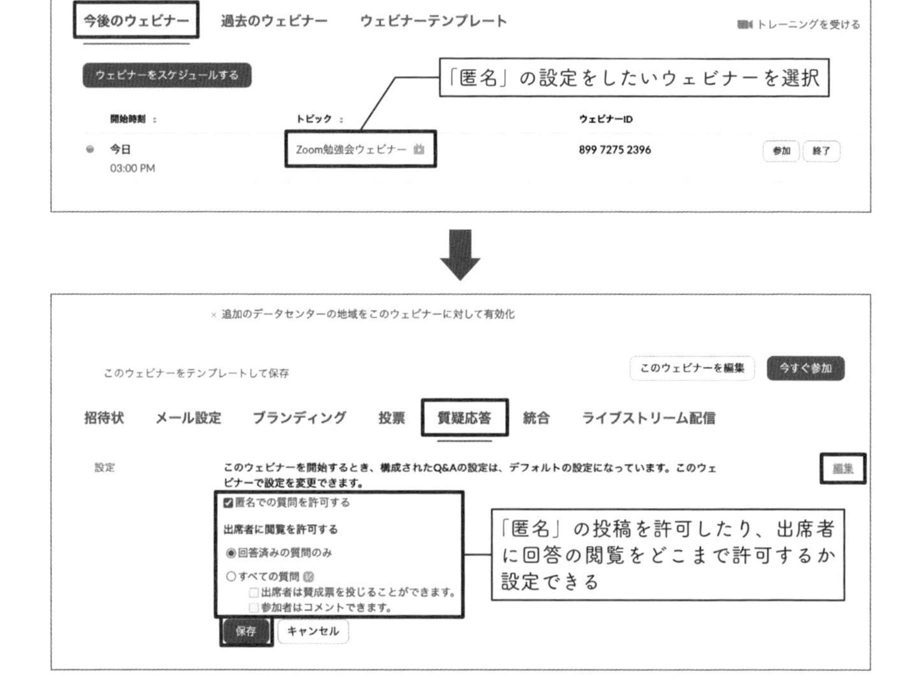

確認　Q＆Aの内容を終了後に確認したいとき

Zoomのレポート機能を使います。レポートはウェビナー終了後、ブラウザの管理画面でアカウント設定内にある「レポート」をクリックし、「ウェビナー」をクリックします。ステップ1でレポートのタイプを「Q＆Aレポート」、ステップ2で該当のウェビナーを選び、ステップ3のレポートの作成でCSV形式でダウンロードできます。

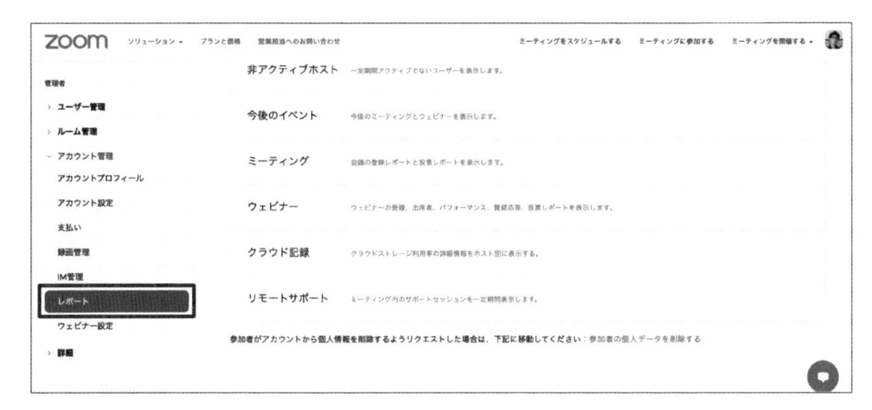

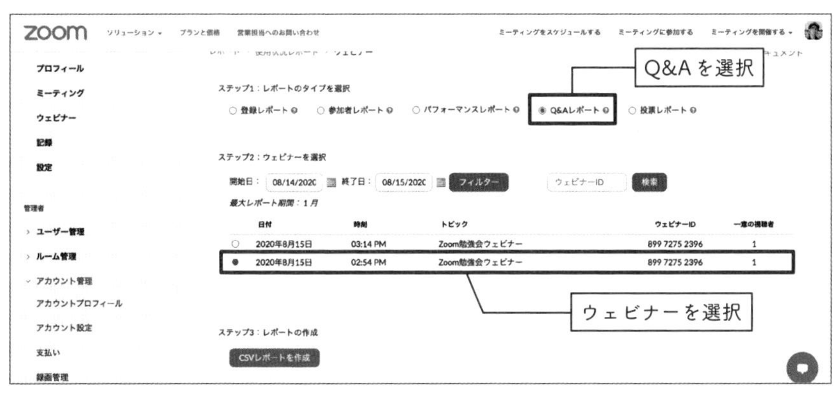

チャット機能について

ウェビナーのチャット機能はミーティングと同じ内容なのでミーティングの機能説明を参照してください（第3章04参照）。

ウェビナーではQ＆A機能との使い分けとして、運営者側との事務的やり取りに使用することを参加者にも事前に伝えておけば、**講演者の講演に関する質疑はQ＆A機能、ウェビナーの接続など運営者との事務的なやりとりはチャットと、役割が整理されて運営しやすくなります**。

06〔オンデマンドウェビナー〕

終了したウェビナーをオンデマンドにして配信しよう

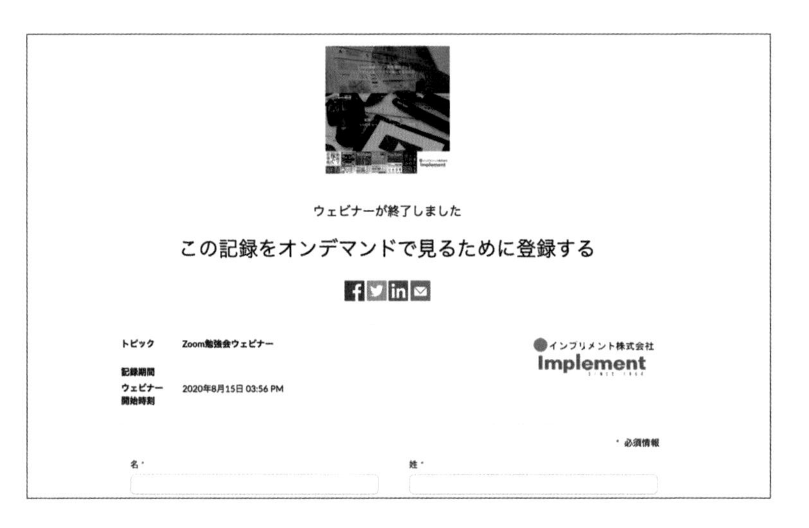

ウェビナーをクラウド録画したものをオンデマンドで配信することができます。設定すれば、**ウェビナーを自動的に録画し、オンデマンドセミナー化できます**。自動設定は便利ですが、意図せずオンデマンドセミナーになってしまうという危険な面もあるので、気をつけましょう。

POINT

❶「ウェビナーをオンデマンドにする」を選択すると、ウェビナー終了後、自動的にオンデマンドセミナー化するので、ライブに加えオンデマンドでもコンテンツ配信ができる。

❷ 事前登録者だけでなく、事後登録者もオンデマンドで視聴できる。

❸ クラウド録画されたウェビナーは、「共有」機能であとからでもオンデマンド配信できる。

設定 オンデマンドウェビナーを設定する

ウェビナーのスケジュールを設定する際、「ウェビナーをオンデマンドにする」にチェックを入れます。このとき、**録画の場所は自動的にクラウドになることに注意**してください(ローカル録画だと、自動配信できません)。

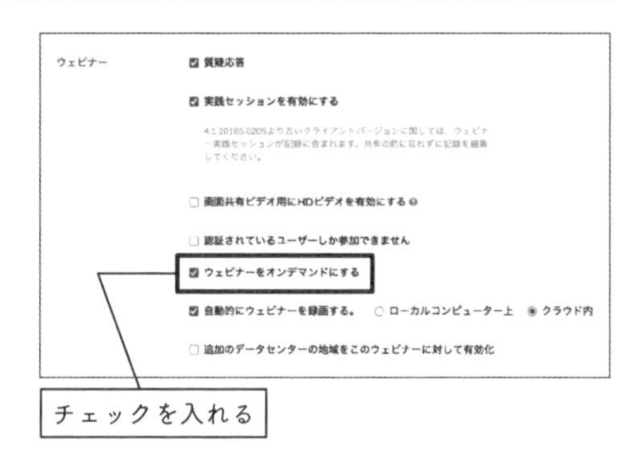

登録者の確認

オンデマンドウェビナーの登録者の確認とレポートを見ることができます。確認するときは、Zoomのウェブサイトの「個人」から「記録」にアクセスします。そこで、確認したいウェビナーの録画データをクリックします。

次に「登録者の表示」をクリックすると、登録者(出席者)の一覧(オンデマンドを視聴可能な人の一覧)を見ることができます。

なお、オンデマンド視聴は事前登録だけでなく、事後登録も可能です。その場合、登録者に即座に視聴リンクを送ることもできますし、承認後に送ることもできます。設定は下記の左図の「登録設定」から設定することができます。

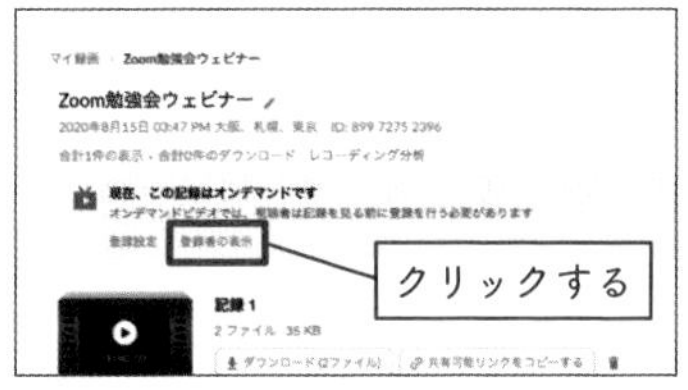

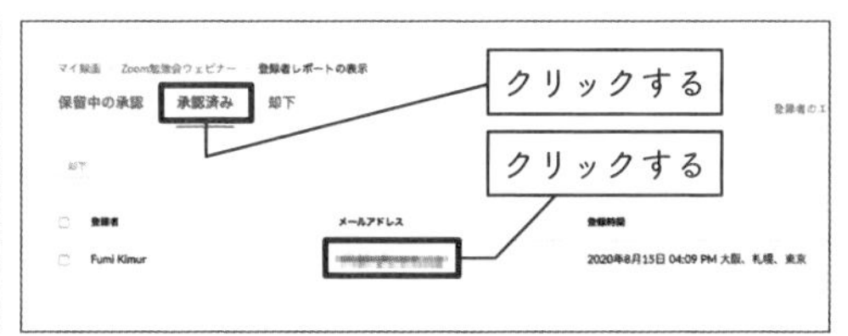

Chapter 5

あとからオンデマンド配信の設定をする

設定時に、「ウェビナーをオンデマンドにする」でオンデマンド配信を選択していなくても、クラウド録画されたウェビナーはオンデマンド配信することができます。ウェブサイトの管理画面にある「記録」の「クラウド記録」から該当のウェビナーの「共有」をクリックします。

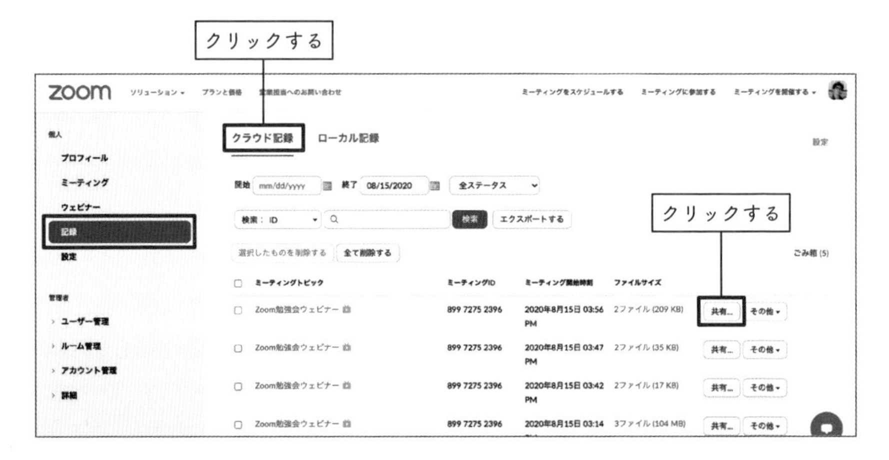

「このクラウドレコーディングを共有します」のウインドウがポップアップするので、下記のように設定します。

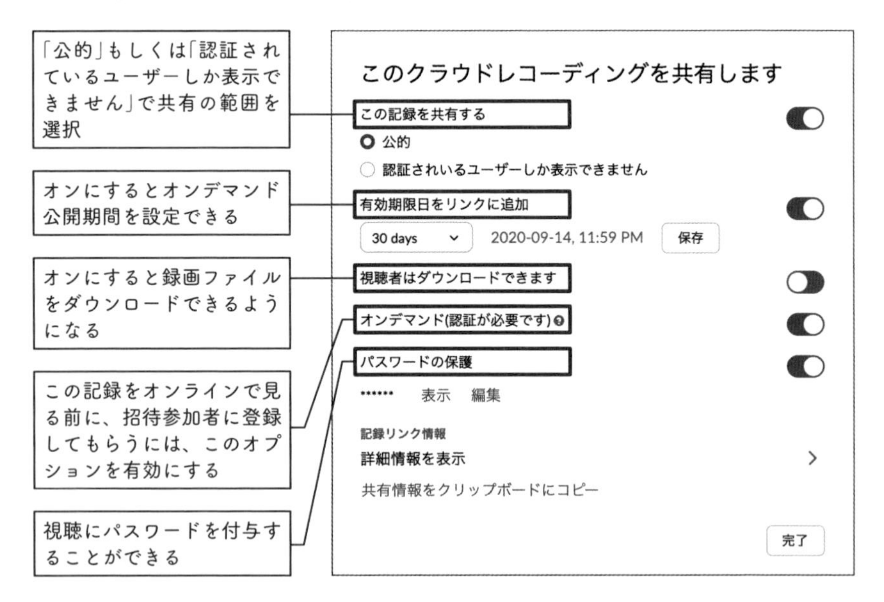

ウェビナー参加を事前登録にしよう

ウェビナー登録

トピック	Zoom勉強会ウェビナーその２
説明	このウエビナーはZoomを勉強したいと思う方のための自由参加の勉強会です。 参加にあたっては、各スクールの掲示板にて参加表明をお願いいたします。
時刻	2020年8月16日 03:00 PM 大阪、札幌、東京

インプリメント株式会社
Implement

* 必須情報

名 *　　姓

メールアドレス *　　メールアドレスを再入力 *

登録

ウェビナーでは参加にあたり事前登録を必要とするか、必要としないか選ぶことができます。それぞれの特徴を理解しておきましょう。

POINT

❶ 事前登録が必要ないものは、ウェビナーのURLリンクさえ知っていれば誰でも参加できる。この場合、参加人数をコントロールできないため、参加上限数を超えると超えた人から参加できなくなる。

❷ 事前登録をすることで、参加者の属性、参加人数やリマインド機能も使えるようになる。

事前登録なし　事前登録が不必要なウェビナーを開催する

ウェブサイトの設定の「マイウェビナー」の「ウェビナーをスケジュールする」で、「登録」のチェックボックスを外してスケジュールします。

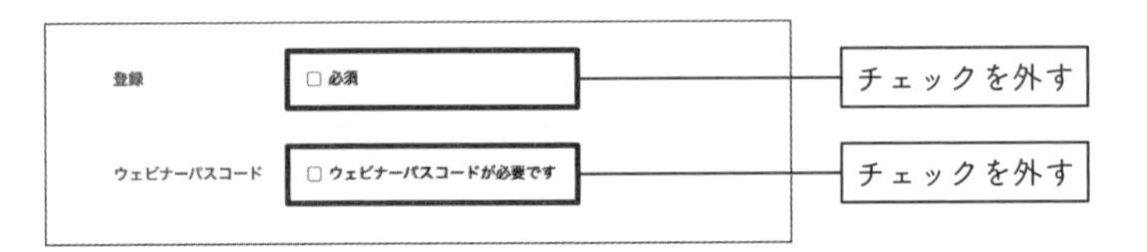

スケジュールが完了したら、ウェビナー設定の「招待状」タブから、招待リンクを取得できます。このリンクを知っていれば、誰でもウェビナーに参加できます（参加時に名前とメールアドレスの入力が求められます）。

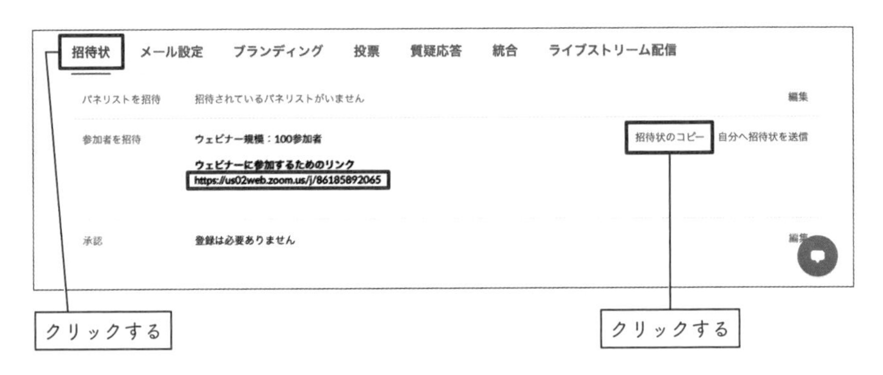

事前登録あり　事前登録が必要なウェビナーを開催する

事前登録を必要にする場合は、「マイウェビナー」の「ウェビナーをスケジュールする」で「登録」のチェックボックスにチェックを入れて、スケジュールします。

参加者登録の設定などは次節で紹介します。

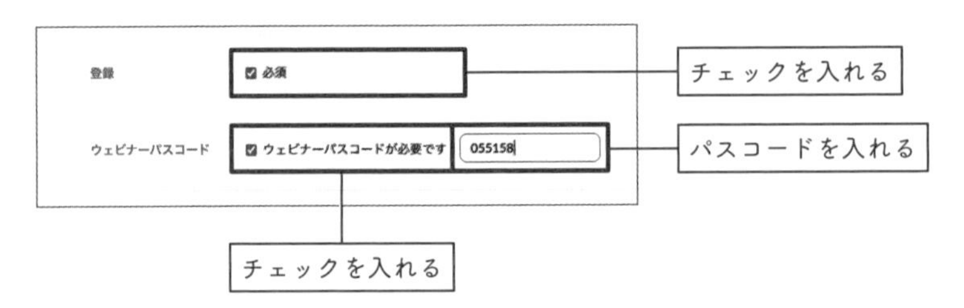

08〔ウェビナー〕

事前登録ありの場合、参加承認方法などを設定しよう

登録　質問　カスタムの質問

登録

☑ 必須

承認

◉ **自動承認**
登録者はウェビナーへの参加情報に関する情報を自動的に受信します。

○ **手動承認**
主催者は、登録者が参加情報に関する情報を受信する前に承認する必要があります。

ここでは事前登録ありにした場合の、設定項目について見ていきます。**自動承認と手動承認を選択できることと、登録項目をカスタマイズできること**を覚えておきましょう。

POINT

❶ ユーザーが事前登録をしたあとに、主催者側の承認を必要とするか（手動承認）、必要としないか（自動承認）を選択できる。

❷ 事前登録項目は名前とメールアドレスは必須。住所や会社名などは必要に応じて追加できる。

承認方法　自動承認と手動承認を設定する

ウェビナー設定の「招待状」の「承認」の右にある「編集」をクリックします。

登録画面が表示されます。ここで重要な項目は「自動承認」と「手動承認」です。**参加者の属性を確認してから承認したい場合は、「手動承認」を選びます**。

そのほか、登録者数の制限などのオプションを選ぶこともできます。またトラッキングピクセルにも対応しているので、ユーザーの流入元の追跡などもできます。

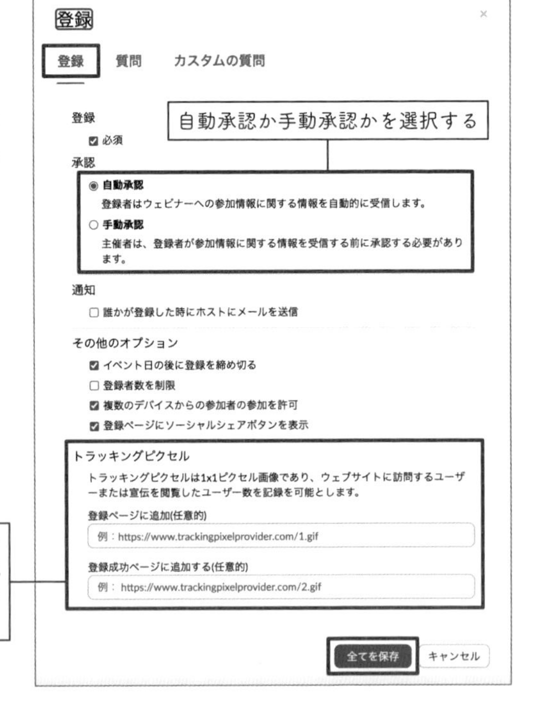

登録内容　参加者登録画面の項目を設定する

「質問」タブをクリックすると、参加者登録画面の項目を選択できます。名前とメールアドレスは必須ですが、必要に応じて住所や会社名なども参加者に入力してもらうよう求めることができます。ここでチェックを入れると、参加者用の登録フォームに反映されます。また、**「カスタムの質問」タブから、カスタムで登録項目を作成することもできます**。

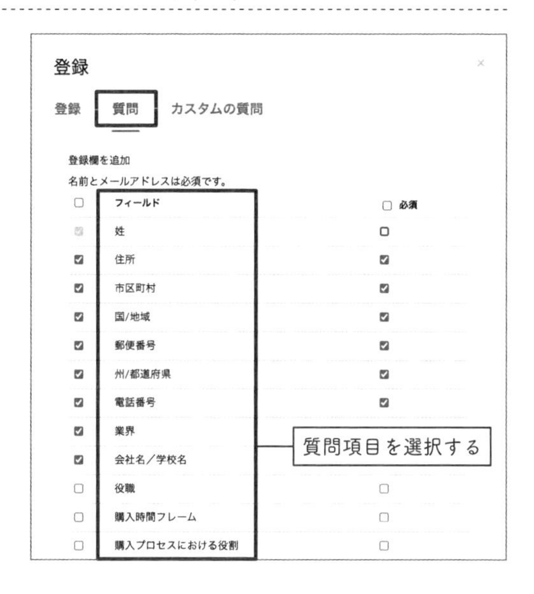

名＋姓　名前と姓が逆転してしまうことの対応策

名前と姓の逆転がZoomの登録画面では発生します。このためリマインドメールなども名＋姓の順で表記されてしまいます。これは英語をベースとしたZoomの仕様のため、どうしてもそうなってしまいます。設定で対処ができないので、次の２つのどちらかの方法で対応します。

❶ 登録フォームをZoomではなく、Googleフォームなど別のものを使用し、次節で解説する「一括登録」で流し込むデータで、名の欄に姓を、姓の欄に名を入れるようにデータを入れ替えて対処する。これで表示が日本式の姓名表記になる。

❷ 名の欄に姓名とも入力する。姓の欄を入力必須にしておかなければこの方法でも姓名表記になる。

❷を参加者にお願いするのは難しいと思うので、❶のように別フォームで申し込みを受けつけ、CSVデータで一括登録する際に、データを修正することで対応するようにします。

09〔ウェビナー〕

CSVファイルで参加者を一括登録しよう

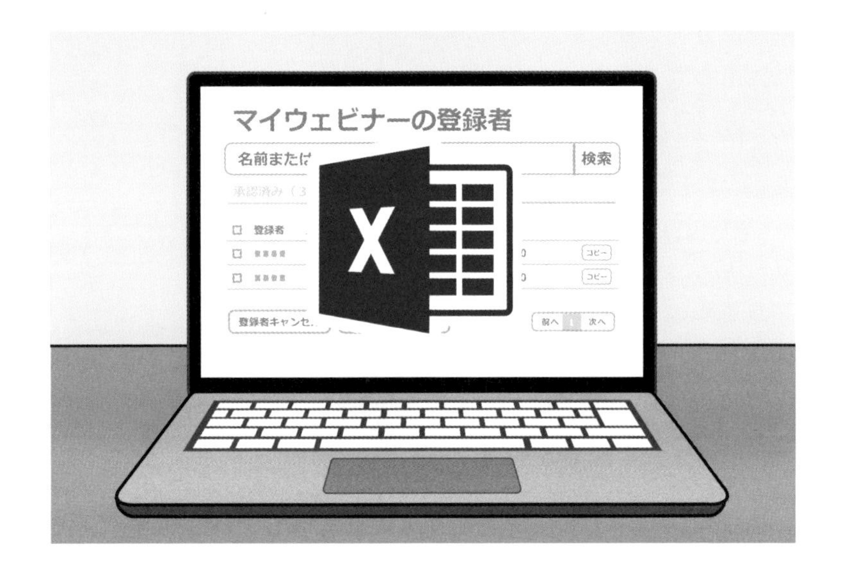

参加者は基本的に自分で参加登録をしますが、**CSVファイル（カンマ区切り）を使って一括登録することも可能**です。また**事前に確認したい登録者リストの出力方法も覚えておきましょう**。

POINT

❶ CSVの1ファイルごとの最大数は9,999名まで。
❷ CSV読み込みに際し、日本語の文字コードに起因するトラブルが発生することがあるので、一括登録時には注意する。
❸「アカウント情報>レポート>使用状況レポート>ウェビナー」から、登録者をCSVで一覧出力できる。

一括登録　CSVファイルを読み込んで登録する

参加者のCSVファイルを用意します。内容は**「メールアドレス，名，姓」の順で作成**します。ただ前節のとおり、Zoomの仕様で名＋姓という順番でリマインドメールに表示されてしまうのが嫌な場合は、名に姓名をあわせて入力しましょう。

ウェビナー設定の「招待状」の中の「参加者の管理」の右にある「CSVからのインポート」をクリックすると、下のようにCSVファイルを読み込むことができます。

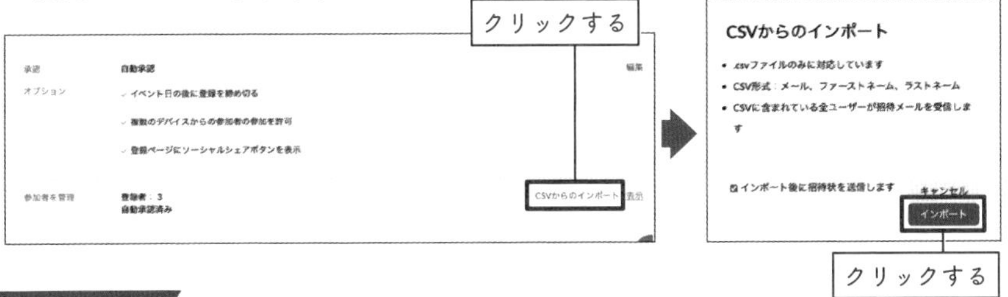

文字化け　エンコードに気をつける

一括登録時の文字化けは、CSVデータの文字コード相違から発生します。部門名、グループ名、名前などに日本語を使う場合、**文字化けを避けるためにCSVファイルのエンコードはUTF-8にしておきましょう**。

参加者の確認　読み込んだ参加者を確認する

読み込んだ情報は同じく「参加者の管理」の右にある「表示」から確認することができます。

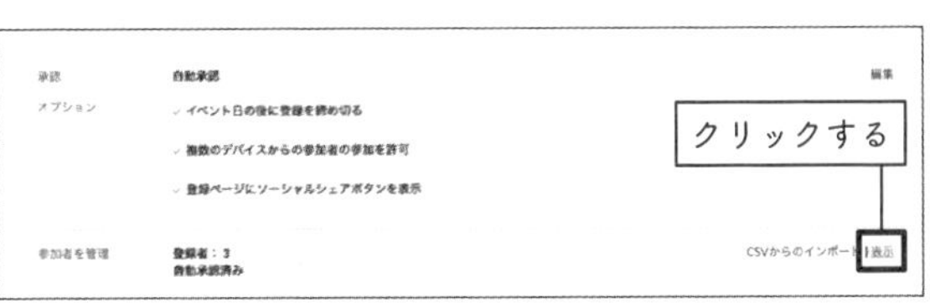

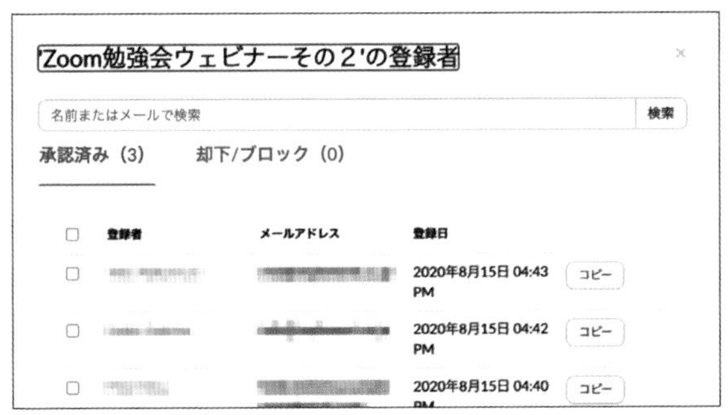

Chapter 5

リストの出力　登録者情報をCSV形式で出力する

登録者情報をリストで出したい場合があります。そのときは、次の手順で登録者一覧のCSVファイルを出力できます。

「アカウント管理」の「レポート」から、使用状況レポート>ウェビナーを選択します。ステップ1で「レポートのタイプを選択」し、対象のウェビナーを選択して「CSVレポートの作成」をクリックすると、登録者一覧のCSVファイルをダウンロードすることができます。

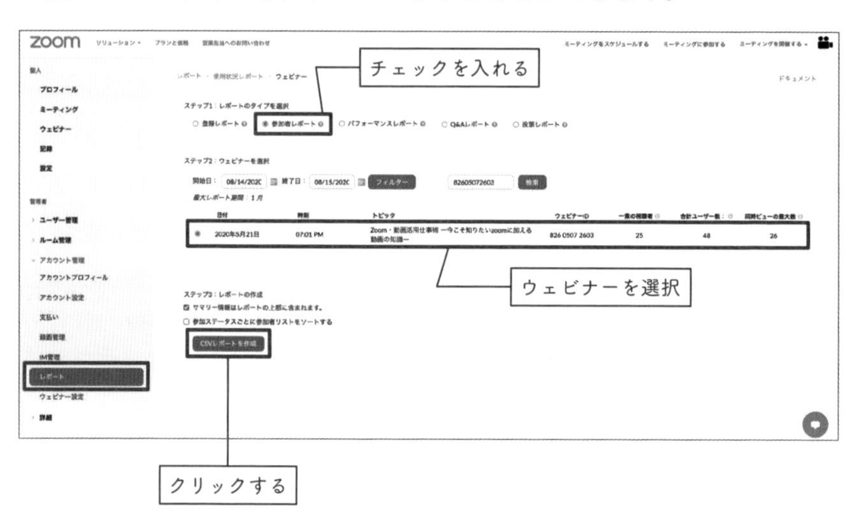

10〔ウェビナー〕

「メール設定」で参加者やパネリストへの連絡設定をしよう

ウェビナーでは、招待メール、リマインダー、フォローアップメールなど、きめ細かいメールを自動で送信することができます。ここではそれらのメールについての設定方法を見ていきます。

POINT

❶ 自動送信メールは、デフォルトでは機械翻訳的で失礼な文言になっているので修正する。

❷ メールの修正には若干のHTMLの知識が必要になる。

❸ メールの修正は、「アカウントレベル」「個別のウェビナーレベル」と２段階で可能。

設定 メールの設定をする

ウェビナー設定の「メール設定」タブから、そのウェビナーのメールを編集することができます。ここでは、「送信するメールの送信元の名前とメールアドレス」の設定、「そのメールを送信するかしないか」「メールはいつ送信するか」といった設定ができます。

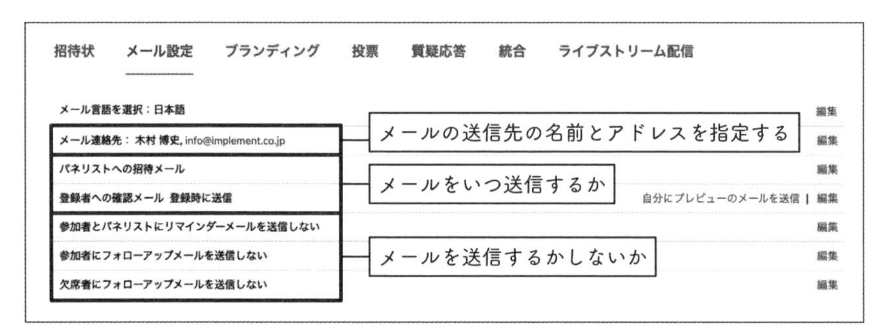

編集 メールのテンプレートを編集する

メールの文言を大きく変更したいときは、個別のウェビナーごとではなく全体の設定で変更します。「アカウント設定」の「ウェビナー設定」をクリックして、その画面を下にスクロールしていくと、メールの設定画面があります。ここではアカウント共通（自分が開催するすべてのウェビナーに影響する）の「メールテンプレート」を編集できます。**編集には多少のHTMLの知識が必要**となります。

Zoomは英語版を日本版へ移行しているので、メール文言が参加者に対して失礼にあたるような表現も見受けられます。これらは共通設定として修正しておくことで、安心してリマインドメールなどを使用できるようになります。

アカウント管理
アカウントプロフィール
アカウント設定
支払い
録画管理
IM管理
レポート
ウェビナー設定
詳細

メール言語を選択：日本語
カレンダー
参加者への招待メール
登録していない参加者への招待メール
パネリストへの招待メール
ホスト通知メール
登録者確認メール
ウェビナー更新通知メール
ウェビナーの再スケジュール通知メール
リマインダーメール
参加者フォローアップメール
欠席者フォローアップメール
代替ホスト招待メール
自分にプレビューのメールを送信 | 編集

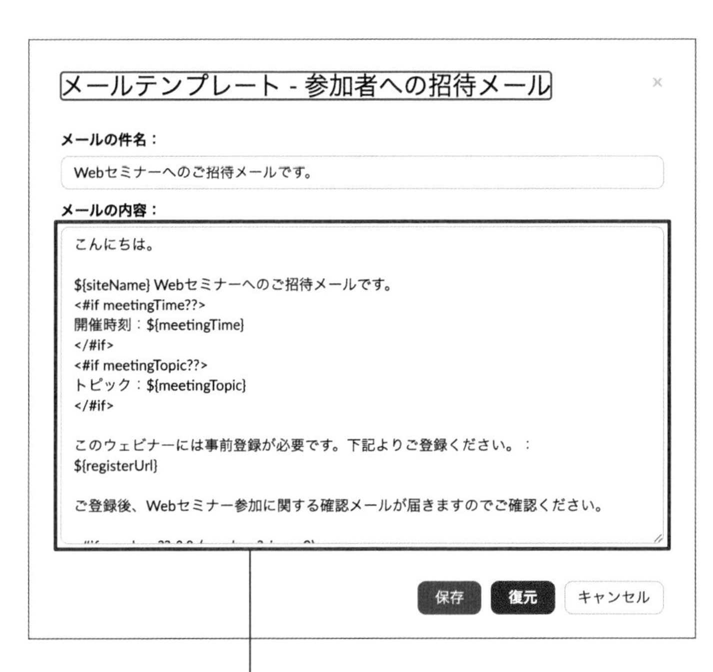

日本語として不適切なな表現もあるので、文言を修正しておく。
HTMLを使えば文字の大きさなども変更できる

Chapter 5

11〔ウェビナー〕

「ブランディング」設定で申し込み画面をわかりやすくしよう

参加者のウェビナーの申し込みページは、セミナーや自社のブランディングに関わる重要なページです。そのため、バナーやロゴの追加、テーマ色の変更といったカスタマイズができるようになっています。

POINT

❶「ブランディング」設定で申し込みページのテーマ色の変更、バナーやロゴの追加などをカスタマイズすることができる。

❷ブランディング設定は「アカウントレベル」「個別のウェビナーレベル」と２段階で設定可能。

個別設定　画像を効果的に使ってブランディングする

「ウェビナー設定」の「ブランディング」タブから、ウェビナーの申し込みページをカスタマイズすることができます。ここでバナーやロゴの設定もできます。

バナーはGIF、JPG/JPEGまたは24ビットのPNGで寸法1280px×1280pxまで、ロゴはJPG/JPEGまたは24ビットのPNGで寸法600px×600pxまでのサイズになります。

共通設定　自分が開催するすべてのウェビナー共通の設定をする

「アカウント設定」の「ウェビナー設定」をクリックすると、ブランディングの設定画面が出ます。**ここではアカウント共通（自分が開催するすべてのウェビナーに影響する）の申し込みページのテンプレートを編集できます**。

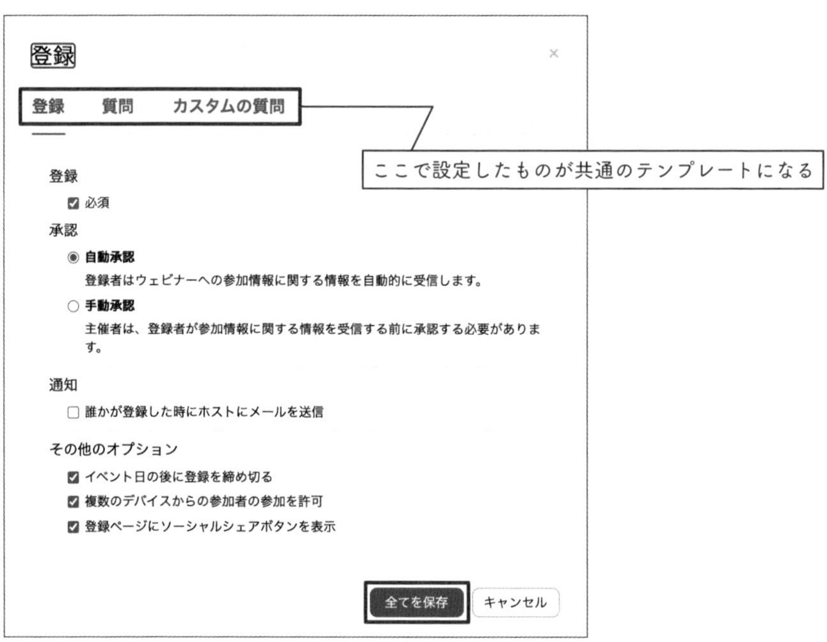

12〔ウェビナー〕

「ブランディング」設定とGoogleフォームの連携で、参加者アンケートをつくろう

動画活用仕事術オンラインセミナー

質問　回答

動画活用仕事術オンラインセミナー

オンラインセミナーへのご参加ありがとうございました。
セミナーの内容はいかがだったでしょうか。
私どもでは皆さんからのフィードバックを参考に、毎月ためになるセミナーを開催しております。
ぜひアンケートへのご記入をお願いいたします。

本日のセミナーはどこで知りましたか？

- メルマガ
- ホームページ
- 担当者から
- その他

本日のセミナーから学べたことをお書きください。

記述式テキスト（長文回答）

ウェビナーには「投票」機能がありますが、ラジオボタンによる選択式だけなので記述式のアンケートには使えません。そこで、**ウェビナー後に外部サイトにジャンプさせる機能とGoogleフォームを組みあわせて、記述式のアンケートを回収する方法**を紹介します。

POINT

❶ アンケートはZoom以外のサービス（ここではGoogleフォーム）を使うことで記述式にも対応できる。

❷ 選択だけのアンケートなら「投票」もアンケートに使える（第5章13参照）。

アンケート　Googleフォームを使ってアンケートをとる

「ウェビナー設定」の「ブランディング」タブの中に「ウェビナー後のアンケート」があります。ここをオンにすると、URLの入力画面が表示されます。ここにあらかじめ用意したGoogleフォームアンケートのアドレスを入力します。そうすることで、参加者にはウェビナー終了後にこのURLにジャンプしてアンケートページが表示されます。

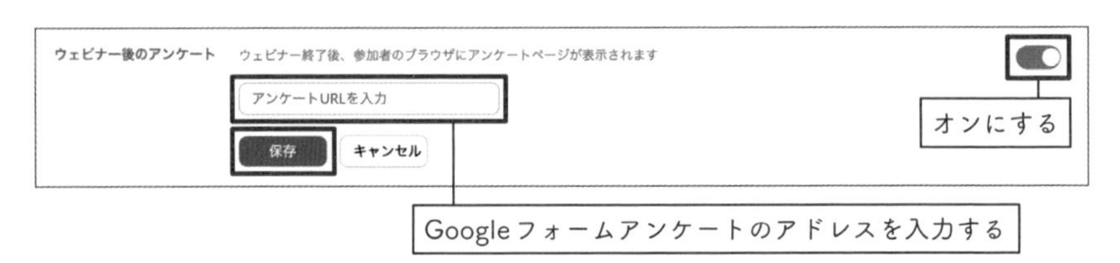

Googleフォーム

Googleフォームでアンケートフォームを作成する

Googleフォームは無料で利用できるアンケートフォームで、Googleのアカウントがあれば作成できます。もちろんほかの外部フォームサービスでも、URLさえ設定できれば使用できます。

手順① Googleにログインした状態で「Forms」をクリックする

手順② 「Googleフォームを使ってみる」をクリックする

手順③ 「新しいフォームを作成」でフォームを作成する

テンプレートもありますが、ウェビナーの内容によっては自分で設定したほうがいいので「空白」をクリックします。

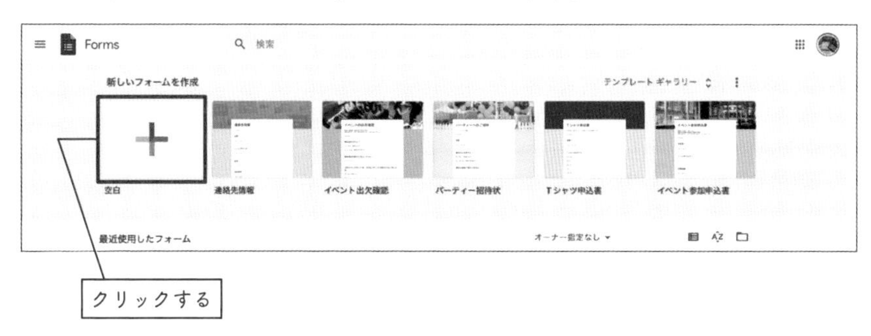

Chapter 5

手順④ 「質問内容」や選択肢の形式などを選んでアンケートをつくっていく

アンケート内容の入力が終わったら、右上にある送信をクリックします。「フォームを送信」のウインドウがポップアップするので、リンクURLをコピーします。

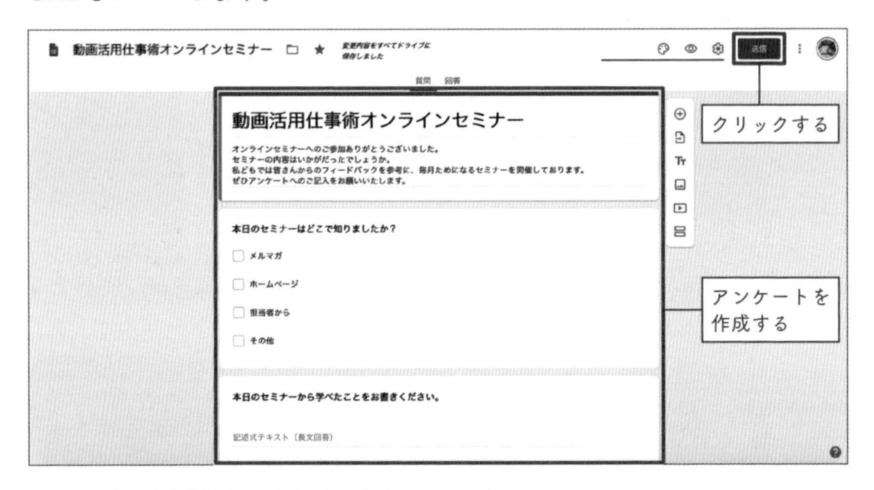

貼り付け ウェビナーの「ウェビナー後のアンケート」に貼りつける

最初の手順で説明したように、「ウェビナー設定」の「ブランディング」タブの中にある「ウェビナー後のアンケート」にコピーしたリンクURLを貼りつけます。

これで設定は完了で、参加者がウェビナーから退室（自主退室、一斉退室とも）したときに、Googleフォームにジャンプしてアンケートを記入できるようになります。

13〔ウェビナー〕

「投票」機能を活用して参加型ウェビナーにしよう

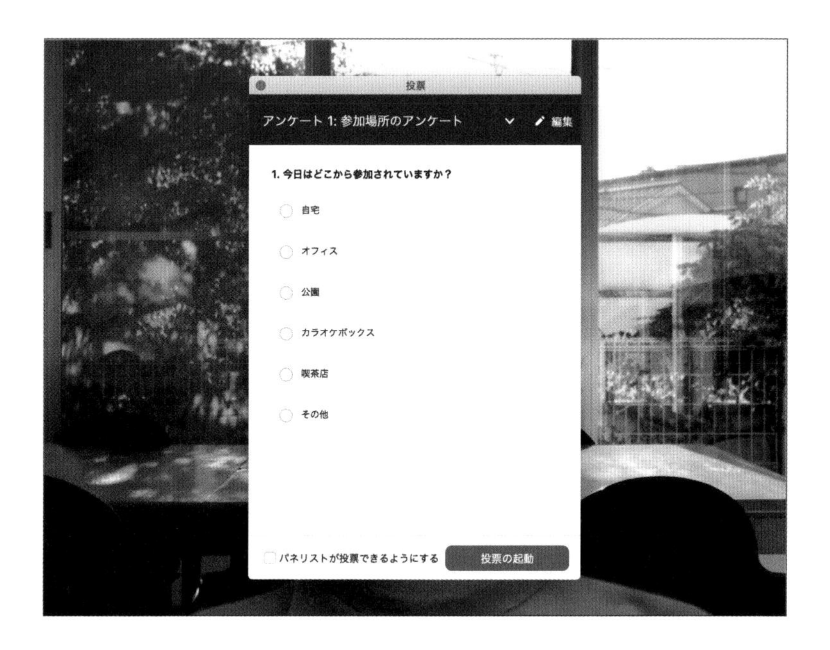

ウェビナーには、ミーティング（Proアカウント以上）と同じく「投票」機能がついています。**投票機能を使うとウェビナー中に参加者に投票（ボタン選択形式なので回答というより投票です）してもらい、その結果を見ながら話を進めることができます**。参加型ウェビナーにするための演出としても活用できます。

Chapter 5

POINT

❶ 質問は事前に作成しておくことができる。
❷ 投票結果を参加者全員にシェアしたり、レポートにすることができる。

事前設定　投票を事前に設定しておく場合

「ウェビナー設定」の「投票」タブを選び、「追加」を押すと投票を作成できます。

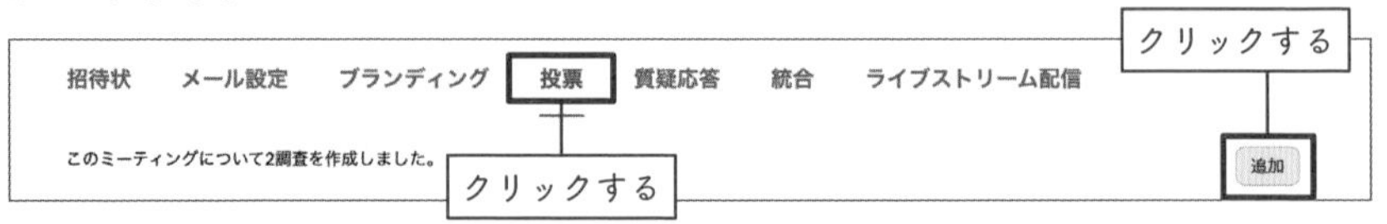

作成　質問と回答の選択肢を記入して、質問を作成する

Zoomの投票機能はラジオボタンやチェックボタンによる選択の質問だけで、記述式の回答欄をつくることはできません。選択の形式は、各参加者が回答を1つしか選択できない単一回答と複数の回答を許す複数選択肢の2通りがあります。また、各投票に対して、質問数の上限は10個となっています。

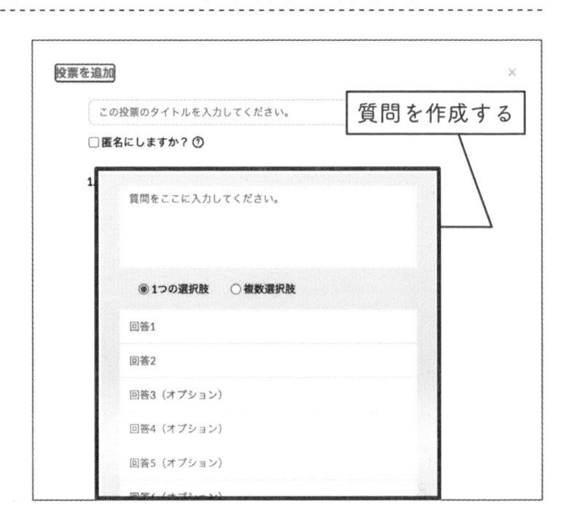

ウェビナー中　ウェビナー中に投票を開始したいとき

ホストと共同ホストはツールバーから「投票」をクリックすることで、ウェビナー中でも投票をはじめることができます。

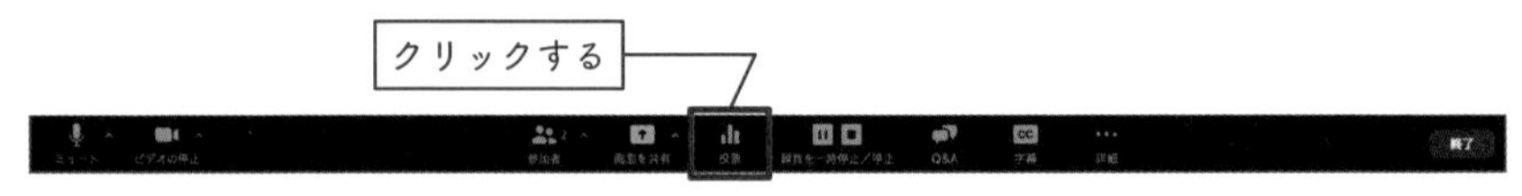

投票を選ぶ　すでに作成してある投票を選んでもいいし、新規につくることもできる

「投票」をクリックすると、投票の画面がポップアップされるので、表示したい投票を選び「投票の起動」をクリックして参加者の画面に表示させ回答してもらいます。また、このときに投票の内容を変更したり、新たに投票を作成することもできます。

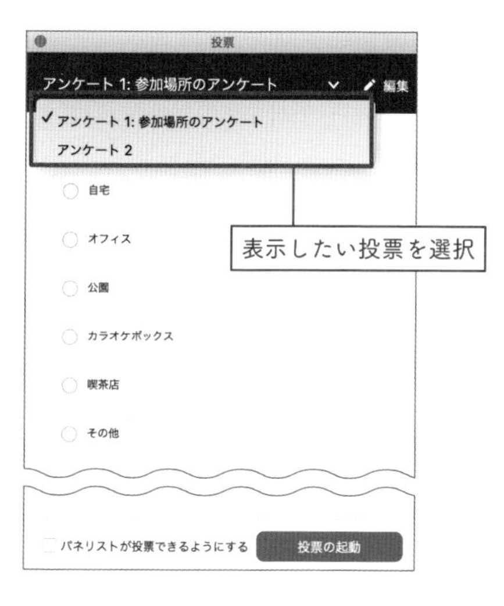

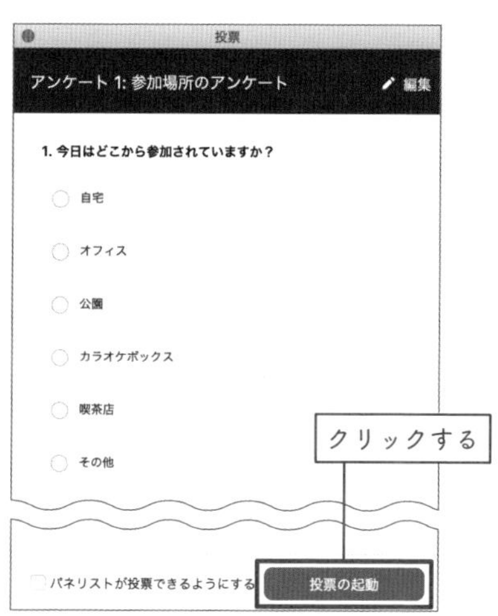

結果　投票結果は参加者に共有される

投票がはじまると、ホスト（共同ホスト）とパネリストは下図のようにリアルタイムで結果を見ることができます。この投票中の状況は参加者には表示されません。

「投票の終了」をクリックすると投票が終了し、結果を確認できます。**この投票結果は「結果の共有」をクリックすることで、参加者の画面にも表示でき**、情報を共有することができます。参加者との共有はウィンドウを消すことで終了できます。

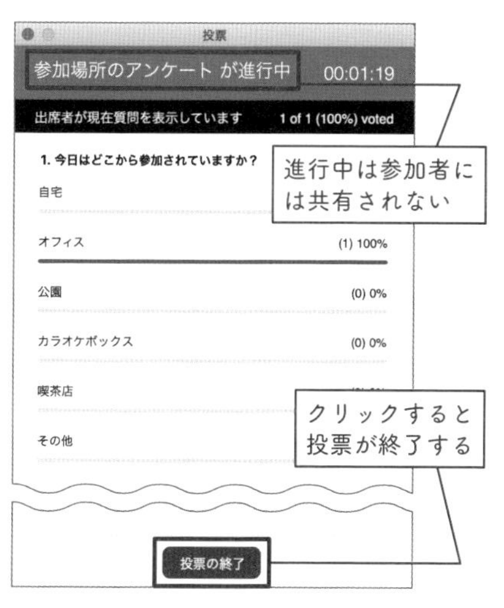

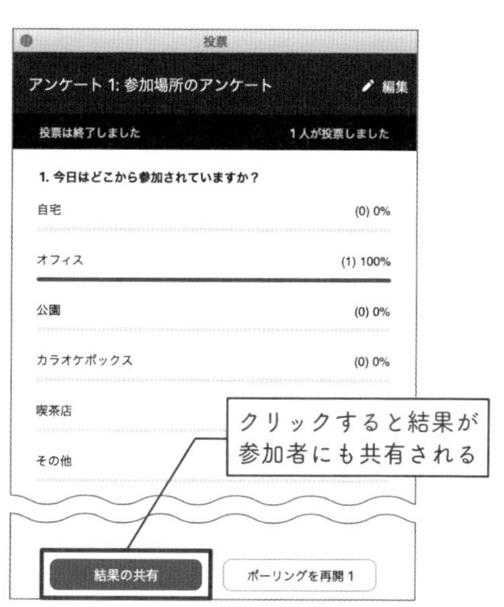

14〔ウェビナー〕

スポットライトビデオで講演者をフォーカスしよう

第3章08で、スポットライトビデオについて説明しました。特に、**ウェビナーの場合は、視聴者に見せるべき映像をしっかり見栄えよく、ストレスなく視聴してもらうためにも効果的**です。

POINT

❶ ウェビナーにおいても、ミーティングと同じようにスポットライトビデオの機能が使える。

❷ スポットライトビデオの切り替えを上手にやると、参加者はテレビで画面が切り替わるような感覚で視聴できる。

スピーカーへのスポットライトビデオの設定

ウェビナー中に、ホストが参加者を開き、スポットライトを当てたい人の「詳細」から、もしくはサムネイルの設定で「スポットライトビデオ」を選択します。この設定で視聴者のスピーカービューでその人に固定されます。

ウェビナーでは、カメラ映像を表示できるのはホスト、共同ホスト、パネリストにかぎられます。このメンバーの映像をギャラリービューで同時に配信することもできますが、**スポットライトビデオ機能を使うことができるホストもしくは共同ホストが「スポットライトビデオをオンにする」で、配信する映像を選択しながら配信すると、たとえば、司会者⇒出演者⇒司会者のように、テレビのような主役がはっきりわかる配信ができます**。

このやり方は、出演者全員が遠隔で参加するウェビナーであればさらに効果が高く、タイミングよくそれぞれの主役のときにスポットライトビデオをオンにしてあげることで、出演者も映らないときと映るときのメリハリをつけて参加することができます。

15〔ウェビナー〕

視聴者にウェビナーと同じ画面構成で見てもらおう

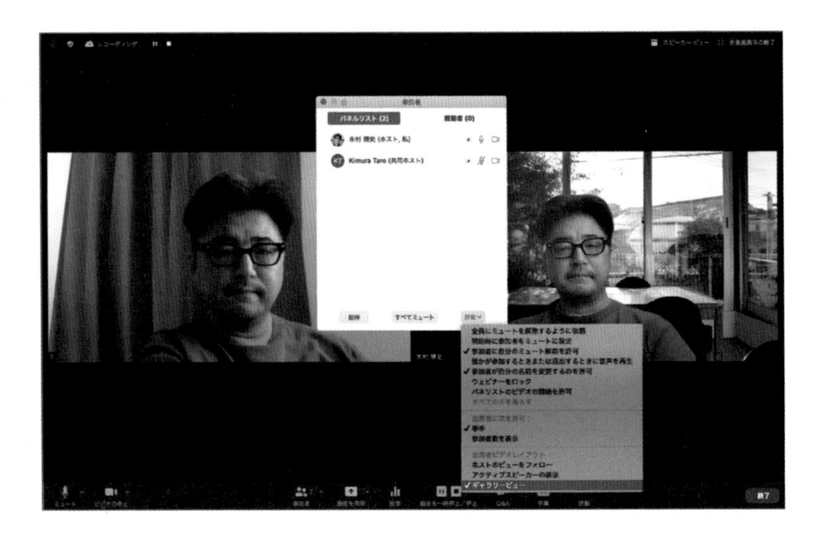

ウェビナーでは、視聴者（参加者）はテレビを見るような感覚で参加する人もいます。そのときに、参加者の画面表示をホスト側で操作できると、参加者の負担を減らすことができます。ここでは、**参加者の画面表示をホストの画面と同じ表示にして、すべての参加者に同じ画面で視聴してもらう方法**を紹介します。

POINT

❶ 参加者の「詳細」から「ホストのビューをフォローモード」にチェックを入れるとホストの画面を視聴者の画面が追従できるようになる。
❷ Zoomやウエビナーの使い方に慣れていない人に、運営者側の意図する画面を表示させることで快適に参加してもらえる。

設定① 「ホストのビューをフォローモード」から設定する

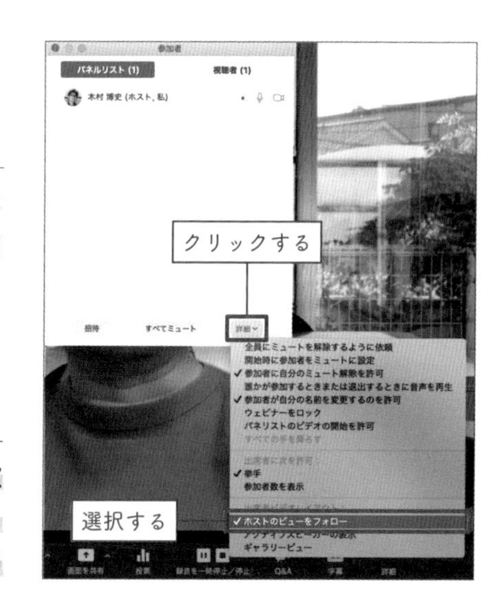

参加者画面の「詳細」から「ホストのビューをフォローモード」を選択します。

画面共有 ホストの画面共有を表示する

参加者の画面には、ホストの設定しているビュー(スピーカービューかギャラリービュー)と同じビューが映ります。またこのときにホストが画面共有をすると、ホストのウィンドウの大きさで、そのまま参加者の画面に表示させることができます。

設定② 「ギャラリービュー」から設定する

ビデオがオンになっているホスト、共同ホスト、パネリストすべての映像を表示させたければ「ギャラリービュー」を選択します。

また参加者の画面は、デフォルトでアクティブな発言者のビューが表示される「アクティブスピーカービュー」になっていますが、「ホストビューをフォローモード」と「ギャラリービュー」からデフォルトの状態に戻したいときは、「アクティブスピーカービュー」を選択します。

Chapter 5

16〔YouTube・Vimeo〕

Zoom以外のオンデマンド配信を試してみよう

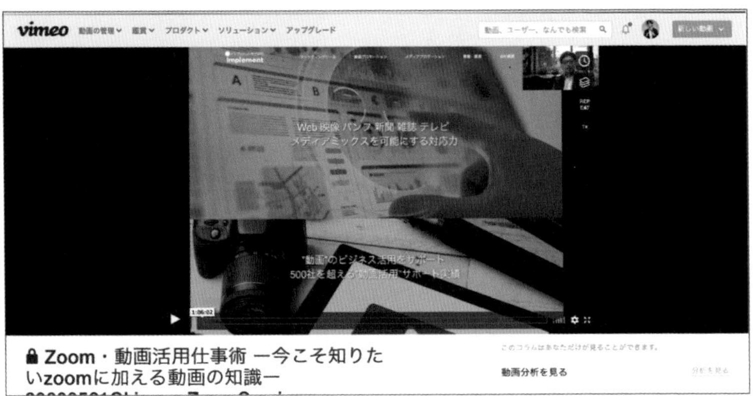

オンデマンド配信はZoomにかぎらず、さまざまなウェブサービスで対応できます。使用方法によって上手に使い分けると便利です。ここでは最も一般的なYouTubeとパスワードを付与できるVimeoでのやり方を見ていきます。

POINT

❶ Zoom以外にも、たくさんのオンデマンド配信できるウェブサービスがある。

❷ YouTubeはオンデマンド配信の代表格だが、SNSなので視聴者を限定してオンデマンドにすることは苦手。

❸ Vimeoの有料プランなら安価にパスワード付き動画配信が可能になるので、有料のオンデマンド配信がやりやすい。

YouTube　多くの人に視聴してほしければYouTubeを選択

Googleアカウントを持っていて、YouTubeチャンネルを設定していれば、YouTubeに動画をアップすることができます。ここでは動画をアップロードするところから説明します。

アカウント取得からYouTubeチャンネルの設定までは拙著「改訂版YouTube成功の実践法則60」をご覧ください。

手順① YouTubeに動画をアップロードする

YouTubeをブラウザで開けば、どのページでも右上のチャンネルアイコンの左側にビデオカメラのボタンが表示されています。このボタンをクリックして表示される「動画をアップロード」をクリックします。

動画アップロード画面に移動するので、「ファイルを選択」をクリックするか、アップロードする動画データをドラッグ&ドロップすれば、動画がアップロードされます。

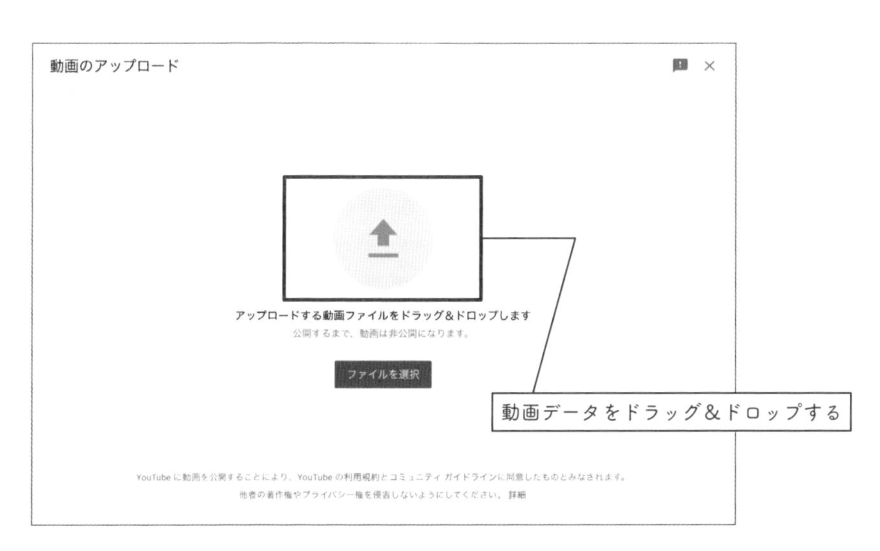

Chapter 5

手順② 動画の共有設定をする

YouTubeの公開設定には、「公開」「限定公開」「非公開」と3つのステータスがあります。**Zoomで録画したものを誰でも視聴できるようにしていいなら「公開」設定にします**。もしかぎられた人にしか視聴できないようにしたいなら、「限定公開」か「非公開」で視聴者を指定するかのどちらかになります。**「限定公開」は動画が検索にヒットしないので、その動画の視聴URLを知っている人だけがURLをクリックすることで視聴できます。「非公開」で視聴者を指定する場合は、視聴できる人をメールアドレスで指定します**。ただ「限定公開」はURLを知られてしまうと誰が視聴したかログもわからない中での公開になってしまいますし、「非公開」のメールアドレス指定は少人数であればいいのですが、人数が多くなると指定するだけで大変です。そのため**YouTubeは多くの人に視聴されてもいいという動画で使う**ようにしましょう。

Vimeo パスワードつきオンデマンドならVimeoが便利

YouTubeと同じように、ウェブでの動画共有サービスに「Vimeo」があります。**Vimeoは YouTubeよりクリエイター向きとなっているため、発表前の制作過程の動画も複数人で共有しやすいようにパスワードでの視聴制限機能など、オンデマンドに適した機能を持っています**。

パスワード機能は有料アカウントでないと使用できませんが、年間で8,400円ほどとリーズナブルな金額で利用できるので、特に有料のオンデマンドを検討するときなどは使いやすいサービスです。

Vimeoのプラン

Plus	Pro	Business	新ライブストリーミング Premium
5GB/週	20GB/週	週上限なし	無制限のライブストリーミング配信
年間 250GB シングルユーザー	年間 1TB 3人のチームメンバー	合計 5TB のストレージ 10人のチームメンバー	合計 7TB のストレージ 無制限のライブ視聴者数
¥700/月々 年払い ⌄	¥2,000/月々 年払い	¥5,000/月々 年払い	¥7,500/月々 年払い
お試し期間スタート または今すぐ購入	お試し期間スタート または今すぐ購入	お試し期間スタート または今すぐ購入	Premiumをスタート
プレーヤー カスタマイズ プライバシーコントロール ソーシャル配信	Plusプランに含まれている全機能 + 以下の機能 動画作成 レビューと承認機能 非公開のチームプロジェクト カスタム可能なショーケースサイト	Proプランに含まれている全機能 + 以下の機能 カスタムブランドで動画作成 プレーヤーのCTA機能 リードジェネレーション エンゲージメントグラフ Google Analytics	Businessプランに含まれている全機能 + 以下の機能 無制限のライブイベント 複数のサイトにライブ配信 Live Q&A、グラフィック、アンケート投票 視聴者チャット

手順① Vimeoにアップロードした動画にパスワードをつける

Vimeoに動画をアップロードすると、タイトルなどの設定画面になります。この設定の「プライバシー」欄の「誰が視聴することができますか？」で、「パスワードを持っている人」を選択して任意のパスワードを設定すれば、パスワード付きで動画を共有することができます。

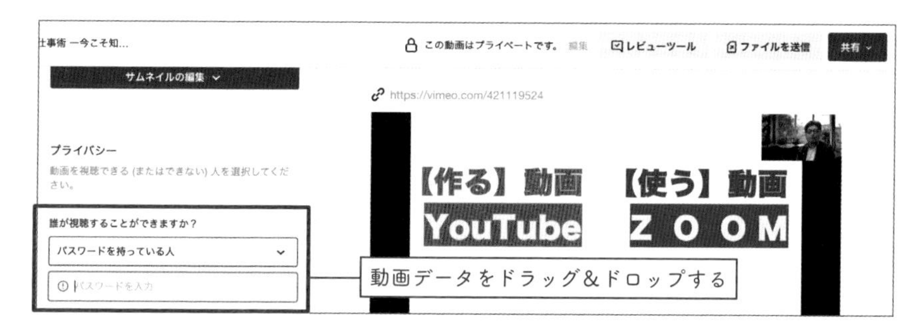

手順② 視聴者はパスワードを入力しないと動画を視聴できない

視聴者は動画のURLをクリックすると、下記のようにパスワードの入力を求められるので、パスワードを知らないと視聴することができません。また**このパスワードは管理画面で一括修正など簡単に変更することができるので、期間限定公開や月別会費制での動画共有などは、便利に使用することができます**。

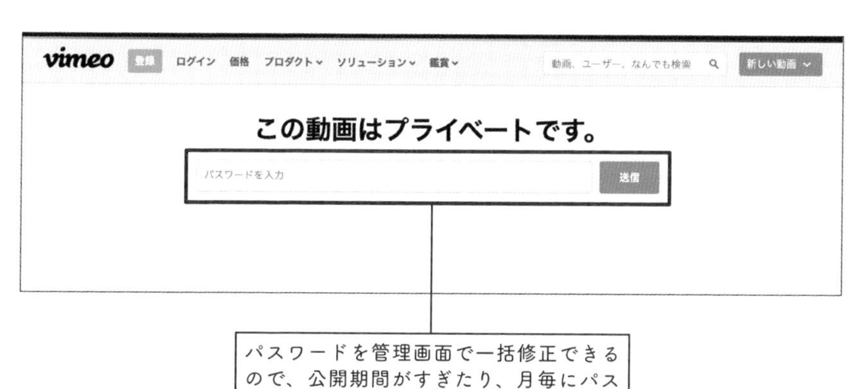

17〔録画〕

Zoom記録を高品質で録画しよう

Zoomの録画映像は、配信時の受信側画面解像度をもとにZoomで最適化された解像度で保存されるため、そのままでは一般的なテレビのサイズである16:9では見づらい画面になってしまいます。ここでは**Zoom記録を動画編集ソフトでも使えるように、高画質で録画する方法**について説明します。

POINT

❶ Zoom録画の解像度はテレビモニターの解像度と異なるので、そのままでは使いづらいときは動画編集ソフトで調整する。

❷ Zoom録画の1秒間のコマ数は日本のコマ数と異なるのでモッサリした感じになる。

❸ テレビモニターで視聴する動画編集を意識するときは「グループHD」を有効にすることで720p、30fpsの16:9サイズで記録を残すことができる。

作成　Zoom記録の解像度について

Zoomの記録データの解像度は記録をした際の受信側PCの画面解像度によってしまいます。受信側がZoom配信の最高画質720p（プランによって1080pまで可能）以上のモニターと接続していれば、記録サイズは720pサイズになります。

実際はPCの画面解像度で受信するのが一般的なので、テレビのモニターサイズとは異なるサイズで録画されてしまいます。録画をテレビで見たとき、モニターと動画のサイズズレから上下に黒いフチが発生してしまいます。見た目にこれがあまりスマートではないので、このフチの部分を動画編集ソフトで加工してしまえば、サイズもテレビモニターサイズに見えて、オリジナル性も表現できます。

コマ落ち　Zoomのコマ数について

動画は静止画をペラペラとめくることで動いているように見せています。このペラペラとめくる静止画の1秒間あたりの枚数をfps（flames per second）という単位で表現します。日本のテレビは29.7fpsですが、Zoomは25fpsになります。一般的な動画視聴ではさほど気にならないかもしれませんが、このまま**日本規格のDVDにしてしまうと、いわゆるコマ落ちとなるため動きがモサッとした感じになります**。動画編集ソフトによってはこのコマ落ち分を補完する編集ができるものもありますが、プロ用の編集ソフトになるので、この**コマ数については割り切ってそのまま使用する**ようにしましょう。

16:9　高画質動画を記録する3つの方法

ここまでの2つの問題を解決してくれるのが、「グループHD」設定です。**グループHDを有効にすると、解像度が720pの16:9サイズ、fpsが30fpsで記録してくれるので、テレビモニターサイズにあったものになります**。そのため録画データを利用することを考えるとグループHDを選ぶことになりますが、グループHDは配信側受信側とも十分なネットワーク帯域の確保が必要になってくるので、ネットワーク環境を整えるとともに視聴側への影響も考慮して配信するようにしましょう。

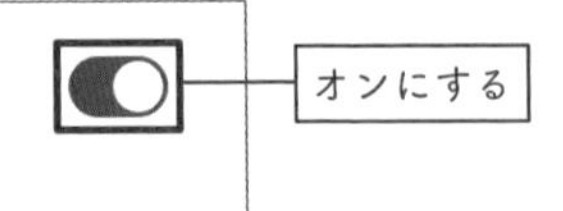

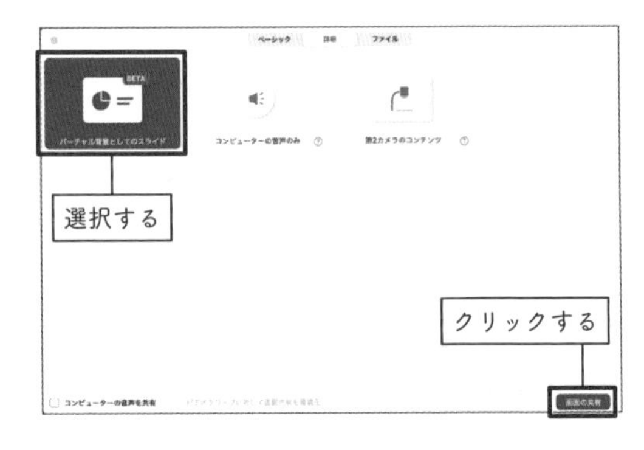

もうひとつの方法として、**画面共有で「第2カメラ」を選択すると配信するカメラの解像度での配信と記録が可能になります**。この方法でもクオリティの高い画質で配信できますが、こちらもグループHDと同様に、配信側視聴側のネットワーク環境などを考慮して使用するようにしましょう。

さらに録画だけを目的としていれば、**2名でミーティングを使用することでZoomの配信がP2P（ピアツーピア）での配信になるので、720pでの映像配信と記録が可能になります**。

まとめ Zoomの配信を高品質に記録する5つの方法

ここまでのことをまとめると、**Zoomの配信を高品質に記録するには、次の対応をします**。録画データを重視するなら、この方法で記録してみましょう。

1. 配信PCでの品質を保つため、高スペックのPCを使用し、Zoom以外のソフトやアプリは閉じて、メモリやCPUに余裕を持たせる
2. ネットワーク帯域を確保するために有線でインターネットに接続し、十分なネットワーク帯域とスピードが出ていることを確認する
3. 「グループHD」を有効にして配信する
4. 受信側のPC解像度は720p以上のものにする
5. 記録のみと割り切れば、Zoomミーティングを2名で開催しP2P配信する

18〔上級〕

企業がイベント配信時に注意したいこと

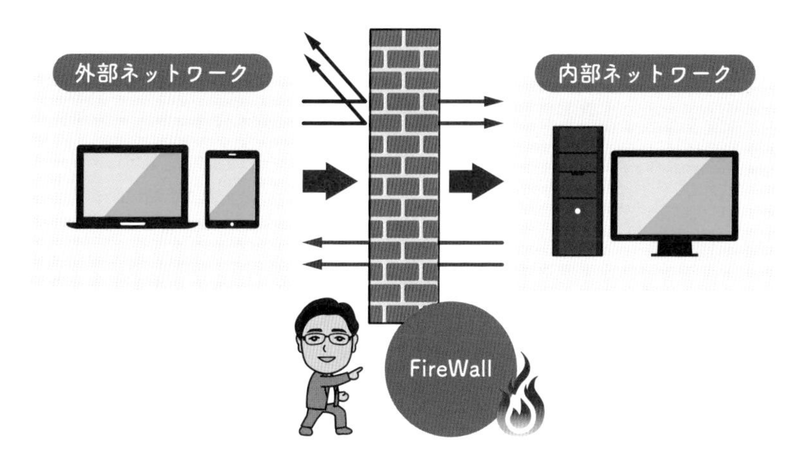

さまざまなイベントがオンライン化していくなかで、企業では自主運営でオンラインイベントを開催する必要が出てきています。そのときに**注意したいのが企業ごとに会社として設定されたPCやネットワーク環境へのセキュリティ対応**です。本書に書いているようにできないこともあるので、運営にあたっては事前確認、さらにはシステム部門やコンプライアンス部門との調整なども意識して対応しましょう。

POINT

❶ 企業によってはセキュリティ保護の観点から、PCだけでなくネットワーク環境にもセキュリティが設定されていることがある。
❷ しくみ上、配信できないときには、これら企業ごとのシステム環境設定を確認して対応する。
❸ 会社として禁止していることはできるだけ避け、代替策を考える。

トラブル① ビデオキャプチャを購入したけど映像が映らない

本書でも、ビデオキャプチャーやビデオスイッチャーを使った配信方法を紹介（第6章参照）していますが、そのとおり機材を購入しても、PCに映像が映らないということが起きるかもしれません。もしそのPCが会社から提供されたPCだったら次の2点を疑ってみましょう。

① 情報漏洩防止のためUSBポートを無効にしている
② PCのセキュリティ設定でビデオキャプチャのドライバーのインストールができなくなっている

この2つはよくある事例です。もちろんシンクライアント端末である場合も同じです。その場合、設定は正しくても、そもそも受け入れてくれない設定になっているのでビデオキャプチャを接続することはできません。この事象がわかったら会社のシステム管理部門などと調整して、イベント時だけ対応できる設定にできるのか、もしくは別の対応できるPCを用意できるのか、確認して対応します。

トラブル② Zoomが起動しない

Zoomを使って配信しようと思い、Zoomアプリをダウンロードしたけど、アプリがインストール完了直前で止まってしまう、あるいはアプリが起動しないということもあります。

この場合は、次の2点を疑ってみましょう。

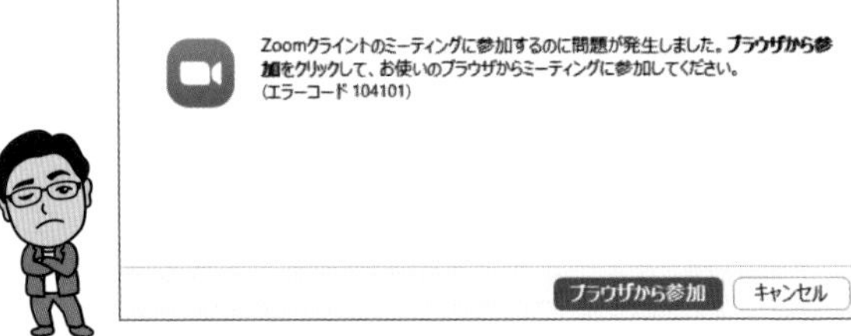

① PCのセキュリティソフトが勝手にアプリをインストールできないようにしている
② PCのセキュリティソフトがポップアップや自動起動アプリに制約をかけている

このようなときは、まず**Zoomをアプリベースではなく、ブラウザで起動してみましょう**。これで多くの場合は解決します。それでもZoomに接続しないときは、さらに次項のような理由を確認してみましょう。

トラブル③ アプリもブラウザもZoomにつながらない

アプリでもブラウザでもZoomが起動しないことがあります。**アカウント登録やミーティングやウェビナーのスケジュールはできるけれども、肝心のZoomが起動しないという事例**です。このようなときは、「接続中」モードのままでフリーズしたり、「ネットワークエラー、もう一度やり直してください」「サービスに接続できません。ネットワークへの接続を確認して後でもう一度お試しください」というメッセージが表示され、タイムアウトします。この場合は次のようなことが考えられます。

① 会社のネットワーク環境でZoomがファイヤーウォールに引っかかっている

② ファイヤーウォールに対するホワイトリストとしてZoomが登録されていない

Zoomは、TCPでは80と443（プロキシサーバーは443）を使用して外部ネットワークとつながります。ここにファイヤーウォールがかかっていると接続エラーになります。この場合は、**「zoom.us」と「*.zoom.us」をホワイトリストに載せる**ことを企業として対応する必要があります。

※そのほかのファイヤーウォールとセキュリティゲートウェイについてはZoomヘルプセンターを参照してください。

これとは別に、あなたの会社がオンプレミスのZoomミーティングコネクターを採用しているといった環境による原因もあるので、それぞれ対応することになります。

どのような場合も必ず原因があります。その原因を見つけて対応策を探し、社内対応が難しければ配信委託を検討するなど、何かしらの代替策はあるので、理由を推測し確認していくことを心がけて対応しましょう。

ウエビナーのことが
わかれば、
ミーティングで
配信しているものも
ウエビナーに切り替えたく
なります。

Chapter 6

事例別
配信セッティング

ここからは、さまざまなシチュエーションでの使用方法を具体的に見ていきましょう。自分のやりたいことにあわせて読んでいただいても大丈夫ですが、機材は共通のものも多いので、多くは01節にまとめています。ほかにも紹介するシチュエーションで最初に登場したところで詳しく説明して、それ以降のシチュエーションでは名称の紹介だけにしています。もしわからない機材などが出てきたら、その前のシチュエーションから探してみてください。

01〔接続・機種選び〕

機材・ガジェットの接続方法・選び方をマスターしよう

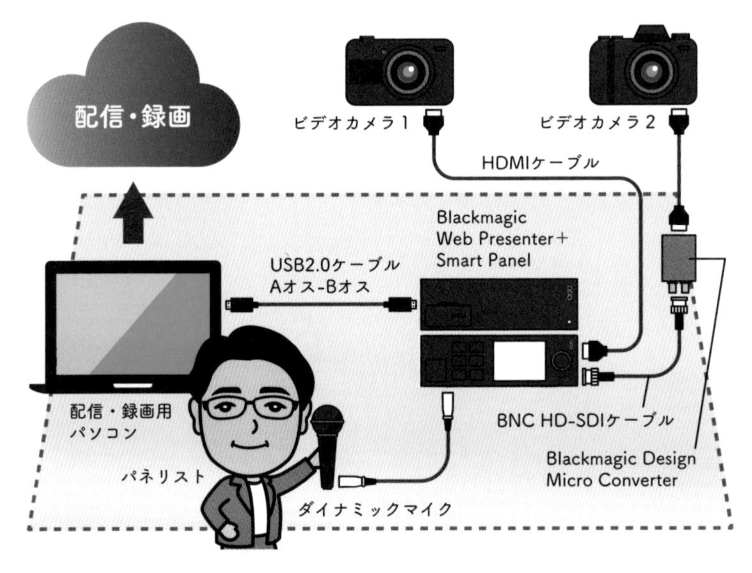

ここでは**カメラ、マイク、スピーカー、ミキサー、照明などの機材の選び方について説明します**。いいものを求めれば高価になるので、目的に応じた機材を選ぶポイントをつかんでおきましょう。特にビデオデバイスに関する理解が不十分なことによるトラブルが多いので、十分気をつけましょう。

POINT

❶ 映像信号とPC信号の違い、ビデオデバイスの役割を理解する。
❷ ハウリング/フィードバック対策には、エコーキャンセラー機能つきのマイクを選ぶ。
❸ 照明・グリーンバックは、最初は安価なもので十分。
❹ 機材は目的から選ぶようにする。

信号　撮影用カメラをパソコンにつなぐだけではダメ

撮影用のカメラを、ウェブカメラではなく、ビデオカメラや一眼レフカメラなどにすると格段に画質がよくなります。ここでトラブルが多いのが、ビデオカメラや一眼レフカメラなどとパソコンの接続方法です。ただケーブルを接続するだけでは対応できないことが多いので、そのしくみをちゃんと知っておきましょう。

まずビデオカメラからケーブルを伝って送信される映像の信号について見ていきます。

大切なことは、**ビデオ映像信号とPC映像信号は違う**ということです。下記（左）はビデオカメラをPCに接続した例です。これはビデオカメラから出力されたビデオ映像信号が「ビデオキャプチャ」というデバイスを通してPCに入力されています。**ビデオカメラや一眼レフカメラビデオの映像信号はPC映像信号ではないため、PC映像信号に変換する必要がある**のです。この変換を行うのが「**ビデオキャプチャ**」になります。PCに入力する映像信号を取り込む（キャプチャする）機器なので、ビデオキャプチャといいます。つまり「ビデオ映像信号→PC映像信号」となります。ビデオキャプチャの多くが、逆の「PC映像信号→ビデオ映像信号」には対応していないので、出力が必要な場合には別の機器を使用することになります。

一方、下記（右）はウェブカメラをPCに接続した例です。**ウェブカメラは直接PC映像信号として映像データを出力するため、PCのUSB端子に接続するだけでそのまま使うことができます**。ビデオキャプチャがいらないので、シンプルな構成になります。

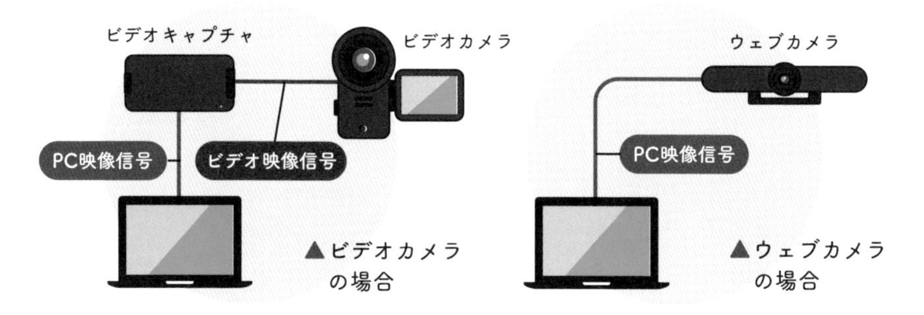

▲ビデオカメラの場合

▲ウェブカメラの場合

ビデオキャプチャはたくさんの種類が発売されています。YouTubeでゲーム実況配信に使用されるゲーミングキャプチャもあれば、プロが使用するビデオキャプチャもあります。ビデオキャプチャに特化した機器としては、IO-DATAのGV-HUVCなどがあります。

PCの画面やPCで再生された動画を映像信号として使う場合、PC信号の映像データを映像信号に変換する作業が必要になります。この変換作業を「コンバート」といい、機器を「**コンバーター**」といいます。PC信号はデジタルで、カメラなどの映像信号はアナログです。デジタルからアナログに落とすので「ダウンコンバーター」と呼ばれます。ちなみに先ほどのビデオキャプチャもコンバーターです。アナログ信号からデジタル信号に変換するので「アップコンバーター」といわれています。

▲I-O DATA GV-HUVC
（実勢価格：1万5,000円）

この**PC信号をビデオ信号に変換する際に便利なのがスケーラー付きの「スキャンコンバーター」**です。

スキャンコンバーターは名前のとおりデータをスキャンして、アップ・ダウンともに対応できます。そのためPCからの映像信号をビデオ映像信号に変換することができます。

ただPCと映像には、もうひとつ互換するために調整しなくてはいけない「**画面解像度**」というものがあります。映像データは1920×1080Pixなど画像サイズにパターンがありますが、PCは機種によってまちまちになります。そのためコンバーターだけで接続すると、映像のサイズがあわずに文字が崩れたり画面が引き伸ばされたり正しく表示されません。それをデジタル処理でサイズ調整するのが「**デジタルスケーラー**」になります。**このコンバーターとデジタルスケーラーを介して、はじめてPC画面が映像データになります**。この両機能は組みあわせて使用することが大切なため、RolandのVC-1-SCなど両機能が搭載された機器が出ています。**パソコン画面を映像としてうまく取り込めていないときの原因のほとんどがこの問題**です。このあと紹介する最近のビデオミキサーは、最初からこのコンバーターとスケーラーが組み込まれ

▲Roland VC-1-SC（実勢価格：13万円）

ているので、取り扱いが簡単になってきています。

ここまでの説明で「**ケーブルは同じHDMIケーブルでも、中を通っている信号は異なるものだからつなげば映るというわけではない**」ということがわかりました。

これらデータ変換する機器は、ビデオデバイスとしての機能は同じでも、信号を変換する際の精度の差などで値段が大きく異なります。高価格のものはきめ細かく修正したり、コマ落ちを補正してくれたりしますが、そこまでのものが必要なのか、今の自分にあったクオリテイの機器をピックアップするのが大切です。

機種 目的にあわせたカメラの選び方

カメラを選ぶ視点は3つあります。

性能（数値）がよければいいほど、きれいな映像が扱える

どれだけ広い範囲を撮れるかということ。1人で会議をするときには自分だけが映ればいいが、会議室に複数人いると広く撮影する必要があるので、広角撮影ができるカメラが必要になる

背景にボケ味をつけたいのなら深度をつけて撮れる一眼レフを選ぶとか、少しボケさせて被写体が映えるようにする機能や、カラーグレーディングといって、映像の色を変えて芸術性やデザイン性を演出して撮影する機能を持つカメラを選ぶ

① ウェブカメラ

カメラはいろいろありますが、**まずは簡単にPCに接続できるウェブカメラを用意することからはじめるといい**でしょう。ウェブカメラのいいところは安価で簡単だということ。3,000円程度から入手できますし、前述したように接続が簡単です。ただし、焦点やホワイトバランスの調

整がうまくできないものがほとんどで、フォーカスの調整もできないなど、きれいに撮るという性能では劣るのが欠点です。

❷ ビデオカメラや一眼レフカメラ

この場合は画像調整も可能ですし、**一眼レフカメラだとフォーカスを調整しておしゃれに撮ることもできます**。しかし、前述したようにビデオキャプチャが必要なので、その分費用がかかり接続も複雑になります。また**一眼レフカメラの場合は、動画収録時間が30分未満の製品がほとんどであることも注意が必要**です。ただ、最近は需要増もあり、カメラにビデオキャプチャ機能を搭載してHDMIケーブルを接続するだけでウェブカメラと同じように使用できるビデオも増えてきています。

❸ お勧めカメラ①

logicool（ロジクール）のMeetUp（ミートアップ）なら、10万円程度しますが、カメラの近くにいる人を含めて会議室の全員を撮ることができます。またカメラレンズをズームさせたり上下左右にリモコン操作で動かすこともできるので、可動域が大きく広がります。さらに高性能なマイクやスピーカーも内蔵していて、声もしっかり集音してくれます。**会議室でのウェブ会議を意識したエコーキャンセリング機能を搭載しているので、双方向で話をしてもハウリングの心配もありません**。そして何よりウェブカメラなので、PCにUSBを挿すだけで使うことができる簡単さで失敗することなく安心して使えます。

▲Logicool MeetUp
（実勢価格：10万円）

❹ お勧めカメラ②

ZOOM（本書のテーマのZoom社とは違う会社です）のQ2nもお勧めです。これは製品としてはカメラ付きICレコーダになりますが、USBでパソコンと繋げばウェブカメラとしても使える機能を持っています。また**ICレコーダなので、ウェブ配信の音声もICレコーダーとして録音できます**。

筆者はテレビ番組の制作もやっていますが、テレビの現場ではコロナ禍でタレントが自宅などからリモート出演することが多くなっています。こんなときQ2nをタレントに渡し、Zoomなどでリモート出演してもらっています。この**Q2nなら音声もマイク機能でクリアにキャッチできるので、テレビとしてのクオリティも保てます**。

▲Zoom Q2n-4K
（実勢価格：2万5,000円）

❺ お勧めカメラ③

「かなり凝った映像配信をしてみたい」というなら、BMD（Blackmagic Design）のCinema Cameraです。これは映画撮影に使用できるくらいのカメラですが、価格的には一眼レフカメラと同じ費用感で入手できます。**映画撮影用ですから、映像の配色などをきめ細やかに調整することができます**。カリスマモデルの女性タレントがYouTube用に使っているということでも話題になりました。ただし、性能がいいということは、それだけ使用方法が複雑ということでもあるので、やはり高性能だとか誰が使っているからということだけではなく、目的に応じて機材を選ぶようにしましょう。

▲Blackmagic Design Pocket Cinema Camera 4K（実勢価格：17万円）

機種 目的にあわせたレンズの選び方

望遠、広角、マクロ、単焦点レンズなどいろいろな種類がありますが、**50mm前後の単焦点レンズが安価でお勧め**です。単焦点レンズはズーム機能がついていないので、**カメラを動かさないと画角があいませんが、明るいレンズも多く、背景をぼかすこともできるので、独特の雰囲気をもったオシャレな映像で配信することができます**。レンズメーカーから出ている安価なレンズもお勧めです。

機種 目的にあわせたマイクとスピーカーの選び方

マイクは音質、指向性、有線か無線かといったことが選択のポイントになってきます。

① 音質

通常安価で売られているものは「**ダイナミックマイク**」と呼ばれるものです。これでもミーティングなどでは問題ない品質です。それに対して高音質で集音することができる「**コンデンサーマイク**」というものがあります。これは**電気で音声信号を変換する機能がマイクについているため、とても音質がいい**という特徴があります。音楽配信などではこちらを使うようにします。

② 指向性

指向性はマイクが集音する方向を示したものです。たとえば、**前面180°であれば、前面の音だけで、後ろの音は拾いません**。下記のようにマイクの指向性にもタイプがあります。用途に応じて使い分けるに越したことはありません。マイクによってはシチュエーションにあわせて、指向性を切り替えられるものもあります。

▼マイクの指向性（真上から見た場合）

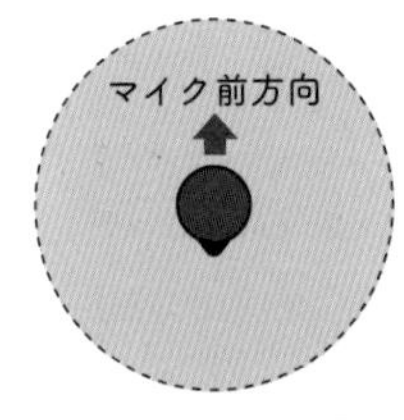

無指向性

マイクを中心に360度周囲のすべての音を集音可能。会議室でのディスカッションや自然の中での環境映像などに選択。

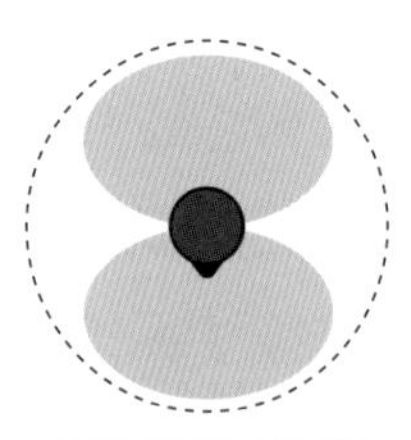

双指向性

マイクを中心に前後の音を集音。インタビューアーの質問の声も収録したいときに選択。

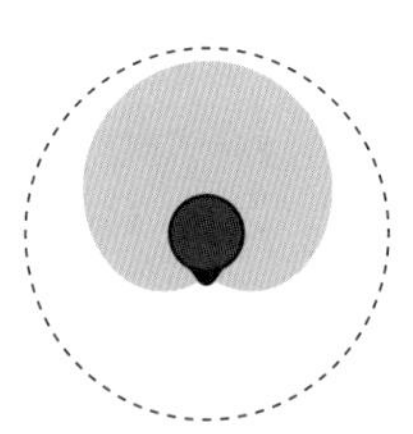

単一指向性

マイクの前方の音だけを集音。インタビュアーの質問の声は入れたくない収録や動物の行動記録など、被写体の音だけに注目したいときに選択。

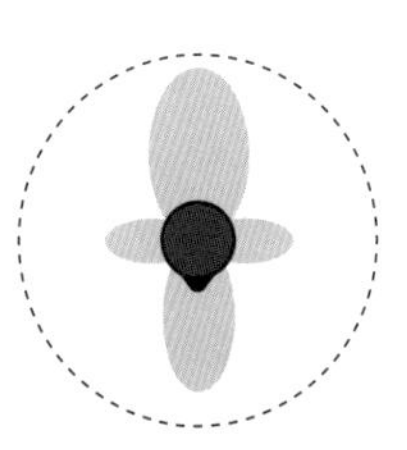

超指向性

あるいくつかの方向のかぎられた範囲の音だけを集音。人混みの中で特定の人物にだけマイクを向けたり、自然の中で特定の音だけをしっかり録りたいといったような場合に選択。

③ 有線・無線

有線か無線かもシチュエーションにあわせて考えましょう。**有線はUSBやミニピンで接続するので、簡単に接続できます**。**無線は一般の人が使用する機材（民生用といいます）では、Bluetoothを使った無線接続機器が多くなります**。テレビ収録などでも使われるプロ用機材では、A帯、B帯といった周波数の異なるワイヤレスマイクが使用されます。最近はネット通販などで無線免許が不要なB帯のワイヤレスマイクも安価で販売されていたりしますが、B帯は街中だと店頭の呼び込みなどで使用しているスピーカーやトラックの無線などと同じ周波数帯なので、混線したりして、使用するのに少々知識が必要になってきます。

セミナー講師　ワイヤレスのピンマイクがお勧め

セミナー講師なら、登壇して動きながらでもきれいに集音してくれるワイヤレスピンマイクがお勧めです。**ピンマイクは指向性が強いので、会場のほかの音を拾うこともなく声だけを聞きやすく集音してくれます**。

▲RODE Wireless GO
（実勢価格：2万5,000円）

ワイヤレスマイクもたくさん種類がありますが、**RODEのWireless Goという製品は一般の人が使用することに重点を置いた簡単操作のワイヤレスマイクで、コンパクトかつ、受信機の出力端子が一般的に使用されているミニピンだったり、送受信機を簡単にペアリングできたりする仕様になっています**。このあと説明するATEM Miniなど、さまざまな機器との組みあわせも簡単にできます。

セミナーや会議の場合、ハウリングやフィードバックを防ぐ「エコーキャンセリング」機能の有無も大切なポイントです。ハウリングやフィードバックを防ぐ設定は大変難しいので、この機能がついていると安心です。

セミナーや会議でお勧めなのが、Jabraの510という製品です。全範囲の音を集音してくれるので、会議のときは参加者の真ん中に

▲Jabra Speak 510
（実勢価格：2万円）

置くだけです。スピーカーもエコーキャンセラー機能があるのでハウリングやフィードバックが起きません。

機種 目的にあわせたミキシングやスイッチングのための機材の選び方

ここでは**映像や音声を切り替えたり、合成したりする機器**を見ていきます。

❶ ビデオミキサー

売れ行きがとてもいいのが、BlackmagicDesignのATEM Miniです。ビデオミキサーとして映像を合成したり、切り替えたりする機能のほかに、ビデオキャプチャとしての機能、オーディオミキサーの機能、デジタルスケーラーの機能までついていて大変便利です。そのうえ、従来品と比べて安価なのも人気の理由です。入力映像が確認できて録画もできるATEM Mini Proや、さらに録画にこだわったATEM Mini Pro ISOとラインアップも充実してきています。

装置のインターフェイスはシンプルですが、パソコンと接続することによって専用アプリで詳細な設定ができるようになっています。

ほかにも**Rolandの V-02HD（実勢価格：8万円）など安価なビデオミキサーがいろいろと出てきています**。

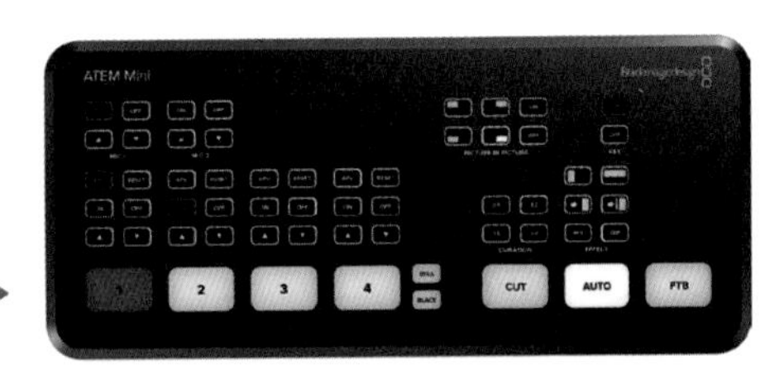

BlackmagicDisign ATEM Mini ▶
（実勢価格：4万円）

❷ 音声ミキサー

ZOOMのL8がお勧めです。これはウェブ配信も意識して設計されていて、配信にとても使いやすいミキサーです。これ単体で録音することもできるので便利です。

ZOOM L8（実勢価格：4万円）▶

機種 目的にあわせた照明やグリーンバックの選び方

Neewer LEDビデオライトと▶
スタンドライティングキット
(実勢価格：1万5,000円)

❶ 照明

いきなり高価なものを用意せずに、まずは安価なもので使い方に慣れていきましょう。ライトはLEDで問題ありません。ここではAmazonでも入手できる**Neewer（ニューワー）のライト**を紹介します。

ポイントは、調光ができることです。光の強さはもちろんですが、色味が調整できることが重要です。色味とは光の色のことで、この調整は少し難しい言葉でいうと、色温度調整とかホワイトバランス調整といいます。

ホワイトバランスは、カメラで意識していても、照明では意識しない人が多いかもしれません。しかし、照明においても白なら白、黄色なら黄色と、撮影場所にあわせた色の照明を使ってこそ、本来の色が表現できます。

上記のライトだと2台使用して影を消すといった配置の工夫をしなくてはいけませんが、1台だけでまかなえる、いわゆる「**女優ライト**」と呼ばれているものを紹介します。これは円形のライトで、その中央にカメラを置いて使うことができます。このライトで撮影すると、照明からの光を幅広く散らして全体的に明るくすることができるので、被写体の1カ所がてかてか光ってしまうことがありません。これで強い光を当てると肌が白くなってきれいに見え、瞳孔にうまく当てると黒目も輝いて見えるので、女優ライトと呼ばれています。

◀Neewer LEDリングライトとライトスタンドキット
（実勢価格：1万5,000円）

もうひとつ小型のお勧め製品を紹介します。コンパクトで便利なので、筆者も愛用しているライトです。これは充電式の小型LEDライトで、だいたい携帯電話のサイズくらいで、1/4ネジが付いているのでカメラに乗せることもできます。

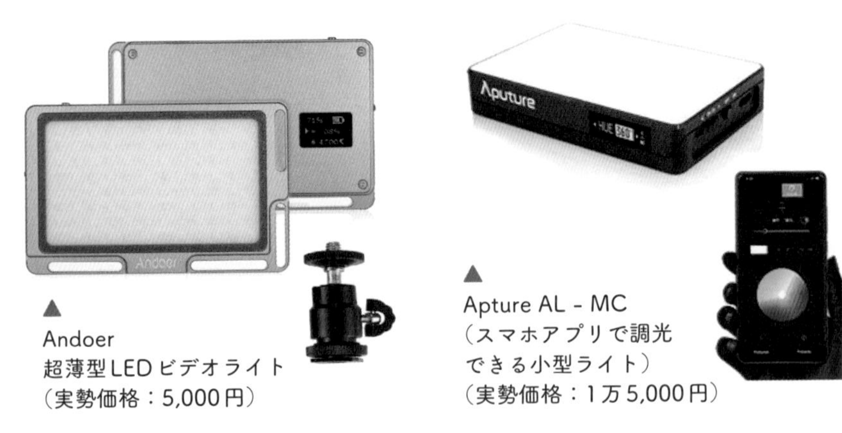

▲
Andoer
超薄型LEDビデオライト
（実勢価格：5,000円）

▲
Apture AL - MC
（スマホアプリで調光できる小型ライト）
（実勢価格：1万5,000円）

❷ グリーンバック

パソコンのスペックが低くてうまくバーチャル背景が使えないとき、そうでなくてもきれいにバーチャル背景を使いたいとき、つまり画像を合成するクロマキー技術を使うときに必要になります。

少しだけクロマキーの原理について説明しておくと、白色光は3原色（Red、Green、Blue）で構成されています。クロマキーはこの3原色の中から一色を抜いて、映像の一部を透明にしたところへ別の映像を合成する技術です。グリーンのほかブルーでも可能です（レッドは人の肌などで使われているため使いません）。

グリーンバックは高価なものを買う必要はありません。下記のように折りたためるものや、手芸店で売っているグリーンフェルトを使っても問題ありません。

それよりも**重要なことは、影をつくらないこと**です。**ライトを使うときには片側からでなく、左右から光を当てて、影ができなくします**。影ができるとその部分の色味が変わって、色が抜けなくなってしまいます。**照明を使いこなすことが上手なクロマキーのコツ**ともいえます。

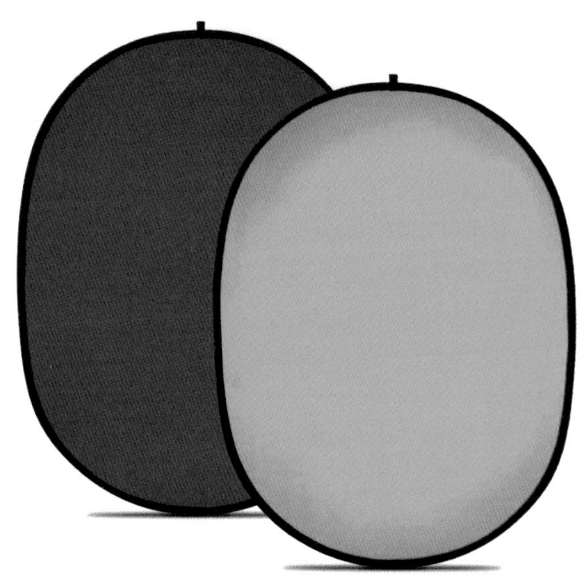

▲Neewer 折りたたみ式
リバーシブルクロマキー背景
（実勢価格：4,000円）

02〔中級〕

ライト、カメラ、マイクにこだわったミーティング

Zoomでのカメラ設定やオーディオ設定などについて触れてきましたが、ここでは、**もう少し機材にもこだわったZoomミーティング**をやるにはどうしたらいいのか？　見ていきます。

POINT

❶ カメラは一眼レフ、マイクはコンデンサーマイク、ライトは調光ライトを使う。
❷ ミーティングなので机の上にコンパクトにセッティングできるように。
❸ 本格的ながら操作はシンプルで日常使いができるようにする。

機材　こだわればクオリティは自然にアップする

Zoomの魅力は電話のように簡単にコミュニケーションできることですが、パソコンやスマホのカメラやマイクではそれなりの映像や音声になってしまいます。ここでは**日常使いを考えて、省スペースかつ設置が簡単ながらクオリティ高く配信できる設定を組んでみます**。

カメラ　一眼レフカメラを使う

Zoomでよく使われるウェブカメラは取り扱いが簡単ですが、フォーカスが画面全体に設定されているため、立体感のないのっぺりとした映像になってしまいます。また色味やISO感度も細かく設定できるものも少ないため、地味な映像になってしまいます。

そこで使いたいのが一眼レフカメラです。レンズもいろいろと選べますし、色味やISO感度も細かく設定できるので自分の表現したい映像で配信できます。

〔お勧めのカメラ〕

Panasonic GH5（実勢価格：21万円）

ここではYouTuberも御用達の一眼レフカメラPanasonicのGH5をお勧めします。多くの一眼レフが30分以上連続して録画ができない設定になっているなか、**GH5は30分以上連続して録画ができる**設定になっています。**Zoomミーティングのカメラとして使用するときは、カメラの電源が一定時間でOFFにならないよう設定できるか確認**しましょう。

レンズは付属されているものなど一般的なものでもいいですが、**単焦点レンズを使うと背景にボケ味をつけた立体感のあるオシャレな映像に**することができます。単焦点レンズはシンプルな造りなので比較的安価に購入することができるのでお勧めです。

一眼レフカメラは細かく設定ができるので、ホワイトバランス（WB）

を正しく設定しましょう。ISO感度はカメラの設定ではなく、パソコンに接続して使用するので、パソコンの実際の配信画面を見ながらで設定しましょう。こういった設定がわからないなら、オートホワイトバランス（AWB)、オートフォーカス（AF）といったカメラの機能を使いましょう。

ビデオキャプチャ

一眼レフカメラの映像信号をパソコンの映像信号に変換する

一眼レフカメラをウェブカメラにするためには、パソコンに接続しなくてはいけません。ここで気をつけるのが、「**カメラの映像信号とパソコンの映像信号が違う種類である**」ということです。つまり、一眼レフカメラを直接パソコンにつないでも映像は表示されません。

ここで使用するのが、**カメラの映像信号をパソコンの映像信号に変換するビデオキャプチャという機材**です。ビデオキャプチャは単体のものもあれば、ビデオミキサーに機能としてセットされているものもあります。ここでは単体ビデオキャプチャで解説します。

一眼レフカメラには映像を出力する端子がついています。多くの場合がHDMIを採用していますが、機種によって端子口がミニHDMIやマイクロHDMIといったこともあるので、ケーブルは端子口を確認してから準備するようにしましょう。

〔お勧めのビデオキャプチャ〕

I-O DATA USB HDMI変換アダプター GV-HUVC

（実勢価格：1万7,000円）

ここでは、HDMI入力をUSB出力に変換するビデオキャプチャを使用します。このビデオキャプチャがカメラのHDMIからのビデオ映像信号をパソコン用映像信号に変換してUSBでパソコンに送信します。ちなみに**パソコンにHDMIポートがついていることもありますが、ほとんどの場合がパソコンからの出力用で入力には対応していません**。

マイク　音にこだわるなら外付けのマイクを使う

マイクにこだわるならコンデンサーマイクを使用しましょう。**コンデンサーマイクはマイク自体に電気が供給され高音質で音声処理が行われるマイク**です。繊細なつくりなので取り扱いには注意が必要ですが、音楽録音や漫才などでも使われる定番のプロユース機材です。

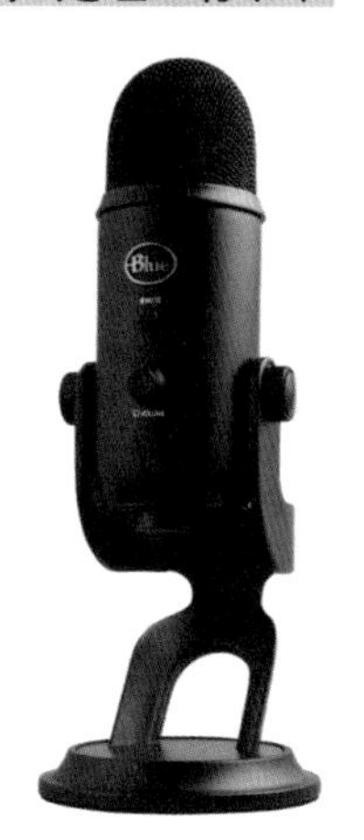

〔お勧めのマイク〕

BLUE　Yeti Pro Studio（実勢価格：1万7,000円）

プロミュージシャンも使うハイクオリティなコンデンサマイクですが、USBでそのままパソコンに接続できる手軽さ、スタンド型で省スペースで机に置けることもあり、ハイクオリティながら手軽なマイクでお勧めです。

照明　照明は安価なものでいい

照明もこだわりたいですが、**LED照明が普及したので、メーカーで選ぶよりも消耗品として考えてネット通販などで安価なものを準備するといい**でしょう。ここでは省スペースでミーティング時に顔色がよく写ることを考えて**リングライト**を使います。リングライトは家電量販店では「女優ライト」と看板がかかって販売されていますが、女優というよりは化粧台のライトに近いといえます。1灯で光を1カ所に集中するのではなく、外側に全方向に散らしながら光るので、目の前に1灯設置するだけで顔が明るくなります。

〔お勧めの照明〕

IK MULTIMEDIA iRig Video Creator Bundle

（実勢価格：1万6,000円）

設置　設置図で確認してみよう

カメラは卓上にも置けるミニ三脚に取り付けることで、1メートル四方未満のスペースでクオリティーの高いミーティングができます。

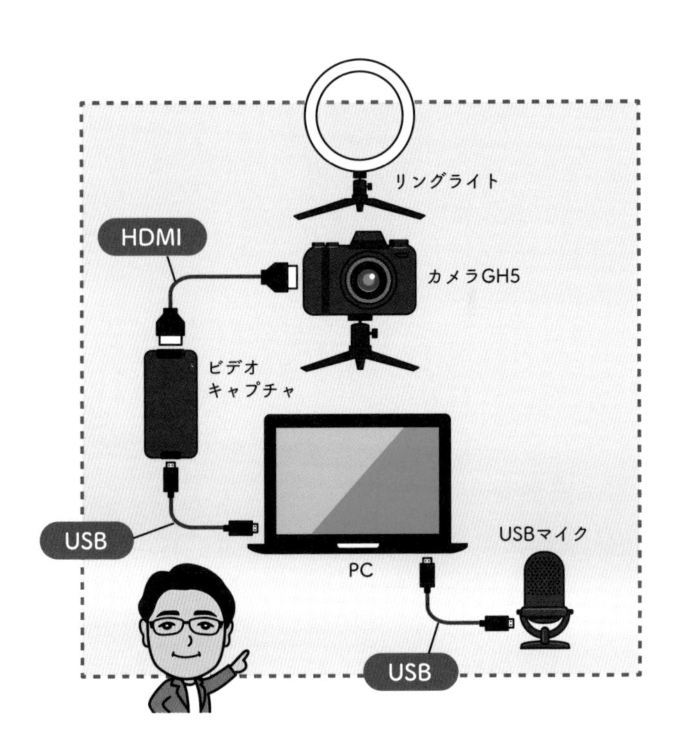

03〔中級〕

会議室のみんなが参加できるミーティング

会議でZoomが活用されるようになってから、会議室単位でZoomに参加したり、それぞれのPCでZoomに参加したりと、その形態もさまざまになってきています。ここではハウリングなどを起こさずに快適に会議室からZoomを使用する方法について見ていきます。

POINT

❶ 会議室単位でZoomに参加するか、個々人でZoomに参加するかで使用する機材の対応が異なってくる。
❷ 会議室単位で参加するときは、広角なウェブカメラの使用とマイクに気を配る。
❸ 同じ会議室で各人のPCからZoomに参加するときはスピーカーとマイクは会議室内で共用する。

会議室単位　1つのPCでつなげる

会議室の中で1つのパソコンをZoomにつなぎ、会議室内全員の声を拾って、ほかの参加者の声が聞こえるようにします。以前からある会議室用テレビ会議システムと同じ仕様です。

カメラはできるだけ全員が映るように、幅広く映し出す広角のカメラを用意します。パソコンについているカメラは、基本的に使っている人だけを写すためのものなので広角が弱いですが、外付けのウェブカメラは、会議室など広い範囲を写す広角になっているものが多いです。

次にマイクとスピーカーですが、大切なことはハウリング（共鳴）を起こさせないことです。

ハウリング防止には、まずハウリングとフィードバックのしくみを知っておきましょう。音には伝達するスピードがあります。音速というと大袈裟な感じもしますが、**ハウリングとフィードバックはこの音の伝達遅延によって発生**します。

たとえばセミナー会場でZoom配信をする場合、Zoom配信と会場でリアルに参加している人へのPA（パブリックアドレス：音響設備のこと）を介したスピーカーを同時に使用してしまうと、まず講師のマイクに生の声が届き、その生の声が会場PAを介してスピーカーから発せられることで同じ講師の声が重なってしまいます。これは会場PAからの音が会場敷設の天井埋め込みスピーカーなど距離のあるところからの音になるので、同じ声による遅延が発生しハウリングとなってしまうからです。これをループといい、これを断ち切ることが防止策になります。

防止策は、次のどれかになります。

❶ 会場用のマイクは使用しない
❷ Zoom配信用のマイクを使用するのではなく、会場PAから音声を抜き出して配信する
❸ エコーキャンセリング機能のついたマイクを使用する

❶は、会場用のマイクを使用しないのでシンプルな対応ですが、会場のPAを使用しないと声が聞こえないような大きな会場だと採用できません。

❷は、会場PAのミキサーのOUT端子からパソコンに送る音声を抜き取ります。OUT端子がわからなければヘッドフォン端子でもいいでしょう。ただレンタル会場などでは、PAの機械が操作できなかったり複雑にセッティングされていることもあるので注意が必要です。

❸は、このような状況でも電子処理でエコーを除去して配信するスピーカーで、会議用マイク／スピーカーとして販売されています。❶❷が難しそうに感じたら、この❸で対応するといいでしょう。

〔お勧めの会議用マイク／スピーカー〕
Jabra Speak 510（実勢価格：1万9,000円）、
Anker PowerConf スピーカーフォン（実勢価格：1万3,000円）

また、これらを一気に解消するものとして会議室用のウェブカメラもお勧めします。幅広く集音するマイク、スピーカーが一体になったウェブカメラで、エコーキャンセリングもついているので安心です。またカメラレンズもリモコンでズームできたり左右上下に動かせたりできるので、話している人をアップにすることもできます。値段は10万円程度とウェブカメラとしては少し高く感じますが、ビデオカメラなどいろいろ用意することを考えると高いともいえないので、その簡単さを考えるとお勧めです。

〔お勧めの会議用Webカメラ〕
Logicool MeetUp
（実勢価格：95,000円程度）

各個人単位　同じ会議室内で各人のPCで参加する

同じ会議室に集合して、外部とZoomでミーティングするというシチュエーションも増えてきています。この場合、前述したように会議室に1つのマイクとスピーカーであればシンプルな対応ですみますが、それぞれが自分のPCにある資料を共有することも多いので、各人のPCがZoomに参加していないといけないシチュエーションがあります。

このようなときに、**それぞれがスピーカーとマイクをオンにしてしまうとハウリングが発生してしまいます**。この解決策は、次のいずれかになります。

> **❶ マイクとスピーカーは代表で1人のパソコンを使用し、そのほかの人はオーディオに参加せず、画面共有用として各人のPCでZoomにつながる**
> **❷ ホストが都度発言者のミュートのオンオフをする**
> **❸ 会議室内の参加者は、スピーカーをイヤホンにし、音漏れがしない中でそれぞれのマイクを使用する**

結論からいうと、❶がお勧めです。ただスピーカービューは話者に反応が伝わらないので、反応が必要なら❷か❸を選びます。

では❷はというと、セミナーなど話者が仕切れる進行だとやりやすいですが、ディスカッション型だと難しくなります。❸は会議室内で全員がイヤホンを使用することになりますが、ディスカッション型に対応できて便利です。テレビを見ていると、中継など遠隔出演するような番組では出演者がイヤホンをつけていることがありますが、それが❸にあたります。

繰り返しになりますが、ハウリング／フィードバックは音がループすることで発生する事象です。このループを断ち切ればハウリング／フィードバックは解消するので、**それぞれのシチュエーションにあわせて最適なループ断ちを考えるのが大切**です。

04〔中級〕

少人数勉強会・個人レクチャーを開催する＋復習用教材をオンデマンド化する

少人数での勉強会や家庭教師、カルチャースクールといった個人レクチャーをするときには、Zoomの機能を上手に使うことでオンラインながらリアルに負けない対応ができるようになります。**ここではウエビナーではなくミーティングを使用**します。

POINT

❶ 第2カメラを使って、さまざまなものを写しながらレクチャーする。
❷ 遠隔操作を使って、パソコン上でサポートする。
❸ レクチャー内容を録画して復習用教材にする。

第2カメラ　メインの映像と手元の映像を切り分ける

レクチャーは、1つの視線（カメラ）でやるより、手元を見せたり、あるポイントを注目して見させたり、複数のカメラで見せるとよりわかりやすく伝えられるようになります。

でも、パソコンのカメラだと動かしにくかったり、外付けのウェブカメラやスマホだと動かしたら画面が揺れたりして不便さを感じます。

このようなときは、Zoomの「画面共有」から「詳細」設定で「第2カメラのコンテンツ」機能を使用しましょう。

Zoomで家庭教師をやったり習字を教えたりすると、顔だけでなく手元のノートや筆使いを確認したくなります。

たとえば**パソコンのカメラをメインカメラ（ビデオ設定でデバイスとして選んだもの）とし、外付けカメラをさらにパソコンに接続した状態で、「画面の共有」から「第2カメラのコンテンツ」を有効にします**。そうすると画面左上のボタンでカメラを切り替えることができるようになるので、説明するときはパソコンについているカメラで受講生に向けて普通に説明し、ノートの内容を確認するときは手元に向けた第2カメラに切り替えて、ノートに書かれた手書きの内容を確認しながら説明するということができるようになります。手元を写すカメラとしては書画カメラという専用のカメラもありますが、代用するならミニ三脚やクネクネと曲がって角度を簡単に調整できるクリップ型のアームなどでも代用できます。

設置　習い事や料理教室、小規模セミナー用の設置例

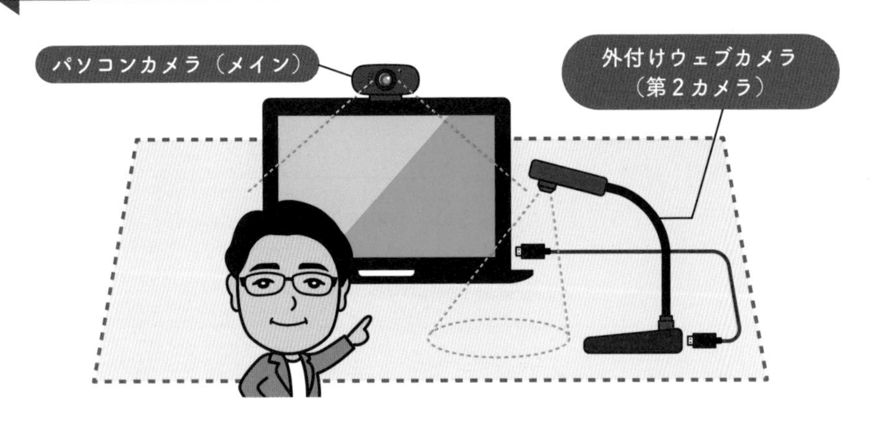

ヨガのレクチャーならパソコンについているカメラで全身を写し、外付けウェブカメラをUSB延長ケーブルで床の上に置いて体の見てもらいたいところの説明をするという使い方ができます。第2カメラは工夫次第で、さまざまなことを伝えたり確認したりできる道具になります。

設置　ヨガ教室、体操教室、筋トレセミナー用の設置例

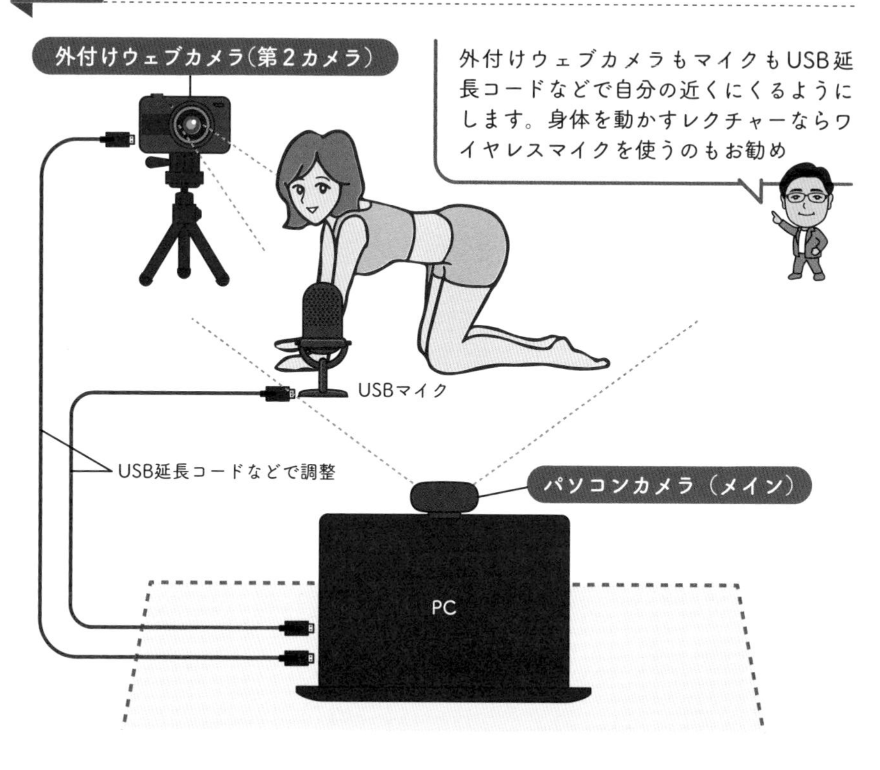

〔お勧めのワイヤレスマイク〕

RODE Wireless GO

（実勢価格：2万8,000円）

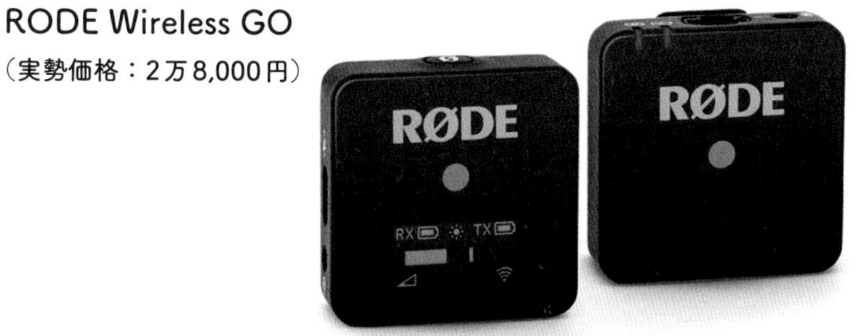

遠隔操作　パソコンで操作などのサポートをしてあげる

Zoomの便利な機能に「**遠隔操作（リモートコントロール、リモート制御）**」があります。**ソフトの使い方のレクチャーやデザインソフトなどを一緒に使って制作するといった操作レクチャーなどに最適**です。

遠隔操作は事前にZoomの設定で遠隔操作を有効にしておく必要があるので、まずはZoom設定画面でこの設定をします。

実際に使用する際は、いきなり勝手に相手のパソコンを使えるようになるわけではないので、「リモート制御」のボタンをクリックし、相手に「リモート制御のリクエスト」をします。「リモート制御のリクエスト」を受け取った相手が「承認」すると、相手のパソコン画面を共有しながら、こちら側から操作することができるようになります。

※**リモートコントロールの手順については、第6章を参照**してください。

レクチャー内容を録画

参加者、欠席者へ復習用教材をオンデマンド化する

Zoomの「レコーディング機能」を使えば、参加者への復習用ビデオ、参加できなかった人へのオンデマンドサポートができるようになります。ここではZoomのクラウド録画データの共有を使います。

レクチャーの内容をZoomでクラウド録画し、Zoomの管理画面の「記録」から「クラウド記録」にある該当のミーティングの「共有」ボタンをクリックします。ここで各種設定をし、「共有情報をクリップボードにコピー」をクリックすると、相手にオンデマンドとして動画を閲覧できるURLやパスワードなどの情報がコピーできるので、これをメールなどで伝えます。

この方法だとZoomとも連動してシンプルにレクチャー内容をオンデマンド化できるので、参加者、欠席者それぞれへのフォローとして活用できます。

05〔中級〕

学校や塾から授業を配信する

少人数の次は、学校や塾で行われている生徒数十人の授業です。こちらは、**リアルの授業でのライブ感を出すことがポイント**になります。**Zoomの機能を駆使して、学校の雰囲気をそのままオンラインに持ち込みましょう**。

POINT

❶ 誰（特に先生）が発言しているかわかるように、スポットライト機能を使ってライブ感を出す。
❷ ブレイクアウトルームの機能を使うと、班別の活動ができる。
❸ ワイヤレスマイクや複数のカメラを用意すれば、先生も動きのある授業ができる。

スポットライト

発言者がわかるようにスポットライト機能を使う

オンライン授業をするとき、先生が生徒をあてて発言させることも多いと思います。**挙手した生徒を指名するのであれば、ギャラリービューを使って誰が手を挙げているのかを確認し（もちろんZoomの「手を挙げる」のリアクションでも可）、手を挙げている生徒を指名します**。

そこまではいいのですが、**ギャラリービューだと誰が発言しているのかわかりにくいことがあります**。これでは聞いている生徒は面白くありませんし集中できません。そこで**発言中の生徒には、スポットライト（第3章08参照）を設定する**ようにしましょう。こうすると、教室で発言している生徒にみんなの注目がいくのと同じ状態をZoomで再現できるので臨場感が増します。

ブレイクアウトルーム

小集団活動をブレイクアウトルームで

オンライン授業は、先生が一方的に授業するだけだと単調になりがちなので、少人数によるグループ議論を取り入れるようにしましょう。その際にはZoomの「ブレイクアウトルーム機能」が使えます（第4章06参照）。

ブレイクアウトルームの実施中には、ホスト（先生）は自由に部屋を行き来することができます。**先生が部屋を行き来しながら、生徒に助言してあげれば、リアルの授業で、生徒たちの班分けされたグループを回る雰囲気を再現することができます**。

動きを持たせる

第2カメラとワイヤレスマイクで先生に動きを

オンライン授業は、プレゼンテーションのスライドを共有するスタイルや黒板の前で話し続けるスタイルが多くなります。これでは単調になってしまうので、カメラを複数用意して場面を切り替え、授業に動きを持たせてみましょう。

理科の授業だったら、リアルの授業と同じように、メインのカメラを使って黒板で説明したあとに、第2カメラ（第6章04参照）を使って手元の実験を見せるようにします。このように場面を転換していくと、実際の授業さながらにさまざまなシチュエーションを盛り込んで授業ができます。これは先生だけにかぎりません。生徒にもウェブカメラや書画カメラなど2つのカメラを接続してもらうことで、生徒のノートや記述回答などをチェックすることができるようになります。ある塾では第2カメラの対応機器をキットとして生徒に配布したりもしています。

このとき、**先生が動き回れるようにするためには、ワイヤレスマイクが必要**です。Wireless GO（第6章01参照）のようなマイクを使って、マイクが先生の動きを制限することがないようにしましょう。ワイヤレスマイクを用意することが難しいときは、有線のピンマイクに延長ケーブルをつけて動けるようにしてもいいでしょう。

広い視野

先生の前にできるだけ大きなモニターを用意する

先生が授業中に生徒の動きや書き込みなどを把握しやすくするために、先生の前にはできるだけ大きなモニターを用意し、そこにZoomを映し出すようにします。

特に板書や体を使って授業をしているとき、小さいPCのモニターを覗き込んでいたら、そこで話の流れやテンポが崩れてしまいます。できるだけリアルな授業に近づけるためには、先生が広い視野で生徒を確認できることが大切です。**教室据えつけのモニターなどにPCを接続して目の前に生徒がいる雰囲気にできるだけ近づけましょう**。

プライバシー

生徒のプライバシーにも配慮する

オンライン授業の多くがZoomミーティングで開催されます。そのため、それぞれの映像をみんなが視聴できる状態での配信になります。生徒たちが自宅から参加する際、背景に個人を特定する情報やセンシティブな情報が映り込んでいないかをチェックして、**必要に応じてカメラ位置の移動を指導したり、バーチャル背景を使用することを促したり、どうしても難しいようであればカメラをオフにして音声だけでの参加にしてあげましょう**。

設置 学校や塾からオンライン授業の配信パターン

シンプルパターン

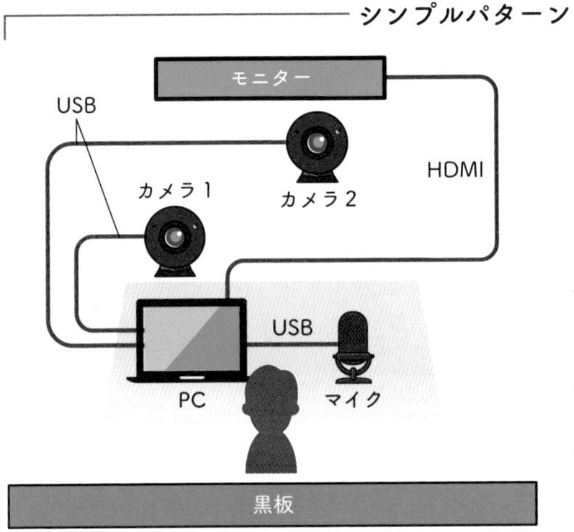

- ウェブカメラ2台を、講師用に1台、黒板全体を写す用に1台で構成。Zoomでカメラを切り替える。
- マイクは机上に会議用スピーカーマイクを設置。
- 生徒とコミュニケーションしやすいようにPC画面をモニターに出力。

ビデオスイッチャーのATEM Miniを入れての応用パターン

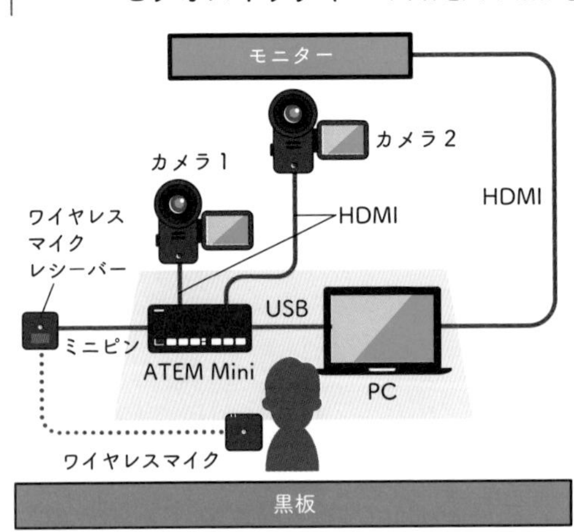

- ビデオカメラ2台を、講師用に1台、黒板全体を写す用に1台で構成し、ATEM Mini（第6章01参照）にHDMIで入力する。ビデオカメラなので写り方の調整がしやすい。
- マイクは黒板を使っても集音できるようにWireless Goを使用。
- 生徒とコミュニケーションしやすいようにPC画面をモニターに出力する。
- ATEM Miniにあと2つHDMIが空いているので、資料表示のPCや手元を写すカメラの増設も可能。

06〔上級〕

オンライン商談会を開催する

密を避けるという新しい行動様式では、以前のような大規模商談会といったイベントは開催しにくくなっています。ここでは、**商談会のようなイベントをオンラインで開催する方法**について紹介します。

POINT

❶ 不特定多数が参加するので、セキュリティ設定はしっかり確認しておく。
❷ ミニセミナーや公開Q&Aを開催して、イベントを盛りあげる。
❸ 興味を持ってもらったお客様には、ブレイクアウトルームで個別対応する。

進行　商談会をオンラインで開催しよう

新型コロナによる影響で、従来の大型商談会といったイベントの開催が難しくなっています。しかし、商談会は新規顧客開拓のチャンスであることも事実です。ここではそんな商談会を、Zoomを使ってオンラインで開催してみましょう。

まず日時を「○月×日　9:00～17:00」と決めておき、その時間帯はずっとZoomのミーティングを開けておきます。お得意様や業界関係者に、ミーティングIDや招待URLを事前配布して集客します。**Zoomのブレイクアウトルームはメインセッションとブレイクアウトセッションを並行して進行できるので、メインセッションを商談会の展示ブース、ブレイクアウトルームを商談スペースと考える**とわかりやすいでしょう。まずは展示ブースにご来場いただき、商品やサービス説明などをある程度したら商談ブースに移動する流れをZoomで再現します。

展示会主催者であれば、複数の会社のZoomのURLが表示されているウェブサイトを制作し、そこに入場してもらって気になった企業ブース（Zoom）に参加いただく構成も可能です。**実際の商談会のように、同業他社と組んで大規模に宣伝すれば、Zoomでもより多くの人を集められる商談会になるでしょう**。

安全性　参加者を不快にしないよう、セキュリティには十分注意

不特定多数が参加できるので、セキュリティには十分注意しましょう。待機室の有効化やチャット機能の制限など事前のセキュリティ設定を確認し（第3章06参照）、**常にホスト権限を持った担当者がミーティングに参加して、様子を確認するようにします**。**不適切参加者への対応方法を関係者内でしっかり共有しておきましょう**。

イベント　イベントを開催して展示に彩りを

展示の説明、ミニセミナー、実演など、時間を決めてイベントを開催します。そのときは、「**資料や動画を共有して商品コンセプトを説明する**」「**第2カメラを使って商品の細部を説明する**」「**事前にアンケートやチャットで質問を集めて公開Q&Aを開催する**」など、来場者にとって魅力のある展示にしましょう。

詳細説明・商談　個別商談はブレイクアウトルームで

商品に興味を持っていただき、お客様から詳細な説明や具体的な商談に入りたいと要望されたら、担当者がついて個別対応する必要があります。そんなときはZoomの「ブレイクアウトルーム機能」を使いましょう（第4章06参照）。**リアルの商談会同様、担当者とお客様だけの別のルームを用意することで、プライバシーを守りつつじっくり話をすることができます**。商談終了後はメインセッションに戻っていただいてもいいですが、ブレイクアウトセッションのままZoomから退出いただければ、実際の商談会のようでスムーズです。

名刺　名刺交換のしくみを考えておく

実際に会わないZoom商談会にはデメリットもあります。**特に商談会では新規顧客開拓が大きな目的となるので、名刺を交換するなど、次へのステップにつながるアクションが必要**です。オンライン商談会の実施にあたっては、バーチャル名刺交換をどう組み込むかがポイントになります。オンライン名刺交換サービスも普及しているのでQRコードをお互いに読み取る方法もありますが、来訪者がそのサービスを使用していないかもしれません。確実なのは**カメラに名刺を写してもらって、その映像を撮影（キャプチャ）すること**。この方式なら来訪者の状況に関係なく名刺を交換することができます。「**オンラインで大変失礼ですが、名刺交換をさせていただきたく、お手数ですがカメラで名刺を写していただいてもよろしいでしょうか**」といったように定形のトークスクリプトを事前に用意してオンライン商談会に臨むなど、工夫を凝らすとより効果のある商談会にできるでしょう。

設置　オンライン商談会の配信パターン

次頁のようなリアルの展示会をオンラインで再現します。

実際には、**オンライン商談会をよりリアルに近づけるために、Zoomミーティングに参加した段階が総合受付となり、そこで説明会を行い、その後、個別のブレイクアウトルームへ誘導します**。

展示会のブースをオンラインで再現

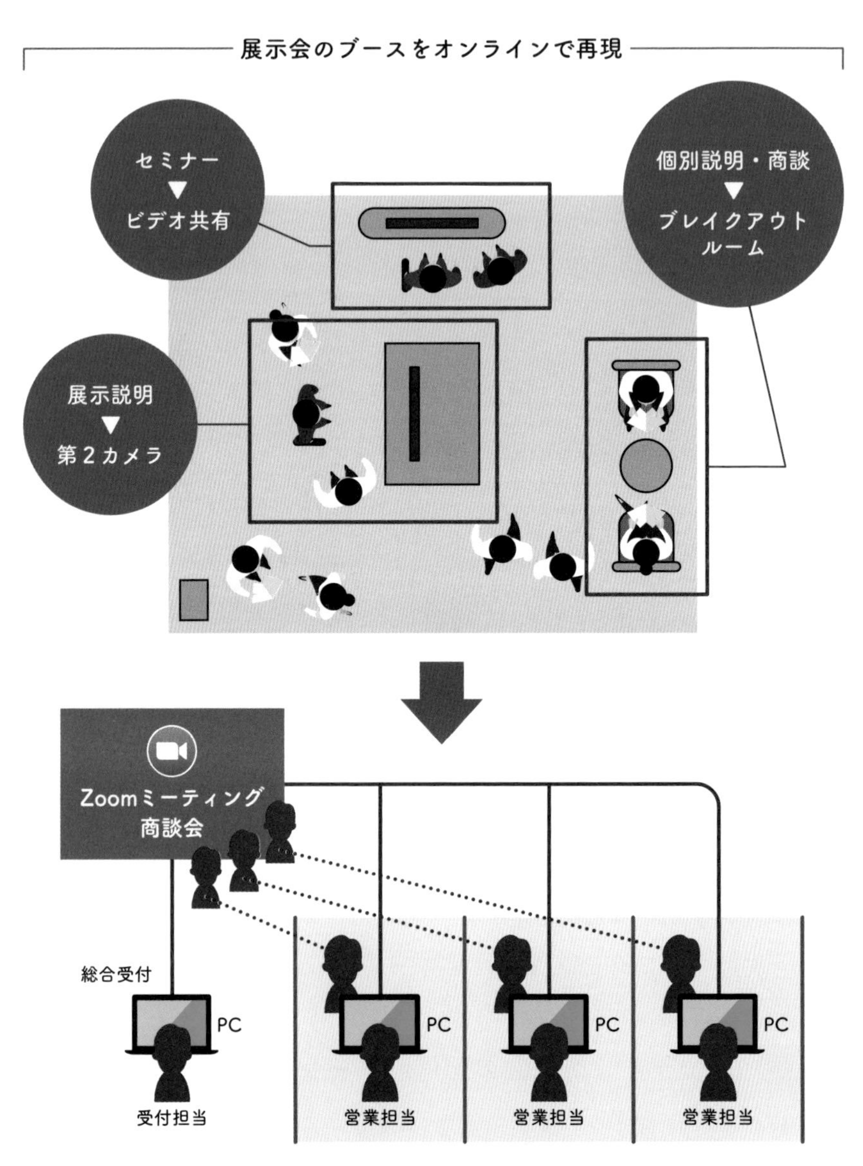

- 参加者全員に対して、セミナー形式で商品やサービスの説明をしたあと、ブレイクアウトルームで営業担当者との個別商談ブースに案内する。
- 参加者が確定しているならブレイクアウトルームに、自動割り当てしてもいいが、希望者を募って手動割り当てしてもいい。
- もしブースがあふれたら、別でZoomミーティングを開いておいて、そちらに誘導して待機室で待ってもらうようにする。

07〔中級〕

オンラインショールームから配信する

住宅展示場のショールームなど、今まで来場が前提であったものを、Zoomを使ったオンラインで開催してみましょう。**ショールームでは担当者が来場者と一緒にさまざまなブースを巡回しながら説明するので、担当者が動き回れるしくみを準備しましょう**。不動産業でマンションや戸建て住宅のオンライン内覧を行う際にも対応できます。

POINT

❶ 担当者が動き回りながら説明できるように機材を準備する。
❷ 途中で通信が途切れることがないようにチェックをしておく。

しくみ　ショールームをオンラインで開催しよう

住宅展示場など、今までは来場が前提であった場所も、Zoomを使えばオンラインで来場してもらうことができます。**会社のサイトにショールーム見学のお申し込みフォームや予約表を準備し、お客様が気軽に申し込めるように準備しておきます**。

説明の流れは、まず全体的な概要を資料で説明してから、ショールーム内を動き回りながら案内していくという流れにします。**全体の説明は資料の共有など、通常のZoomの使い方で対応**できます。

ショールーム内を動き回りながら説明する部分は、Zoomミーティングに運営側が2つのアカウントで参加する方式で対応します。ひとつが全体の流れなどを説明するメインブース用で、これはPCで参加するといいでしょう。もうひとつがショールーム巡回用で、こちらは動き回りながら説明するので、使用する機材は必然的にスマホやタブレットなど持ち運べる機材を使用することになります。iPhone／iPadであればメインブース用PCの画面共有からAirPlayで接続する方法もありますが、この方法ではショールーム巡回中に、来場者との音声コミュニケーションが取れないので（メインブース用PCで説明する場合は使えます）、ここでは**スマホも別アカウントで参加**します。

撮影・音声　スタビライザーやリグを使って、ブレない画像を撮る

ショールーム内をスマホやタブレットを手に持って移動することになるので、どうしても手ブレで画面が見にくくなっては、お客様が酔ってしまうかもしれません。

そこで、**DJI OM4などのスタビライザーを使うとブレない映像が簡単に撮れます**。3軸（縦・横・前後）を電子制御しながらブレを補正するので、ブレることがなくなります。

DJI OM4（実勢価格：1万6,500円）▲

そこまでは必要ないということなら、スマホリグと呼ばれる簡易的なスマホの固定装置を使うといいでしょう。スマホリグの中にはライトや外づけマイクを固定できるものもあるので、暗いところをご案内するときやクリアな音声で配信したいときに重宝します。

▲Neewer スマホリグ
（実勢価格：1,400円）

音声については常にクリアな音で届けたいので、Wireless Go（第6章01参照）のようなワイヤレスマイクをメインブースのPCのマイクとして接続しておきます。**カメラはショールームのスマホのアカウントを使用し、マイクはメインブースのPCとすれば、ショールームで説明する音声も来場者にクリアに聞こえます**。また来場者からの音声をスマホから拾うことができるので、双方向でコミュニケーションしながら案内することができます。

ショールームを巡回する担当者が1人なら、ショールーム用のスマホをBluetoothのマイクつきイヤホンと接続しても、双方向でコミュニケーションが取れるようになります。

いずれの場合もメインブース用PCとショールーム用スマホが近いところにあると、マイクをオンにするとハウリング／フィードバックが発生するので、どの距離になったらミュートを解除するのか、事前にリハーサルをしておくようにしましょう。

Wifi環境　途中で通信が途切れないように環境に注意

担当者が動き回る場合、途中で通信状態が悪くなって、お客様にストレスを感じさせることのないようにする配慮も必要です。

担当者がスマホでショールーム内を案内する場合、「Wifiを使ってスマホでZoomに参加」「公衆回線（4Gや5G）を使ってスマホでZoomに参加」「AirPlayを使ってスマホの画面を共有する（第3章03参照）」といった方法があります。

いずれの方法でも、ご案内の途中で通信状態が悪くなることのないようにリハーサルで事前確認をしておきましょう。Wifiや公衆回線だけでなく、AirPlay（同じ無線LANに入れる範囲）やWireless Go（70m以内）なども同様です。**どこまでが無線の通信可能範囲かを確認しておくと安心**です。

設置　オンラインショールームの配信パターン

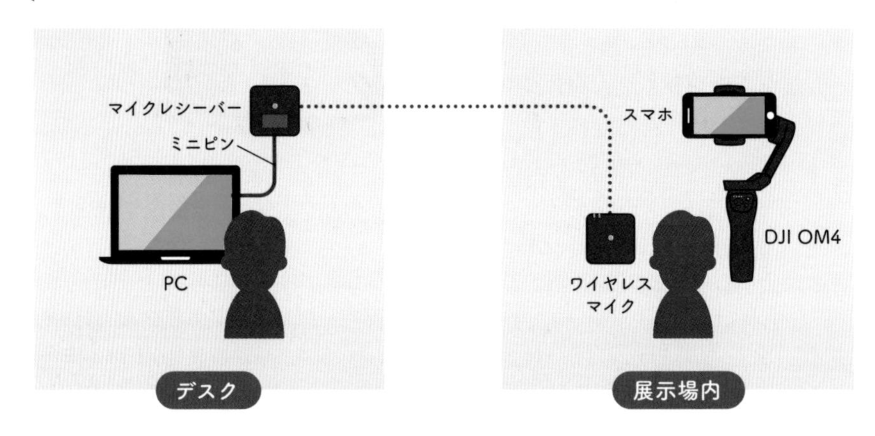

- デスクでZoomミーティングの段階から音声はWireless Goで接続しておき、展示場内を案内することになったら、スマホでZoomに参加。
- スマホは手ブレしないようにDJI OM4に装着。音声はデスクのPCをそのまま使用し、映像のみスマホを使用するので、スマホは音声接続はスピーカーのみで、マイクはミュートで接続し、スポットライトをスマホに設定する。これで音声はデスクのPC、映像はスマホにできる。
- Air Playで接続する方法もあるが、iPhoneしかダメなのと、お客様とのコミュニケーションができなくなる。

08〔上級〕

音楽のライブ配信をする

インターネットは、ミュージシャンにメジャー／マイナーレーベル、プロ・アマを問わず、多くの人に音楽を届けるチャンスを与えてくれました。YouTubeなどSNSに投稿した動画が注目を集めて、何百万回も再生されたり、メジャーデビューした人たちもたくさんいます。コロナ禍ではライブやフェスの代替として、YouTubeなどでのストリーミング配信だけでなく、Zoomなどのウェブコミュニケーションツールを使ったリアルタイム配信も増えました。

POINT

❶ マイクはコンデンサマイクを選ぶなど音楽配信に適した機材を用意する。
❷ Zoomで音楽配信するときは、オーディオ設定の「オリジナルサウンドを有効化」など、クオリティの高い配信になるよう設定をチェックする。
❸ バンドなど複数楽器の音を配信するときは、ミキシング担当をつけ、各パートの音をミキシング・調整して配信できるといい。

ひとり　コンデンサーマイク1本で配信

ひとりでギターの弾き語りをするなど比較的シンプルな構成の場合は、1本のマイクでも十分でしょう。

このときに大事なことは、**マイクは高性能なコンデンサーマイクを選ぶなど、音楽配信に適した機材を選ぶこと**です。コンデンサマイクは、マイクに電気を供給して音の振動を電気信号に変換し、細かい音まで表現できるので、ノイズが少ないクリアな音声収録を実現します。

コンデンサマイクにはたくさんの種類があり、音楽用から漫才でよく使われ漫才の象徴になっている38（さんぱち）マイクなど、特性や特長に応じてこだわって使用される人が多いですが、ここでは**BLUEのYeti Pro Studioというマイクをお勧めします**（第6章01参照）。このマイクはUSB出力ができるUSBコンデンサマイクなので、PCに挿すだけで高品質な音声が得られます。

バンド　バンド用のICカメラレコーダーをウェブカメラにして配信

次に紹介するのが、下記のようにマイクを中心に扇形になって数人で演奏するガレージバンドがよくやるパターンです。**このようなときはZoomのQ2n（第6章01参照）がお勧め**です。これはICレコーダーとして高品質に録音できることはもちろん、広角カメラがついているので録画も可能です。さらにPCとUSB接続することでウェブカメラとして使用できるので、これを使えばリアルタイムのライブ配信が可能です。

▲扇型になって演奏し、中央にマイクを置く

バンド　バンド形式でミキシングして音を調整しながら配信

バンド形式で複数の楽器、特にエレキ楽器などアンプを必要とする楽器がある場合、マイク1本だけではバランスよく集音することができません。このようなときは、録音と同じようにミキサーを入れて整音してからパソコンにつなぎます。

ミキサーでお勧めなのが、ZOOMのL8です（第6章01参照）。この製品はミキシングに加えオーディオデバイスとしても使えるので、これをUSBでつないでミキサー兼オーディオデバイスとしてシンプルな接続で配信ができるわけです。

また**ハウリング／フィードバックを起こさないために、演奏中の音をヘッドホンで各ミュージシャンに確認してもらうことも大切**です。もしヘッドホンのアウト数が足りないときは、ヘッドホンアンプを増設しましょう。またレコーダーとしてラインごとに録音するマルチトラック録音機能もあるので、録音しながら配信することもできます。

楽器が多かったり、ドラムなどで複数のマイクを使用することでチャネル数が多く必要なときにはL12（12チャネル）、L20（20チャネル）の上位機器もあるので、そちらも検討しましょう。

配信設定　Zoomでの音楽配信にあわせたオーディオ設定

Zoomで音楽配信をする祭は、できるだけいい音、原音に近い音で配信できるようにオーディオ設定をしましょう。

❶ ステレオ配信

Zoomは基本的にウェブ会議用として設定されているので、音声は「モノラル」になっています。音楽配信にあたっては左右のバランスを取った音声配信をしたほうがクオリティが上がるので、**ステレオ配信を設定**しましょう。

ステレオ配信は送信側がステレオ配信をすれば、受信側の設定は不要です。**送信側がステレオ配信をするためには有償アカウントである必要があります**。

手順① **画面右上にある設定アイコンをクリックする**

手順② **左側の「オーディオ」をクリックし、「ステレオを有効にする」にチェックを入れる**

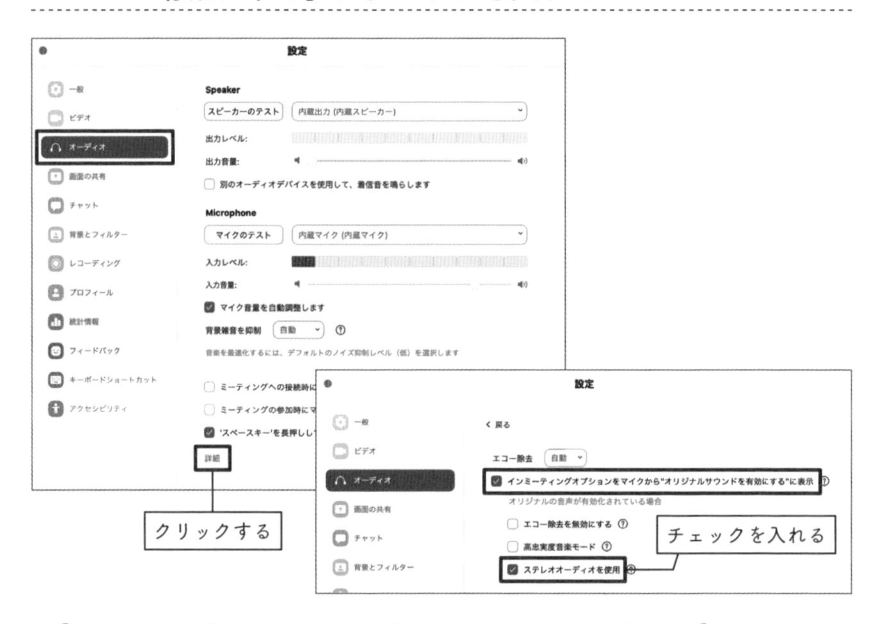

「ステレオを有効にする」が表示されていないときは、「オーディオ」画面下の「詳細」をクリックし、次画面に移動します。

「設定」画面の「インミーティングオプションをマイクから"オリジナルサウンドを有効にする"に表示」を選択し、「ステレオオーディオを使用」を有効にします。

② 詳細設定でさらに音楽配信に最適化する

繰り返しになりますが、Zoomはウェブ会議で人が話す声が最適に聞こえるように設定されているので、バックグラウンドでノイズ除去やエコー除去といった人の声が聞きやすくなる処理がされています。これは音楽配信にはデメリットとなる処理もあるので、これらの処理を音楽配信用に設定変更することで、高音質かつクリアな音声にできます。

手順① オーディオ設定画面右下の「詳細」ボタンをクリックする

手順② 「オーディオ処理」の設定をする

- 「インミーティングオプションをマイクから“オリジナルサウンドを有効にする”に表示」をチェックする

　ここにチェックを入れることで、ミーテイング参加中にオリジナル音声を有効化するボタンが画面左上に表示され、オリジナル音声とZoom設定音声の切り替えが簡単にできるようになります。

- 連続的な背景雑音を抑制

　空調のノイズなど、常に流れているノイズを抑制します。「自動」「低」「中程度」「高」の4段階から選びます。音楽配信でもヒスノイズなどが発生していることもあるので、設定にあたっては実際のZoom配信の音をチェックしながら「無効化」→「適度」のように弱いところから順に設定していきましょう。

・エコー除去

無効になっていると自分の声がループしてしまうので、基本は有効にしましょう。

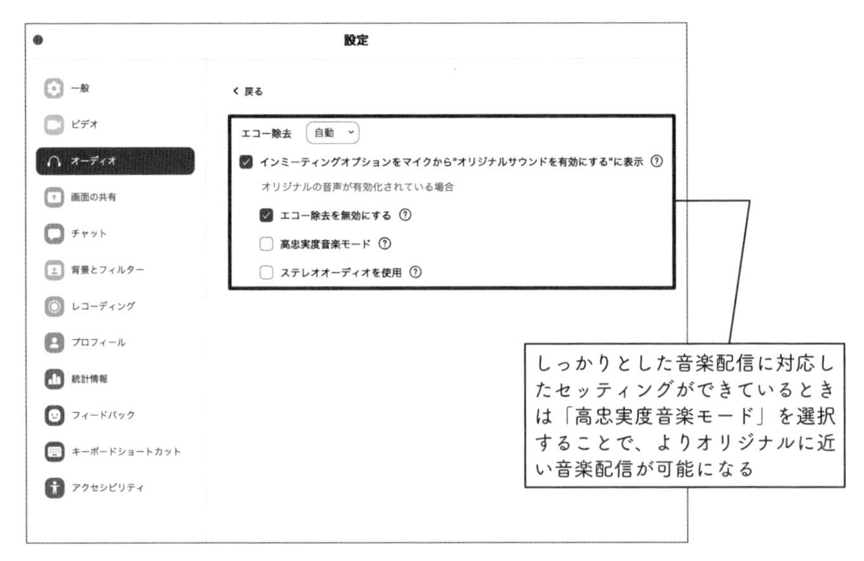

これらの設定はZoom上でやるので、人の声、楽器音を問わず設定することになるため、**楽器音にあわせた設定をすることで人の声に影響が出てしまい、変な声になってしまうことも**あります。これらを防ぐために、できればZoomに音を入れる前にエフェクターを通じて音づくりをすることも検討しましょう。

この設定のチェックはオーディオ設定の「マイクのテスト」でできるので、モニターヘッドホンなどのバランスのいいヘッドホンを使用して、しっかりとチェックするようにしましょう。

上記の設定が表示されていないときは、「設定」「一般」画面左下の「さらに設定を表示する」をクリックし、Zoomのウェブサイトに移動します。「設定」画面の「ユーザーはクライアント設定でステレオ音声が選択できる」を有効にします。これで設定ウインドウに上記の設定が表示されるようになります。

Security
ミーティングをスケジュールする
ミーティングにて（基本）
ミーティングにて（詳細）
メール通知
その他
ユーザーはクライアント設定でステレオ音声が選択できる
ユーザーはミーティング中、ステレオ音声が選択できます
変更済み　リセット
ユーザーはクライアント設定でオリジナル音声が選択できる
ユーザーは、ミーティング中にオリジナル音声を選ぶことができます
変更済み　リセット

リモート　各パートが遠隔地から入るリモートセッションの場合

これまでは演奏者達が1カ所にいる設定でしたが、演奏者がバラバラに遠隔地にいて音をあわせて配信することも考えられます。この場合、**ネットを介する以上、遅延（レイテンシー）が生じてしまうという問題があります**。

これに対応するには、それぞれがネット環境やPCスペックなどがほぼ同等の環境を構築してZoomに参加するということになりますが、なかなか現実的ではありません。

そのようなときはZoomではなく、リモートセッション専用サービスを検討してみましょう。**YAMAHAが提供しているSYNCROOMはリモートセッション用に遅延防止対策がされていて、Zoom以上に快適にリモートセッションができます**。

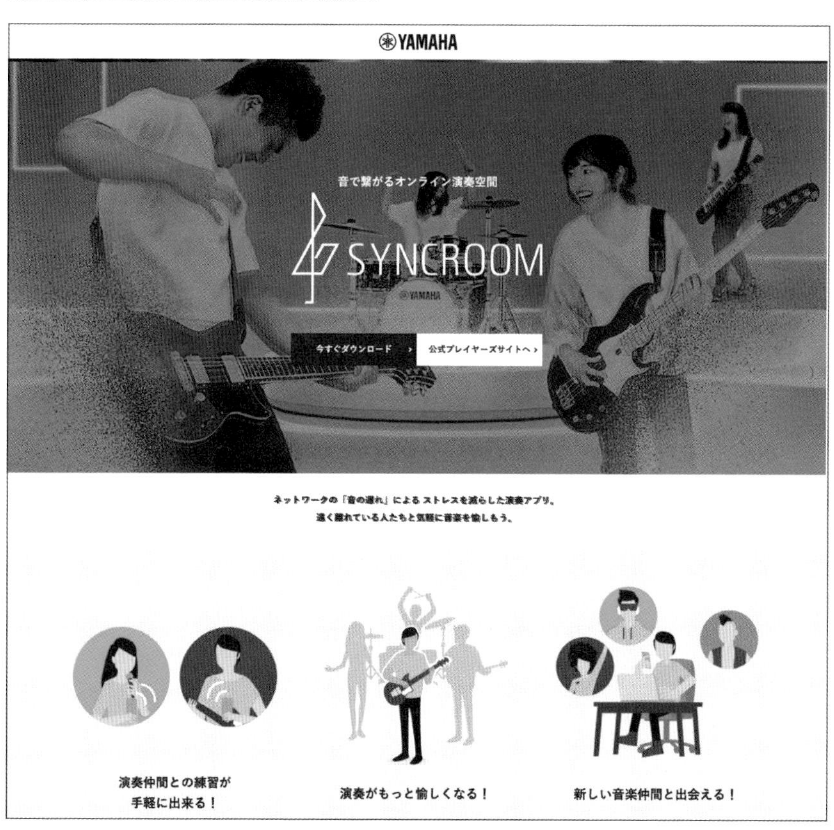

▲SYNCROOM（YAMAHA：https://syncroom.yamaha.com/）

設置　音楽のライブ配信パターン

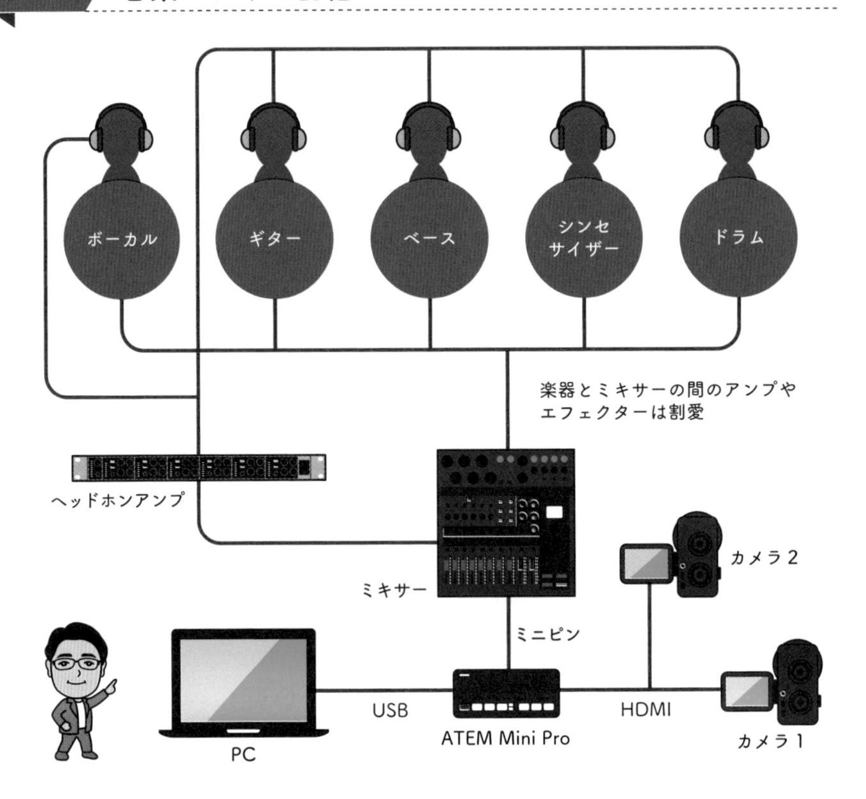

- 各楽器の音をオーディオミキサーでミキシング。
- ハウリング防止のためそれぞれがヘッドホンアンプでミキサーからの音をヘッドホンで聴く。
- **ビデオミキサーは音楽配信なので、オーディオディレイ機能のあるATEM MiniProを使用する。**

09〔初級〕

現場監督不在型 現場↔事務所をつなぐ

Zoomを使えば、建築現場の現場監督業務も遠隔で可能になります。監督者が事務所にいながらにして、Zoomで現場の様子を確認できます。**映像で状況を確認しながらのリアルコミュニケーションなので、トラブル発生時の指示も的確にかつ迅速にできます**。

POINT

❶ Zoomでリアルタイムの現場の状況と事務所にある図面などを確認しながら指示ができる。
❷ Zoomはスマホの電話回線でも接続できるので、建設現場などまだインターネット環境が整っていない場所でも使用しやすい。
❸ Zoomも電話と同じくコミュニケーションツールなので、建築にかかるセキュリティやプライバシー管理の面からも安心。

メリット① 監督者が遠隔地にいても適切な指示ができる

施工現場では現場監督者が作業の確認をしながら進めますが、監督者も忙しかったりするとチェックが遅れ、工事進行のボトルネックになることもあります。こんなとき**Zoomで事務所と現場をつなげば、監督者とのコミュニケーションが円滑になります**。

トラブル発生時にも、Zoomを使えば現場の映像をリアルタイムで確認しながら指示ができます。必要があれば、専門家にミーティングに入ってもらって指示を受けたり、現場に資料を共有して見せることもできるので、問題解決までの時間を大きく短縮できるでしょう。

飛行機の整備現場で、現場技術者で対応できない問題を、Zoomを使って本社の専門部署に相談しながら解決しているという事例もあります。

メリット② Zoomをスマホからつなげば現場で取り扱いやすい

施工現場は、まだインターネット環境が整っていないことがほとんどです。**そのような環境でもZoomをスマホ（電話回線）で使用することで、多くの現場で接続することができます**。またIT機器の操作に慣れていない職人でも、Zoomに参加するだけであればIDを取得する必要がないですし、ビデオと会話機能だけであれば数ステップなので、簡単に覚えられます。

ツールを導入しても、現場が消化できず使いこなせないことも多いですが、ユーザーインターフェイスがすぐれているZoomであれば安心です。

メリット③ セキュリティも安全で、安定したプラットフォーム

テレビ電話アプリはいろいろありますが、SNS系のサービスには一般利用者の利用が前提で、業務に使うことが想定されていないことからセキュリティや安定性に課題があるものもあります。かつて、ゲーム機のソーシャルサービスを利用して本社と工場をつなぐことをコンサル会社から指導されたということを聞いて愕然としたこともあります。

その点、**Zoomは業務利用を想定されたプラットフォームで、セキュ**

リティ面も十分配慮されています。有料版にすれば24時間接続しておくことも可能です（24時間ごとに1度切断されます）。

Zoomはもともと環境に応じて必要な通信量が小さくできるように設計されているので、通信速度が低くても安定して接続されます。またネットワークが多少不安定になっても、動画の画質を落としながら最低限の通信を維持するように設計されているので安心して使うことができます。

設置 建設現場など、現場と事務所を接続する配信パターン

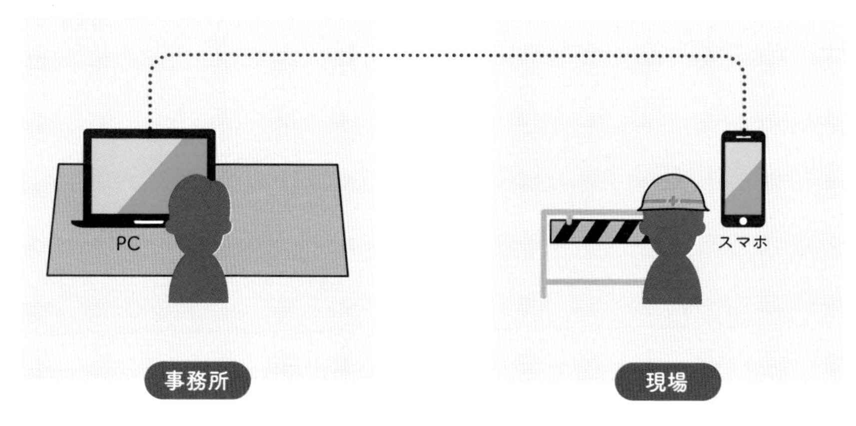

- 現場は相談したい個所をビデオで見せて伝え、事務所はマニュアルや資料などを共有して現場に教える。

10〔初級〕

遠隔地と連携するのに インカムの代わりに使う

Zoomは、比較的音声がクリアで遅延も少ないので、スマホでZoomにアクセスしてインカム代わりに使うことができます。**現場にいない関係者とも常時接続して連絡を取ることができるので、非常に便利**です。著者はZoomでのイベント配信時やテレビ番組のロケ収録で、遠隔に行っているスタッフとのコミュニケーションによく使っています。

POINT

❶ Zoomを使えば、手軽にスマホをインカムとして利用できる。
❷ 実際のインカムと違い、遠隔地ともスタッフコミュニケーションが取れる。
❸ マイクは、マイク側で音声のオンオフができるゲーム用ヘッドセットがお勧め。

メリット　Zoomをインカムとして使う

インカムはイベントや番組制作現場から飲食店まで、スタッフ間での双方向コミュニケーションツールとして使用される通信手段です。有線で接続して使用するものから、トランシーバーを使って無線で接続するものまでさまざまなものがあります。ただ基本は内線電話から派生したしくみなので、**同じ会場内や店内など有線や電波の届くかぎられた範囲で使用します**。

Zoomの音声接続を使ってインカムの代替とすることで、いろいろなメリットがあります。**インカムは200メートルくらいの範囲でしか使えませんが、Zoomだと距離が関係なくなるので相手が海外であっても使うことができます。複数人の通話が可能であることもメリット**です。スタッフがA会場、B会場と別々の場所にいて、そこからレポートをするようなシチュエーションでもインカムとしての機能を発揮できます。

マイク　手元でマイクのオンオフができることが重要

Zoomとスマホをインカムとして利用する場合、ヘッドセットの選び方が重要です。まず、**ヘッドセットはUSBでなくてミニピン接続のもの**になります。またインカムですからイヤホンからはすべての音声が聞こえつつ、マイクは自分が話すときのみオンにします。この**ミュートのオンオフをいちいちスマホを取り出して画面でやっていたのでは面倒なので、マイクにオンオフのスイッチ機能がついているものを選ぶ**ようにします。ヘッドホンタイプでなくても、イヤホンタイプでも十分です。

JVCケンウッド HA-FX7G-B▶
（実勢価格：1,600円）

設置　遠隔地と連携する配置パターン（インカム代用）

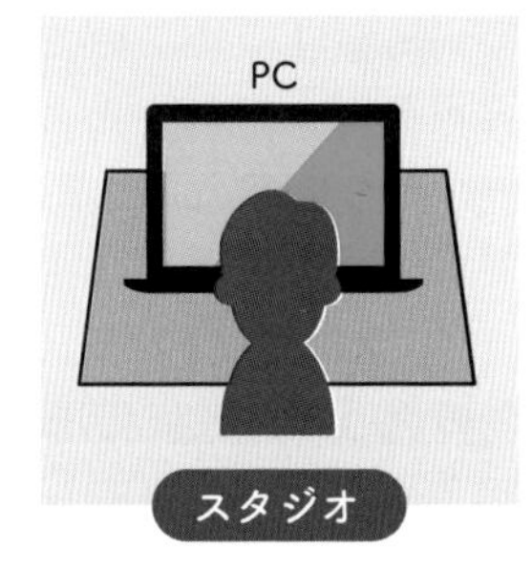

- Zoom ミーティングをインカムとして使用するため、音声のみで接続し、マイクのオンオフで声の対応をする。
- ゲーミングヘッドセットにマイクにオンオフ機能があるものが多い。

11〔初級〕

自宅や事務所から ウェビナーを主催する

講演者や運営者として、自宅や事務所から1人でウェビナーを主催するというケースがあります。こんなときは普通のミーティングと違い、カメラへの写り方に気をつけ、講演者としてスムーズな運営ができるように準備しておきたいものです。ここでは**1人でウエビナーを配信する際の準備や方法について見ていきます**。

POINT

❶ 1人で配信ディレクションできるように必要なものは手元にまとめておく。
❷ 簡単かつクオリティの高い配信を目指して、配信する場所や機材、ガジェットを活用する。
❸ モニタリング用のPCやスマホを手元に置いて配信する。

準備　必要なものは手元にまとめよう

自宅や事務所からウェビナーを配信するときに考えなくてはいけないのが、配信する場所です。会社だったら会議室や来客スペースなどもあるかもしれませんが、自宅からだと配信できる場所がかぎられてしまいます。1人でかぎられた場所から配信するとなると、気をつけたいのが**配信に必要なものを手元にまとめておくこと**です。PC、カメラ、マイクなどの配信機材はもちろんですが、教材、道具、テキストなどウェビナーの講義で使用するものも手元にまとめておきます。**もしこれらを取ってくるためにフレームアウト（画面から消えてしまう）していると、あまりスマートではない配信になってしまいます**。また**手元に置いておくと便利なのがメモ用紙と筆記用具**です。ウェビナーを進行しながら気になることをメモしておけば忘れることなく対応できます。デジタルとアナログの組みあわせですが、実際にやってみると手元のメモ帳はとても便利なのでぜひ試してみてください。

撮影場所・機材　配信する場所や機材やガジェットを活用しよう

1人で配信するわけですから、カメラや照明を調整してくれる人もいません。それだけに自宅や事務所のどこから配信するのか考えて、配信場所を決めることがとても大切になります。

明るい映像で配信したいのであれば照明を置きやすい場所を探すのもいいですが、**昼間の配信だったら窓に向かって配信することで自然光が照明と同じ働きをしてくれるので、明るい映像で配信できます**。反対に窓を背にして配信すると逆光になってしまうので注意が必要です。生活音を気にするなら電話の音や玄関チャイムの聞こえにくいところから配信できないか考えてみましょう。ウェビナーを配信する時間中に何が起こるかをイメージして、できるだけそれを回避できる場所を探せれば、そこがあなたの配信スタジオになります。

さらに背景にも気をつけましょう。きれいに片づいているかということがとても気になるところではありますが、さらに深掘りして個人情報やプライバシーにも配慮しましょう。**特に顧客情報など自分以外の情報に注意を払いましょう**。

カメラは固定になるので、カメラをどの位置に置くかがとても大切になります。**かぎられたスペースからの配信であるからこそ、動画や画像をインサート（差し込み）してみたり、複数のカメラを切り替えたりして映像にアクセントをつけるとクオリティが一気に高まります**。複数のカメラを1人でディレクションするなら、Blackmagic ATEM Mini（第6章01参照）などのビデオスイッチャーには自動切換え機能を実装している機種も多いので、プログラム設定することで、1人で配信していてもカメラマンがディレクションしているような映像を配信できたりします。

確認用モニター

配信モニタリングできるPCやスマホを手元におこう

1人で配信していると、自分が配信しているPCは管理者側のPC画面になるので、参加者にどうのように写っているのか、さらには問題なく配信できているのかを確認することができません。1人で配信するときは、できるだけ**配信のPCとは別に、手元に配信状況を確認できるモニタリング用PCを用意するようにしましょう**。モニタリング用なのでスペックはよくなくても大丈夫ですし、PCではなく、スマホやタブレットでも大丈夫です。配信をしながら、今どのように配信されているのかがわかれば、万一のときにも対応しやすくなるので、ぜひ1台手元に用意するようにしましょう。

配信元と参加者では
映像も音声も
見え方・聞こえ方が異なるので、
参加者として
モニタリングしよう。

12〔上級〕

貸会議室やホールからウェビナー

貸し会議室やホールをメイン会場としてセミナーをしながら、オンライン参加者もいるというパターンです。この構成では会場に、オンライン参加者や会場のマイク音声を流す必要があるので、ハウリングなどを起こさないように注意しなくてはいけません。ここでは**ハウリングなどが発生する3つの主な要因を解消して、貸し会議室やホールからウェビナーができるようにしましょう**。

POINT

❶ 会場のマイクとPA（スピーカー）は同じPCから取ることで、フィードバックによるエコーの要因となる音のループを回避できる。

❷ 会場でオンライン参加する人がスピーカーをオンにしてしまうと音のループが発生し、フィードバックによる音のエコーの原因になるため注意する。

❸ 会場PAとZoomマイクとの波長が一致する部分があるとハウリングになるので、会場PAのイコライザーかZoomマイクにイコライザーをつなぐかして波長ハウリングを解消する。

接続　フィードバックによるエコーを起こさない

この構成で1番難しいところは、会場マイクもオンラインの音声も会場PA（スピーカーなどの音響設備）で流す必要があることです。この場合、フィードバックによるエコーが起きやすい構成となるので注意しましょう。

たとえば、会場PAへのオンライン音声は主催者のホストPCから出力していて、Zoomの音声用の会場マイクの音声は講演者のPCにつなげていたとします。この場合、マイクの音声は「会場のPA→講演者のマイク→会場のPA」という音のループとなってしまいます。このように**会場PAの音をマイクに繰り返し戻してしまうことを「フィードバック」といい、これが極端なエコーの発生原因となり、聞き取れなくなってしまいます**。

この**フィードバックを防ぐためには、会場PAを出力しているホストのPCにマイクをつなげること**です。Zoomは同じPCであれば、入力音声を出力に返さないようになっているので、「Zoom（マイク）→会場PA」というループが断ち切られて、フィードバックが発生しなくなります。

フィードバックを防ぐために、会場マイクと会場PAは同じPCで対応します。シンプルながら非常に重要なポイントです。

参加者　会場参加者のオンライン参加にも注意する

フィードバックを防ぐために、主催側が会場マイクと会場PAを同じPCから繋げていてもフィードバックが起こることがあります。

考えられる要因は、会場にいる参加者がスマホなどでスピーカーをオンにしてオンラインでも参加してしまうケースです。この場合、スマホのスピーカーからの音声でループができ、フィードバックが発生してしまいます。

会場の参加者に対しては、オンライン参加をしないか、したとしても音声はオフにしてもらうように周知しておきましょう。

Chapter 6

イコライザー　会場PAとのハウリングを解消する

会場PAとZoomマイクを同時に使用することで音声が聞きづらくなる事象は、上記2つのフィードバックだけではありません。カラオケボックスでマイクとスピーカーが近づいてキーンという音が鳴った経験はありませんか。これは**スピーカーとマイクに同じ波長が重なるところがあると、共鳴が発生して起こる事象で、「ハウリング」と呼びます**。一般的にはフィードバックもハウリングと表現されることもありますが、本書では事象を解決することを目的としているので、しっかり分けて考えます。

ハウリングは共鳴する波長部分をなくせば解消できるので、どちらかの音声の波長を変更することで事象は解決します。この**波長を変えるための機材がイコライザー**になります。会場PAにはイコライザーがついていることが多いので、リハーサルでZoomも接続して本番と同じ環境をつくってみましょう。会場PAのイコライザーを調整することでハウリングが解消します。ただ会場PAのイコライザーは設定が難しいため、会場の音響担当者以外には触らせないようにしている会場も多々あります。このような会場では、音響担当者に調整をしてもらうようにしましょう。

やっかいなのは会場PAのイコライザーが使用できなかったり、設置されていないときです。この場合、配信側で波長調整をしなくてはいけないため、イコライザーつきのミキサーや個別イコライザーをマイクとオーディオの間にセットして、イコライザーを介して波長調整した音声をZoom配信することでハウリングを解消します。**自分でのイコライザー調整は難しいところもあるので、まずは会場に相談してハウリングを解消してもらうようにしましょう**。

設置　貸会議室やホールからウェビナーの配信パターン

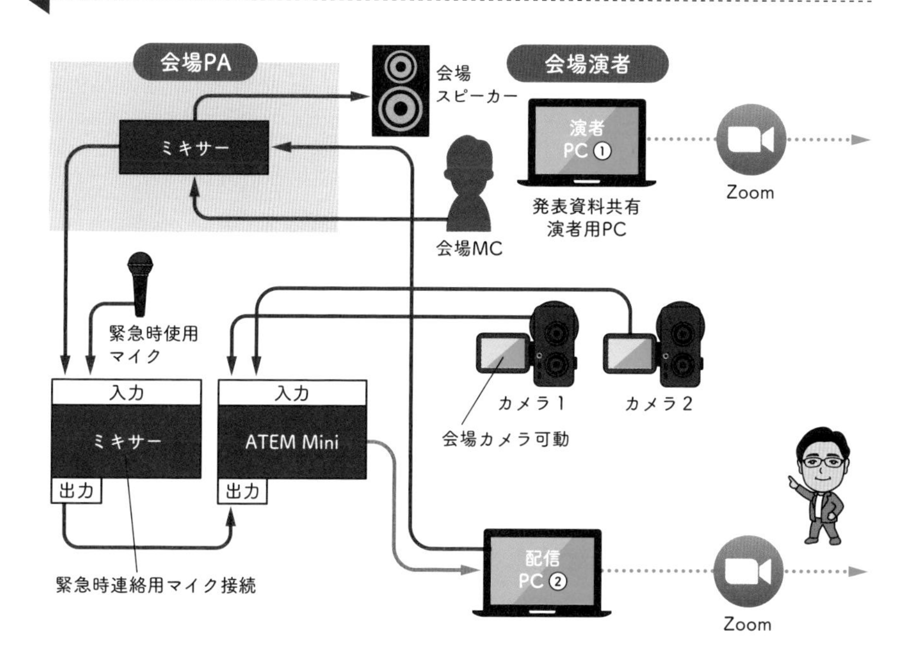

- イベントホールなどの場合、会場PAから配信用音声を取得する。会場PAからの音声とZoom音声の調整をスムーズにするため、できれば手元にもミキサーを置く。
- Zoomの音声（質疑）は配信用PCから会場PAに戻す。この際、ハウリンク調整に注意する。
- 演者PCは、できるだけ会場に集中してもらうため画面共有のみし、主催者、Q&A、映像・音声は、別で配信用PCを用意する。
  「緊急時使用マイク」をミキサーにセットしておき、会場には流さずZoom参加者にだけ音声を流せるようにしておくと便利。

13〔初級〕

主催者集合型ウェビナーを配信する

これは**ウエビナーの経験が少なく、講演者がバラバラの場所から入ることに不安な人がウェビナーを配信するのにお勧めの方法**です。講演者も含むすべての運営者が同じ部屋に集まり、1台のカメラの前で、演者が入れ替わりながら進行します。カメラやマイクの切り替えが必要ないので、テクニカルな問題は生じにくいですが、人の導線やハウリングなどが発生しない配信になるように配信準備をしっかりする必要があります。

POINT

1. カメラとマイクは固定で、講演者が入れ替わる。
2. 機材の位置と人の動きをしっかり設計しておく。
3. 配信のモニタリングはフィードバックやハウリングが起こらないように注意する。

初心者にも安心な主催者集合型ウェビナー

遠隔での進行に自信がないという人にお勧めしたい方法です。下記のように、カメラとマイクは固定にして、講演者が入れ替わってウェビナーを進行します。**カメラやマイクは同じなので切り替えの必要がなく、Zoomでの切り替えや技術的な不具合が出にくい構成**です。

見栄えよく行うためには、講演者の入退場の方法（左から入って右から出るなど）、カメラの前に座るタイミングなどをしっかり確認しておきましょう。ここがまごついてしまうと、運営がうまくいっていない印象になります。

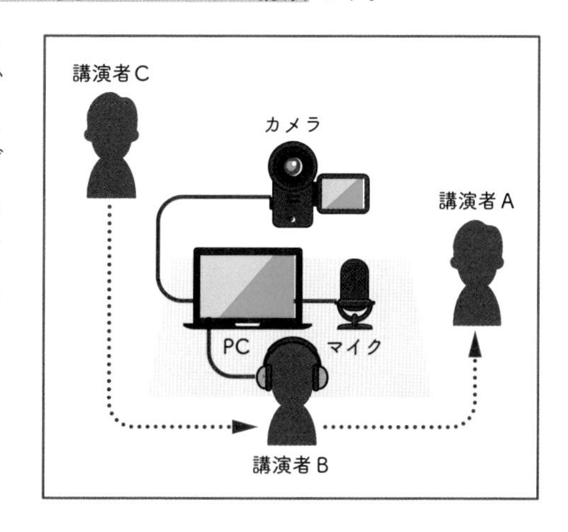

シミュレーション　会場の導線づくりを考える

この方法は失敗が少ない方法ですが、会場の導線づくりには気をつけなくてはいけません。

左から入って右から出ることを想定していたけれど、部屋が思ったより狭くて、そのスペースがなかったり、講演が終わった講演者がカメラの前を横切らないと部屋の外に出られないなど、何かと困ったことが起きないようにしておかなくてはいけません。

現場のスペースに余裕がないことも想定して、機材の設置場所や配線方法などを事前にしっかりチェックしておきましょう。

運営者　配信状況の共有とフィードバックやハウリングを防止する工夫をする

同じ部屋には講演者だけでなく運営者もいます。運営者は、配信の状況や参加者の参加状況からチャットにQ＆A対応と、いろいろと配信対応しなくてはいけないことがあります。これを講演者の邪魔になることなく運営しなくてはいけません。
　まず気をつけなくてはいけないのが配信状況のチェックです。どのような音声で配信されているか音声のチェックをしますが、スピーカーにしてしまうとフィードバックでエコーが発生してしまうので、**会場では必ずヘッドホンでZoomの音声をチェックするようにしましょう**。そのため**参加者からの質問を音声で受けるときは、講演者用のヘッドホンも用意する**ようにします。
　次に考えたいのが画面情報の共有です。Zoomの画面には管理情報として、参加者、チャット、Q&A、ほかのパネリストの映像などが表示されています。これらの情報を、運営者はもとより講演者も確認できるとQ&Aのライブ回答にも使えるようになります。**これらの情報を会場で共有できるようにモニターを置いて、全員が画面を確認できるように配置します**。特に講演者の正面に設置すると、講演者がどのような映像で配信されているか確認できたり、投票機能の投票状況や結果を見ながらコメントできたり、テキストで届くＱ＆Ａの書き込みにライブで回答し、それに運営者が「ライブで回答済み」のステータスを入力して整理していくこともでき、とても便利です。

設置　複数の公演者が同じ会場からウェビナーをする配信パターン

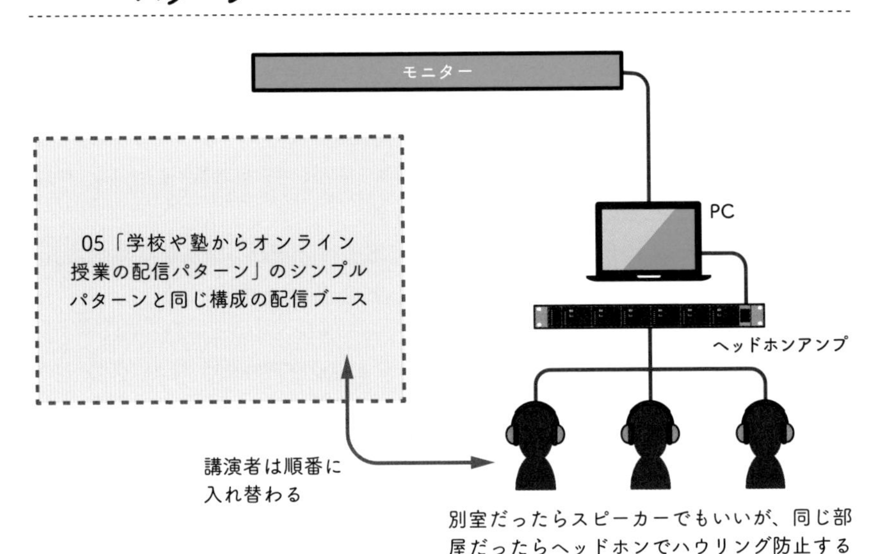

14〔中級〕

それぞれの場所から主催者分散型ウェビナーを配信する

主催者や講演者（パネリスト）が、それぞれ別々の場所からウェビナーに参加するパターンです。主催者が各パネリストの現場でコミュニケーションを取ることができないので、**実践セッションでのリハーサルを入念にやることが重要**です。また主催者側で、チャットなどのコミュニケーション手段を確保しておくようにしましょう。

POINT

❶ スムーズな進行のために、実践セッションでのリハーサルをしっかりやっておく。

❷ 主催者側の関係者との連絡手段を確保しておく。

事前　実践セッション（リハーサル）で問題を抽出しておく

運営側が別々の場所から参加する主催者分散型のウェビナーでは、事前のリハーサルが特に重要になってきます。たとえば、資料共有のタイミング、投票のタイミング、Q&Aをどこにはさんでどのように回答するかなど、進行プログラム通りに進行できるか確認しておきましょう。

Zoomウェビナーでは実践セッション（第5章04参照）機能を使って、本番の前に同じ環境でリハーサルが試せます。この機能を使って最終確認をしておきましょう。

画面の切り替えなどがスムーズにできると視聴者に安心してウェビナーに参加してもらえるので、**ホストはパネリストの画面を見ながらスポットライト設定を行う練習をする**といいでしょう。同じように**スライド共有のタイミングも確認**したい項目です。講演がはじまってプレゼンテーションのスライドを共有するときに、間違えて違う画面を共有してしまったり、共有するまでに時間がかかってしまったりすると、参加者にもっさりした感じを与えてしまうので、事前に繰り返し練習しておきましょう。**これらのリハーサルをしておくと、講演がはじまってすぐに画面を共有するにしても、資料を事前に立ちあげておいて、Zoomの画面共有ボタンを押して共有する直前のところまでスタンバイしておくことができます**。こういった細かい部分も確認できるのが事前リハーサルです。

実践セッションはホストとパネリストだけが参加できるリハーサルですが、参加しているパネリストが実践セッションの中で参加者に役割変更をすれば、参加者の立場での実践セッションができるので、投票機能やQ&Aなど参加者の立場でのアクションが必要なことも確認しておくようにしましょう。

チャット　主催者側のコミュニケーションツールを用意しておく

主催者側が別々の場所にいると直接会話をすることができないので、運営上の連絡やトラブルが発生したときに対応できる連絡手段が必要です。

Zoomウェビナーなので、主催者側（ホストとパネリスト）はチャットを使えるので、チャットを連絡手段にすればいいのですが、Zoomが接続ダウンするトラブルだとこの方法は使えなくなってしまいます。第6章の10で紹介したZoomを利用したインカムもひとつの方法ですが、**連絡用には別ラインでコミュニケーションできるものを用意しておきましょう**。主催者側の連絡手段はスムーズな運営のために必要なツールなので、しっかりと確保して対応できるようにしておきましょう。

設置 複数の公演者が別々の会場からウェビナーをする配信パターン

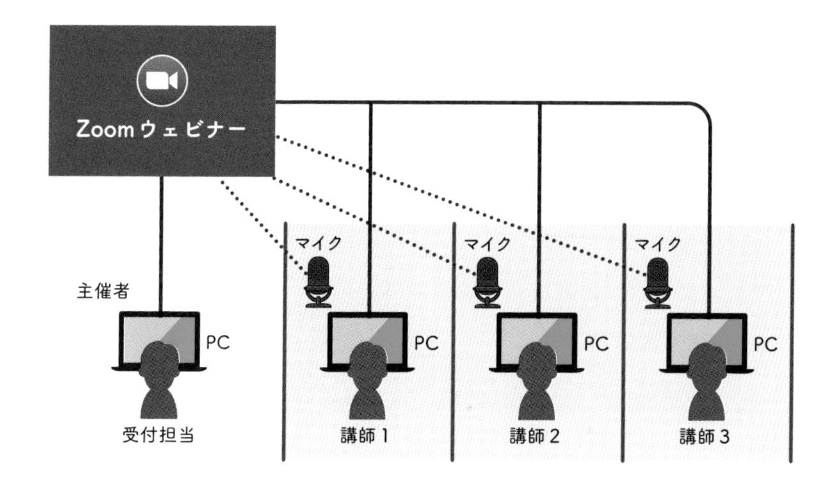

- 主催者が、進行にあわせてスポットライトで講師を選択することで、選ばれた講師以外は視聴者に見えないようにしながら進行することもできる。
- 主催者は講師それぞれの映像が常に見えているので、それを見ながらダイレクトチャットで出演タイミングなどを調整することもできる。

15〔上級〕

ラジオゲスト型、シンポジウム型イベントを配信する

ここでは**ウェビナーの一部分で、ゲストを呼んで話を聞く場合、もしくは複数のゲストを呼んでパネルディスカッションを行う場合の対応**を見ていきます。著者のところにも問いあわせが急激に増えている案件です。**Zoomのウェビナーでやる方法とStreamYardを使う方法があります**。

POINT

❶ StreamYardを使う方法とZoomのウェビナーで行う方法があるが、主催者がコントロールしやすいのはStreamYardを使う方法。

❷ ディスカッションのときに、ビデオを表示する位置を変えたければ、StreamYardやビデオスイッチャーを使う。

Zoom・StreamYard

ウェビナーの途中でゲストに参加してもらうときの対応

ウェビナーの途中で、一部分だけゲストに参加してもらいたいときがあります。テレビやラジオでゲストを呼び入れるパターンです。こんなときも、基本的にはZoomウェビナーで対応可能です。

ゲストをパネリストとして登録しておき、ゲストが登場するタイミングでゲストにビデオをオンにして話をはじめてもらい、出番が終わったらビデオをオフにしてもらいます。その際に「ホストのビューをフォローモード」を使えば、ホストと同じ画面を参加者に見せることができます（第5章15参照）。

ただこの方法は、ゲスト（パネリスト）自身がビデオをオンオフする必要があるため、タイミングが遅れたり間違えてしまったりという問題が発生するリスクがあります。これを防ぐためにはチャットなどを使ってコミュニケーションを取りながらディレクションしますが、チャットの書き込みにゲストが気づかなかったりすると、どうにもなりません。

そんなときはStreamYard(https://streamyard.com/)というライブ配信をサポートするウェブサービスを使うのがお勧めです。StreamYardならゲストのカメラはずっとオンにしておき、出番がきたらゲストの映像を確認して主催者側（ホスト）で画面を切り替えて表示させます。この方法なら主催者がカメラの主導権を取れるので安心です。

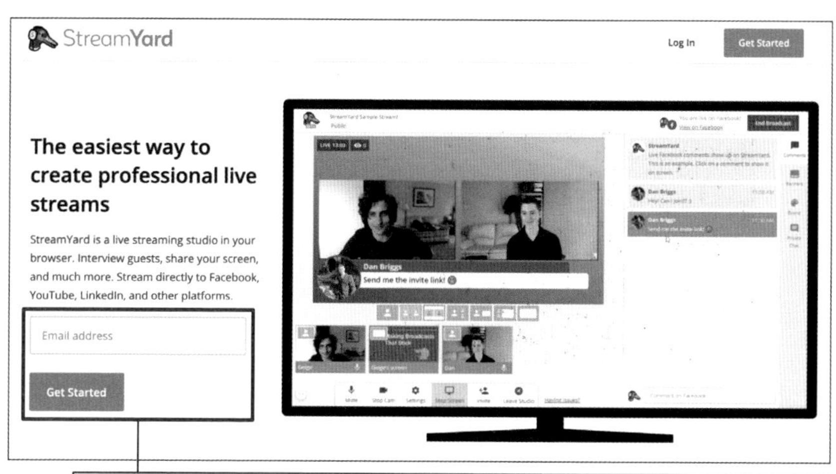

メールアドレスを入力して「Get Started」をクリックすると簡単にはじめられる

StreamYard

ビデオの表示位置を変えたければStreamYardを使う

Zoomのウェビナーでも対応できるという話をしましたが、「司会者は左、ゲストは右にしてほしい」とか「賛成派と反対派で左右に分けたい」といったようなビデオ位置を指定した配信をしたいという要望をよくいただきます。

Zoomだと映像サムネイルのドラック&ドロップで入れ替えるので動きがもっさりした感じになりますが、この要望にもStreamYardなら簡単に対応できます。

日本的ではありますが著者が配信を請け負う現場でも、「社長を左にしたい」といった要望がきます。こんなときも、StraemYardを使うことを検討しましょう。

StreamYard・Zoom

StreamYardのZoomでの使い方

StreamYardとZoomは連携する機能がありません。そのため**ZoomでStreamYardを使うときはZoomの画面共有で共有する**方法となります。

たとえば、**FacebookのグループページとStreamYardを連携させて配信し、そのFacebookグループページで配信している画面をZoomの画面共有で共有**します。Facebookのグループは、メンバーがいない配信プラットフォームとしてだけしか使わないグループをつくっておけば、Facebook上ではStreamYardの配信を誰にも見られずにZoomと連携できます。

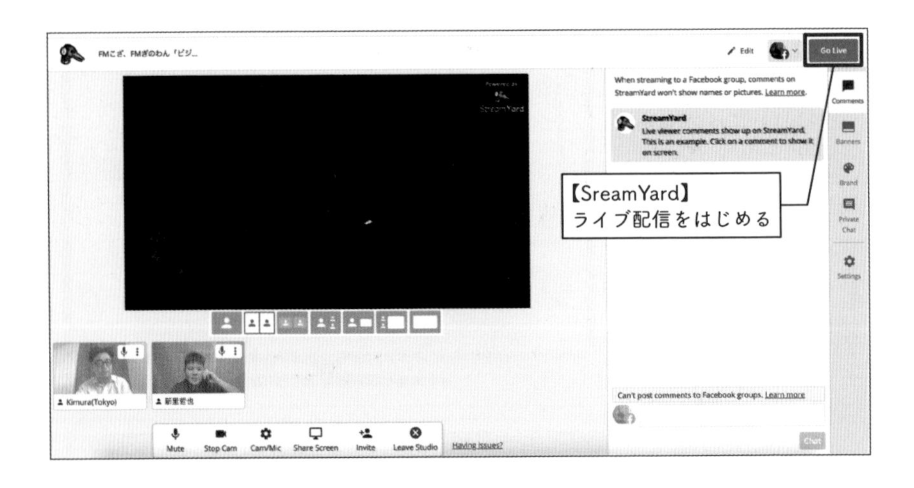

【Facebook】
Facebookのグループページから配信を開いて画面共有でStreamYardを選択し、全画面表示にする

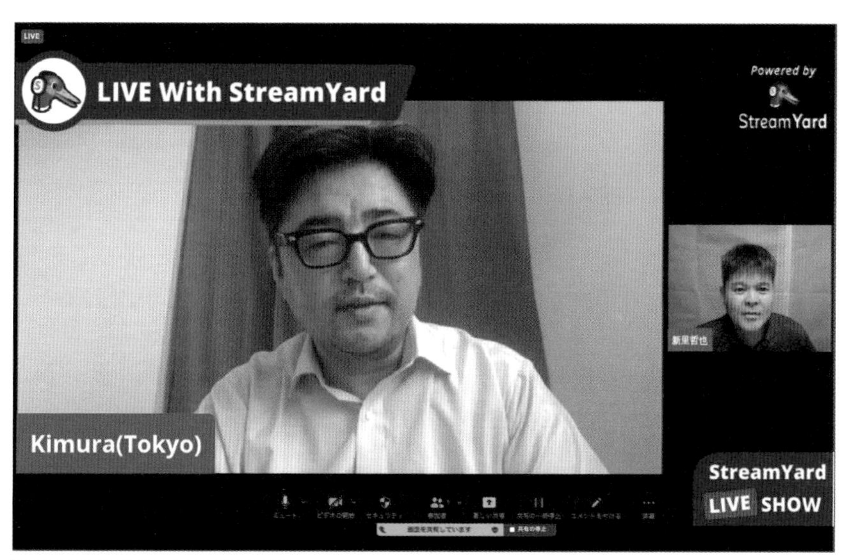

【Zoom】
Zoomの画面共有で配信する

設置 ラジオゲスト型、シンポジウム型イベント（ミーティング用）配信パターン

小スペース

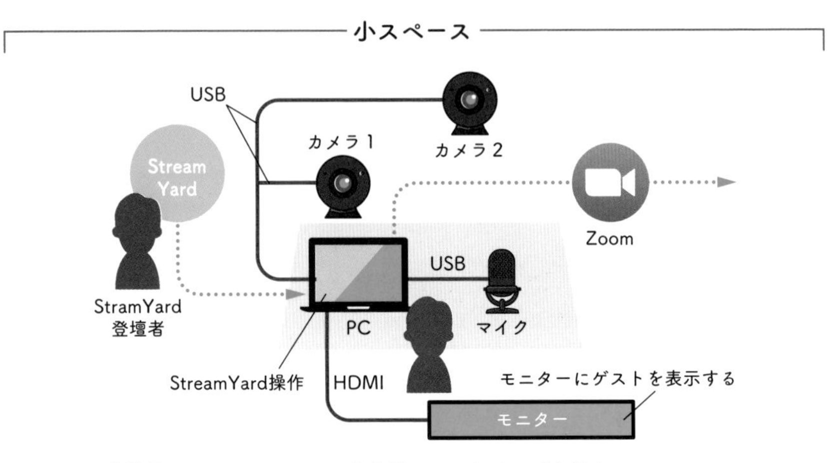

- マイクは会議用のスピーカーマイクを使用してハウリングを防止。
- モニターはPCの画面切り替えで、ZoomとFacebookを切り替える。

大スペース

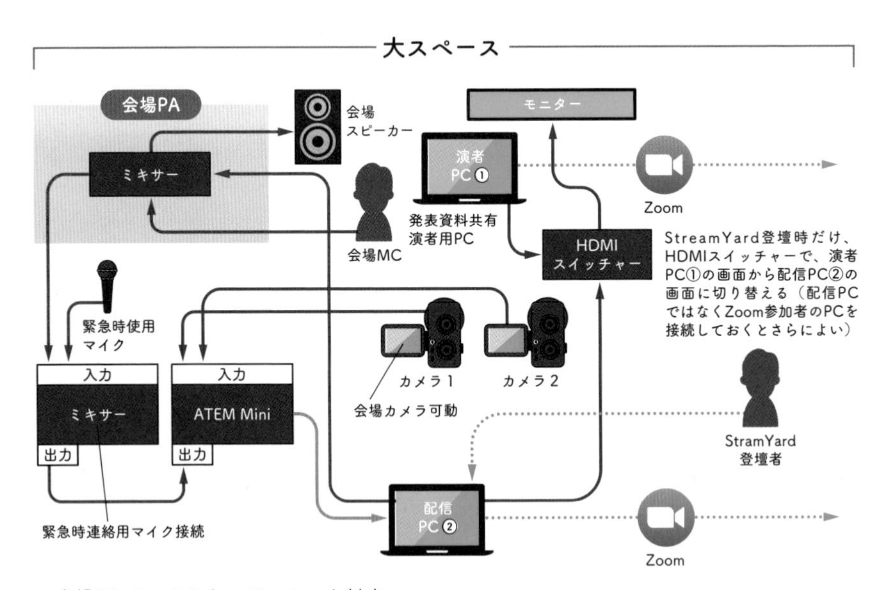

- 会場PAでマイクもスピーカーも対応。
- StreamYard登壇者対応など。StreamYardの操作は配信PC②で行う。
- 画面は演者PCもしくは配信PCを会場モニターに接続するが、音と映像が同期されていることを考えると、配信PC②のZoom画面を会場に映したほうがいいので、会場モニターは演者PCとHDMIスイッチャーで切り替える。

16〔上級〕

リアルイベントでゲスト講師のみZoom参加のハイブリッド型

リアルで行うイベントに一部ゲスト講師がオンラインで参加するパターンです。たとえば、グローバル企業の日本法人のイベントの一部にグローバルのCEOがオンラインで海外からゲスト参加するというようなものです。これから国内国外を問わず増えていく配信形式です。

POINT

❶ 1台のPCから会場PAとマイクをつなぎ、フィードバックやハウリングが起きないようにする。

❷ 会場の音声をオンラインゲストに伝えないといけないので、会場の話者に必要な数のマイクを用意する。

注意点 会場のハウリング対応を心がける

この場合、会場のマイクを通じた音声に加え、オンラインゲストの音声も会場PA（スピーカーなどの音響設備）から流す必要があるので、フィードバックやハウリングの対策をしっかりするようにしましょう。

対策としては第6章12節と同様に、**音声ループによるフィードバックをつくらないために1台のPCからマイクとPAの入出力を行います**。会場からのオンライン参加者がいる場合はさらに気をつける必要があります。

機材 会場の声を伝えるためにマイクを用意しておく

この場合、オンラインゲストは会場の講演者だけでなく、会場参加者との間でもQ&Aなどの双方向コミュニケーションをする可能性があります。その際は、**会場参加者の声も会場マイクに乗せないといけないので、会場内をフォローできるワイヤレスマイクを用意しておく**必要があります。

会場のプロジェクタースクリーンの切り替えもスムーズに

オンラインゲストが途中で参加するまでは、会場ではリアルイベントが開催されているので、会場講師のプレゼンテーション資料などが会場のプロジェクタースクリーンに表示されていたりします。

そこにZoomでのゲスト参加が入るので、プロジェクタースクリーンも画面の切り替えが発生します。**登壇講師のプロジェクターに接続したPCでZoomに参加しているなら、プロジェクタースクリーンへの表示は何も対応する必要はありませんが、音声を会場と共有するための設定や、オンラインでのゲストの参加をスムーズにするためには、その前のコンテンツの時点でZoomはつないでおき、オンライン登壇まで待機しておくのがスムーズ**です。

そのため会場プロジェクターには、会場講師のPCからのラインとZoomに参加しているPCからのラインを接続しておいて、タイミングよく切り替えたいところです。この切り替えはプロジェクターの機種によってはHDMIの挿し口が複数あるなど、プロジェクターだけで対応できます。ただ、プロジェクターのラインの切り替えが受信信号をベースにしているため、受信信号の認識で切り替えに間ができてしまうこともあります。こういうときはHDMIスイッチャーをプロジェクターとPCの間に設置して、そこで切り替えるようにしましょう。プロ機材の必要はなく、普通に販売されているHDMIスイッチャーでも比較的スムーズに画面を切り替えることができます。**一般用のHDMIスイッチャー（BUFFALO BSAK302）で画面切り替え時に入る走破線のようなノイズが気になるようでしたらプロが使用するシームレススイッチャー（BlackmagidDisign ATEM Mini：第6章01参照）というスムーズに画像が切り替わるHDMIスイッチャーがあるので、こちらの使用を検討しましょう**。

BUFFALO BSAK302 ▶
（実勢価格：1,600円）

設置 リアルイベントでゲスト講師のみZoom参加のハイブリッド型

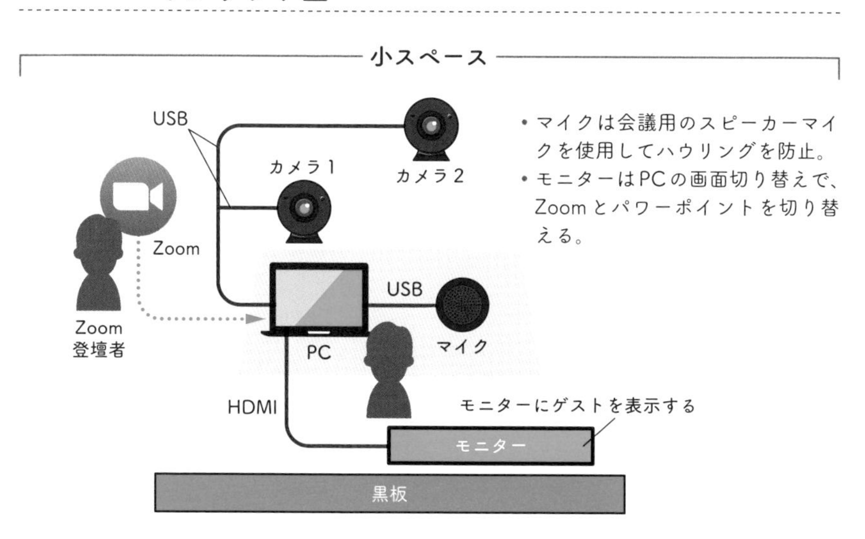

Chapter 6

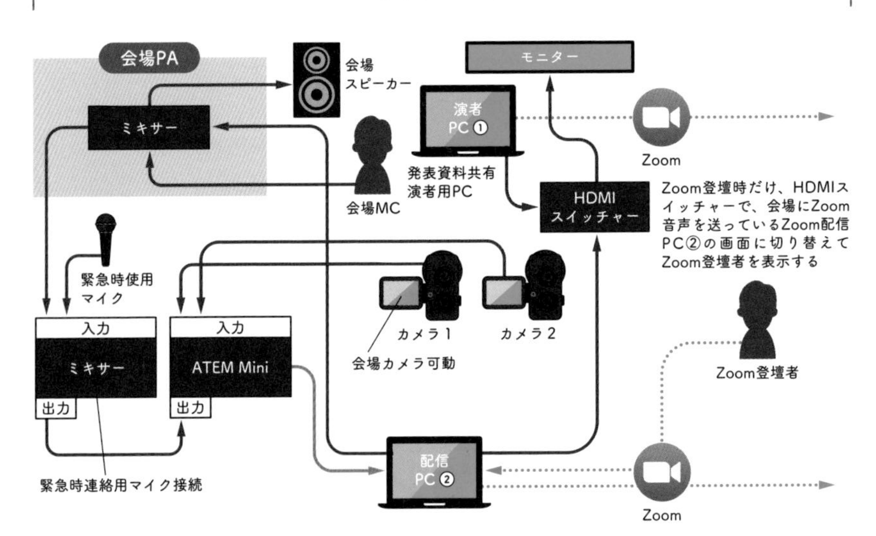

- 会場PAでマイクもスピーカーも対応。
- 画面は演者PCもしくは配信PCを会場モニターに接続するが、音と映像が同期されていることを考えると、配信PC②のZoom画面を会場に映したほうがいいので、会場モニターは演者PCとHDMIスイッチャーで切り替える。
  「緊急時使用マイク」をミキサーにセットしておき、会場には流さずZoom参加者にだけ音声を流せるようにしておくと便利。

17〔プロの計画〕

プロのイベント配信までの流れを見てみよう

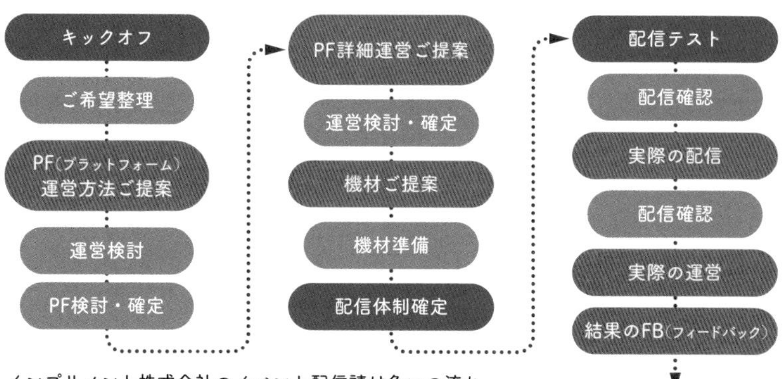

インプリメント株式会社のイベント配信請け負いの流れ

ここでは筆者の会社(インプリメント株式会社)が企業からイベント配信の相談を受け、実際に配信し、配信後の事後対応までどのようなことをやっているのかご紹介します。**プロの配信請負の流れですが、自主運営時の運営の流れとも共通してくることがたくさんあるので、イベント配信運営の参考にしてください**。

POINT

❶ まずはキックオフミーティングを開き、どのような配信をしたいのか、予算はどれくらいかを確認し、大枠の配信規模やクオリティ感を確認する。

❷ 大枠の配信運営イメージができあがれば、書面にして各セクションの同意を取り、最初の運営計画書をつくる。

❸ 運営計画書ができれば、それにあわせて配信PC、機材、人員を配置する。

❹ リハーサルや配信テストなど、本番に向けた準備をしっかりやる。

❺ イベント配信は実施して終了ではなく、配信でわかった問題点などは次回以降の対策につながるようにしっかりと書類に残しておく。

Planning 運営計画をしっかり立てよう

イベント配信にはたくさんの人がいろいろな立場で関わります。そのため規模の大小を問わず、運営計画をしっかり立てることがとても大切です。

何をどのようにどう配信したいか、5W1Hの対応、さらに**イベントでは「How many（何人くらい）」「How much（参加費は？　配信予算は？）」「How long（どれくらいの期間）」などさまざまなHowも入ってきます**。突然想定しないことが起こらないよう、さらには万一起こったらどうしようまで、形式は状況に応じて問いませんが、しっかりとプランニングしておく必要があります。

Start キックオフを大切にしよう

企画がスタートする際の1番最初の打ちあわせをキックオフミーティングといいますが、この**キックオフがイベント運営では最も大切**です。イベント配信というアバウトな言葉を具体的な配信に持っていくためには、**誰が（Who）、何を（What）、どのように(How)、どれくらいの予算（Hou much）でやりたいのかを1番最初に運営メンバーで統一しておかないといけません**。

ライブハウスからのスマホでの配信もコンサートホールからのミュージックビデオクオリティの配信も「音楽配信」という言葉では同じなわけですから、詳細を確定させていくことで規模感やクオリティ感が確定してくるわけです。そのための場がキックオフミーティングです。**ここでは、この誰が（Who）、何を（What）、どのように(How)、どれくらいの予算（Hou much）でやりたいのかを確定することを心がけましょう**。

How 運営方法を確定しよう

キックオフで要望や費用感が確認できれば、それを実現できるプランニングをします。

配信プラットフォームはウェビナーなのかミーティングなのか、オプション付帯まで必要なのか、はたまた配信プラットフォームはZoomでいいのかCiscoWebExのほうがいいのか、電話参加をどうするかなど、どのように（How）の項目に加え、**どこからどこに（Where）、いつ（When）、何を（What）も確認すべき大切な項目**です。

この段階では大枠ですが、「運営計画書」として書面にまとめていきます。書面をメンバー間で確認することで行き違いもなくなりますし、何より漏れている項目などが洗い出せます。

Why 運営の詳細を考えていこう

大枠でも運営方法ができてきたら、運営にアバウトさがあってもいいのだったら、ここでほぼ運営の流れを考えることは終了です。

しかしここではもう一歩踏み込んで、「失敗しない」「万一の時にあわてない」というコンテンジェンシー（不測の事態）への対応まで考えてみましょう。

Zoom も PC も 100% 完全に稼働するとはかぎりません、人による操作ミス（ヒューマンエラー）も考えられますし、PCがフリーズするなどのトラブルも考えられます。これらを考慮して、たとえばウェビナーでホストに加え共同ホストを参加させるとか、パネリストの使用している資料をすべて主催者側のPCに保存しておき、パネリストに万一のことがあっても同じ資料を使って進行できるようにしておくといったことを考えます。

ここからはなぜ（Why）を大切にして、想定されることでできるだけフォローできる方法を考えていくことになります。

機材 使用する機材を確定させよう

運営計画もでき、不測の事態が起きたときの対応も固まってくると、具体的にカメラが何台、マイクが何本と、使用する機材が決まってきます。運営計画（書）があるので、無駄に機材やガジェットをそろえるのではなく、必要なものを必要な分だけそろえることができます。

特に機材やガジェット、ケーブル類はすぐに購入してそろえることができないものもたくさんあります。**早いタイミングでここまで進んでおけば安心してイベントの準備ができます**。

1週間前　リハーサルをやる

運営計画と機材がほぼ固まれば、それが本当に運営に沿えるかの確認になるので、できれば事前にリハーサルができるといいでしょう。

Zoomウェビナーには、本番と同じミーティングIDで事前にリハーサルを行う実践セッション機能（第5章04参照）がありますが、ここでのリハーサルはこれとは別で、**できれば本番の1週間以上前に実施したい機材や運営の流れを確認するリハーサル**になります。

特に機材のリハーサル（テクニカルリハーサルといいます）は、もしうまくいかなかったときに代替手段を考えて必要に応じて機材を用意しないといけないので、早めにできるにこしたことはありません。

特に企業の場合、パソコンのUSBが情報保護のために無効化されていたり、Zoomアプリやキャプチャ機器のドライバーがインストールできなくなっていたりと、企業ごとのセキュリティポリシーによる制限が発生したりするので、機材と同じく早めのリハーサルをしておきます。

また、参加者もZoomやウェビナーに慣れていないのであれば、接続リハーサルをやってもらうと、本番時に「うまく接続できない」といった問いあわせが格段に減り、イベントがスムーズに進行できます。

私の会社では下記のように機材を設定して、半日ほどいつでも参加者が入りたいときに入ってこられるようにしておいて、映像や音声のテストができる環境を提供したりしています。この方法なら配信はほったらかしでもいいですし、参加者も自分の都合でテスト時間を決められるので、リハーサル参加率が高まります。

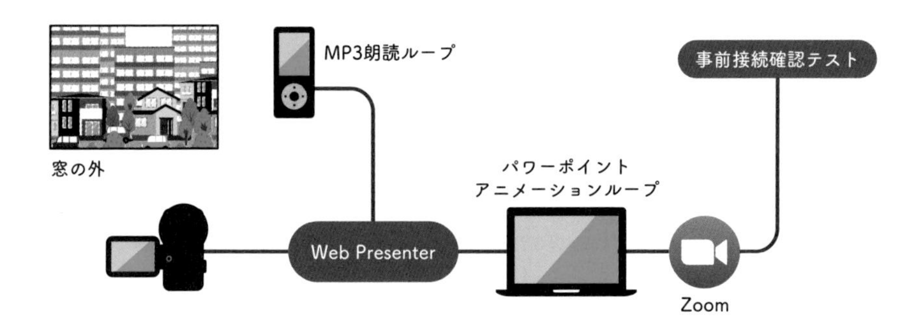

当日　実際の配信は粛々と進行する

ここまで準備してくると、実際の配信のときには進行の流れも頭に入っているので、次に何をすべきか、もしこうなったらこうしようということが自然と頭に思い浮かんでくるようになります。

実践セッションで、本番環境での簡易の進行リハーサル（ドライリハーサルといいます）ができれば、より安心です。**本番はできるだけ落ちついて事務的に粛々と進行しましょう**。

もしうまくいかないことがあったら、そこはチェックしておいて次回に備えます。

後日　結果のフィードバックをしよう

配信が終了したら、緊張からも解きほぐされホッとしたいところですが、もうひとがんばりして、**今回の配信での問題点などを洗い出し、運営メンバー間で共有する**ようにしましょう。

発生するトラブルはイベントごとにまちまちです。**そのトラブルを次回以降、「発生させない」「発生してもこう対処する」が、あなたのコンテンジェンシープランになります**。この積み重ねが、クオリティの高い配信を負担なくできるようになるための大切な礎になります。

イベント配信は貴重な体験です。その貴重な体験を確実に積み重ねていくようにしましょう。

18〔プロの機材〕

プロのイベント配信機材の使い方を見てみよう

「Zoom Webinar」「YouTubeLive」の2ラインに配信対応する配信構成
〔Zoom配信リスクを一般視聴用YouTubeLiveで回避するプラン〕

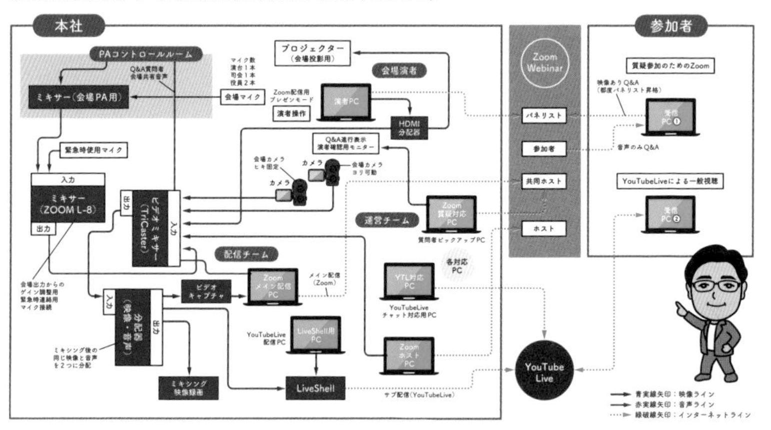

最後に私の会社で配信した**あるイベントの機材構成を見ながら、プロの機材配置や使用機材について見ていきましょう**。

POINT

❶ 配信プラットフォームはZoomウェビナーだが、万一を考えYouTubeLiveでも同時に同じ映像を配信する。

❷ 配信画面はYouTubeLiveと同時配信であること、いろいろな配信画面（複数のビデオ映像や画像などさまざまなコンテンツ）をつくりたいことから、ビデオミキサーで画面構築をして、Zoomにもそれを映像として配信させる。

❸ Q&Aの参加者はビデオも表示するため、質問時のホストが参加者を共同ホストに昇格させる。

❹ 配信と同時に高画質なアーカイブ映像を入手するため、Zoomでの録画に加え、ビデオミキサーからのものも録画しておく。

役割分担　配信の内容について

ここで紹介するプランは、**登壇者1名を2台のカメラで収録し、カメラの映像とあらかじめ用意された資料などはビデオミキサーでミキシングし、Zoomではビデオとして配信します**。企業発信のセミナーや記者会見などに多いプランです。

登壇者はパネリストとして、PowerPointの資料を会場スクリーンに表示しながらZoomにも参加します。ホストはQ＆Aの質問者を指名し、そのたびにビデオが使用できるよう共同ホストに昇格させ、質疑終了後は参加者に降格させます。

なお会場では、Q&Aの質問へのテキストでの回答者兼Q＆Aディレクション者が共同ホストとしてウェビナーに参加し、自分のZoomの画面を会場で登壇者にモニターで共有し、Q＆Aの進行を管理できるようにしています。また同時配信のYouTubeLiveへのチャット対応として1名専用PCで対応しています。

音　音声ミキサーについて

音声ミキサーは会場となる会議室のPA（会場音響）用のものとは別に、配信用にZOOMのL-8（第6章01参照）を用意しています。

これは会場のPAから届けられる音声の音圧（ゲイン）が大きいときに、手元操作ですぐに調整できるようにです。

なおフィードバックやハウリングが発生した場合は、第6章12のとおり、まずは会場PAのミキサーにイコライザーがあればこれで対応し、なければこちら側のミキサーで対応します。

映像　ビデオミキサーについて

この配信では、YouTubeLiveとの同時配信かつさまざまな資料を登壇者の映像とミキシングして配信するため、Zoomで対応できる範囲を超えています。

そこで、ビデオミキサー（NewTek TriCaster）を使用して、そこで画をつくってZoomのビデオとYouTubeLiveに配信するようにしています。そのため**Zoomでは画面共有を使用せず、ビデオのみの配信**をしています。

またZoomとYouTubeLiveに同じ映像を配信するため、分配器でビデオミキサーからの映像を2つに分配しています。

さらに、イベント終了後に高画質な映像で編集できるよう、TriCasterでミキシングされた映像を録画しています。

ライブ配信用機器　ビデオキャプチャとLiveShellについて

TriCasterから出力された映像を、配信用PCに入力するためにビデオキャプチャを使用しています。

ここではTriCasterからSDIで出力されるため、SDIをUSB経由に変換するビデオキャプチャを使用しています。

またYouTubeLiveへの配信は、PCではなく、ライブ配信用機器のCerevo LiveShell Xを使用しYouTubeLiveに配信しています。

▲Cerevo LiveShell X（実勢価格：22万円）

ここで紹介した配信方法はプロの配信現場の機材設定でしたが、**Zoomで表現できないことはZoomに配信する前のところで、どう機材や配信方法の組み立てを考えるかで対応します**。ビデオミキサーのATEM Miniなど安価で高性能なものも出てきています。**やりたいこと（目的）から逆算して、機材を準備していけばさまざまな配信が効率的にできるので、ぜひいろいろなZoom配信にチャレンジしてみてください**。

Zoomでできないことも、
機材や配信方法を
工夫することで
さまざまなことに
対応できます。

・執筆協力　　　　　　蔵本貴文
・カバーデザイン　　　植竹裕
・イラストレーター　　佐とうわこ
・本文デザイン・DTP　小石川馨

ウェビナー＆オンラインイベントも
ミーティングもオンライン授業（じゅぎょう）も！

Zoom（ズーム） 1歩先（いっぽさき）のツボ77

2020年10月 5 日初版第 1 刷発行
2020年12月15日初版第 4 刷発行

著　者　　木村博史
発行人　　片柳秀夫
編集人　　福田清峰
発　行　　ソシム株式会社
https://www.socym.co.jp/
〒101-0064 東京都千代田区神田猿楽町 1-5-15 猿楽町SSビル3F
TEL：03-5217-2400（代表）
FAX：03-5217-2420
印刷・製本　音羽印刷株式会社

定価はカバーに表示してあります。
落丁・乱丁は弊社編集部までお送りください。
送料弊社負担にてお取替えいたします。
ISBN 978-4-8026-1270-8